遇险自救
完全指南

黄敏⊙编著

北京联合出版公司
Beijing United Publishing Co.,Ltd.

图书在版编目（CIP）数据

遇险自救完全指南 / 黄敏编著 . — 北京：北京联合出版公司，
2013.11（2024.3 重印）

ISBN 978-7-5502-2108-6

Ⅰ .①遇… Ⅱ .①黄… Ⅲ .①自救互救 – 指南 Ⅳ .① X4–62

中国版本图书馆 CIP 数据核字（2013）第 250527 号

遇险自救完全指南

编　　著：黄　敏

责任编辑：李　征

封面设计：韩　立

内文排版：李丹丹

北京联合出版公司出版

（北京市西城区德外大街 83 号楼 9 层　100088）

三河市万龙印装有限公司印刷　新华书店经销

字数 400 千字　710 毫米 × 1000 毫米　1/16　20 印张

2014 年 1 月第 1 版　2024 年 3 月第 5 次印刷

ISBN 978-7-5502-2108-6

定价：68.00 元

前　言

PREFACE

　　我们的生活看上去十分平静和安宁，很多意外看起来离我们很远，但事实上每个人都处于一定的安全风险中。因为在现实生活中，意外随时都会发生，各种各样的天灾人祸时时刻刻都在威胁着我们的安全。地震、洪灾、火灾等突发灾害时有发生，生活中的小磨难也总是不断，失灵的电梯、起火的大楼、飞机故障、汽车遇险、意外伤害、突发急病、食物中毒，等等，生活中挑战多多、灾难多多，我们应该怎么办呢？面对突发情况，我们不能够以侥幸心理来求得生存，而是需要掌握必要的知识。懂得自救急救知识，学一些自我防卫技能，了解野外生存知识，能让我们在各种各样的情况下都能随遇而安地生活。

　　各种突如其来的危险具有难以预测和不可扭转的本性，种种情况都需要及时实施救治。面对灾难，很多人因为缺乏自救和急救知识而惊慌失措，错过了最佳的抢救时间，导致悲剧的发生。我们要有足够的能力来保护自己和实施救助，正确的处理和对待将起到非常重要的作用。想要有效地对伤者或病者实施救治，这需要我们掌握科学的自救与急救知识，及时准确地采取救助措施，帮助伤者缓解疼痛，防止更严重的情况发生，避免后遗症。

　　人们遇到的危险并不仅来自各种无法预料的突发灾害，还有来自他人的冒犯和侵害。居家生活、工作、行车、户外旅行等不同情境下，遭到歹徒袭击、遇到色狼骚扰、被尾随等危险情况也时有发生。作为一个现代人，清醒地认识到自己身边存在的危险，包括现代社会生活中的各种危险和自然灾害，掌握自我防卫的技能，增强自身的生存能力，这是一种必备的素质。

　　随着时代的进步，人类活动的范围比以往更广，出行的频率也大大增加，任何人都不敢保证自己不会在某一刻落难于野外，置身于孤立无援之地。如果这种情况发生，你该如何去面对——是在绝望中苦苦等待奇迹的发生，还是利用自己的头脑和双手为自己开辟出一条求生之路？任何一个聪明的人都不会选择坐以待毙，生存对于人类而言，是永远摆在第一位的，是最重要的。因此，每一个人都应该掌握一定的野外生存技能。生存的心理学基础非常简单：不要慌张。假如你突然发现自己身处险境，你就会产生混乱的想法和感觉，要尽力杜绝这种情况发生。找到一个遮蔽良好的地方，坐下、认真思考如何生存下来。准备和计划充分可以帮你战胜困难和危险，助你生还。

每个人都希望自己过得平平安安、幸福快乐，这种美好愿望只是一种理想状态。人生之路总会经历许多的意外，无论是小范围的意外，还是很大的灾难，人们总会有各种危机的处境需要面对，如果你有足够的能力来自救和帮助他人，如果你有笃定和冷静的态度，如果你有必备的野外生存技能，你就能从险境和慌乱中生存下来。不论是现在还是将来，一个人的身体越健康、拥有的知识越丰富，生存的机会就越多。

本书分三部分讲述了生存方面的知识和技能，第一部分急救逃生，讲述了在各种危险情况下的自救与急救知识，包括家庭常见事故急救技能，重伤与危险情况下的急救自救方法，交通事故、恐怖袭击及其他灾难中的生存技能。第二部分自我防卫，介绍了自我防卫的各种知识和技能，主要有自我防卫的基本知识、常见的攻击方式、各种常见事故的应对，特别是针对女性设计的自我保护技能。第三部分野外生存，不仅介绍了野外旅行必备的安全常识，也详细讲解了野营、旅行时的各种生存技能，尤其是在没有现代化工具的情况下如何利用自然本身和原始技术取火、取水、觅食、制造工具、加工食物等。本书不仅使读者对生存有全面而深入的了解，同时也让读者学习到最实用有效的急救自救方法、防身技能和野外生存本领，是一本集知识性和趣味性于一体的实用生存百科全书。

目 录

CONTENTS

上篇 急救逃生

中篇 自我防卫

下篇　野外生存

上篇

急救逃生

第 1 章
急救基本知识

现实生活中，意外情况常常让人防不胜防：不小心割伤手指导致出血，扭伤或骨折，烫伤，突然晕厥，心绞痛突然发作，儿童不慎吞下异物，车祸、火灾等特殊事故导致重伤……这些情况都需要急救，及时地实施急救会帮助伤者缓解疼痛，防止更严重的情况发生，避免后遗症，甚至挽救一条生命！

要有效地对伤病者实施急救，必须掌握科学的急救知识和方法，这可以通过专门的急救课程的培训来达到，也可以通过阅读书籍来学习。另外，非常重要的一点是急救人员要在突发事件面前能沉着、冷静，反应迅速。

什么是急救

急救就是在救护车、医生或其他专业人员到达之前，给伤者或突发疾病者施行及时帮助和治疗的一种治疗救护措施。

急救的目的

● 确保生命安全。

● 控制伤病情况的变化。

● 促进康复。

急救人员

急救虽然是一项建立在专业的知识、训练和经验基础之上的技能，但按照本书的指导去做，大多数人也能掌握其中的方法。尤其是在一些紧急情况下，没有专业急救人员在场时，利用本书的知识，你可以及时地为伤者提供必要的帮助。

急救人员的责任

● 迅速稳妥地判断整个情况，及时寻求专业帮助。

● 保护伤者和其他在场者，尽可能消除潜在的危险。

● 尽自己所能判断伤者的伤情和病情。

● 尽早给伤者进行适当治疗，从最严重的伤者开始。

● 安排伤者去医院或回家。

● 陪伴伤者直到专业医疗人员的到来。

● 向专业医疗人员介绍情况，如果需要应提供进一步帮助。

● 尽可能防止与伤者交叉感染。

急救工具

急救工具可以从药店购买。当然，自己制作也非常简单。急救工具必须放在合适的塑料容器里，例如一个大且质量好的、盖子结实的箱子。这既便于在旅行时携带，也可以把急救工具装在里面，放在家里。

以下列出一些你可能需要常备的急救工具。

⊙ 用来包扎伤口的、密封的、消毒的片状敷料，大小各两个。

⊙ 1 包消毒的、密封的大创可贴。

⊙ 1 包不同尺寸的、消毒的、密封的创可贴。

⊙ 2 包密封的包扎伤口的纱布，每包 10 块，每块面积 10 平方厘米。

⊙ 1 卷宽 2.5 厘米的弹性绷带或人造纤维黏性带。

⊙ 1 卷用来包扎水疱或大片擦伤的消毒的、涂有石蜡的纱布。

⊙ 3 个固定骨折和扭伤伤口的三角绷带。

⊙ 4 个大的、未缝合的薄纱绷带。

⊙ 2 包清洗伤口用的消毒药棉。

⊙ 2 卷清理伤口或制作棉垫用的一般棉织品。

⊙ 1 瓶止痛用的扑热息痛药片。

⊙ 1 支温度计。

⊙ 1 只清理异物用的平角无锯齿的镊子。

⊙ 1 把剪绷带或膏药用的剪刀。

⊙ 各种大小不等的安全别针。

⊙ 1 瓶清理伤口用的消毒剂。

⊙ 1 支用来涂昆虫叮咬、荨麻疹等伤口的氢化可的松乳膏。

家庭小药箱

不论是处方药还是非处方药都应该放在家中安全的地方，孩子够不着的、阴凉干燥的壁橱是个理想的地方，同时还应该给药箱上一把孩子不能打开的锁。只有急救用的东西才放在药箱里，药品应该有序地放在药箱里，而不能随便扔在各个角落。如果药品长时间未使用或近期不会使用，要妥善保存。

药箱里的必备物

● 紧急电话：医生的、医院的和当地药店的电话。

● 急救工具。

● 处方药与非处方药。

■常见伤病与对应的治疗药物

伤害	治疗药物
被昆虫叮咬	氢化可的松乳膏
冻伤	减充血滴鼻剂，抗组胺剂药片
割伤和擦伤	抗菌膏或抗菌溶液
便秘	腹泻药：渗透性物（如：镁乳），润滑物（如：甘油栓剂）
腹泻	含有高岭土抗腹泻药物（如：洛哌丁胺胶囊）
发热	降体温药物：阿司匹林，扑热息痛（儿童用扑热息痛溶剂）
咽喉痛	咽喉止咳糖和抗菌漱口药
太阳晒伤和疹子	消炎乳膏，炉甘石洗剂，氢化可的松乳膏
清洗伤口	抗菌溶液

药物使用指南

非处方药。这种药是直接从药店购买的，使用前要仔细阅读使用说明。

处方药。你可以直接向医生或药剂师咨询这种药的使用方法：

● 它们是否可以和酒精一起使用。

● 它们是否会引起瞌睡。

● 服用此药物后能否继续驾驶或操作机器。

● 它们是否可以和避孕药一起服用。

● 还有哪些药不能与该药品同时服用。

同时，必须确定：

● 什么时候服用，每天服用几次。

● 能否空腹服用，饭后多久服用。

■常用药品一览表

止痛剂 止痛药物，如阿司匹林、扑热息痛和纽诺芬。

12岁以下的儿童不能服用阿司匹林，除非是在医生建议的情况下。

抗生素 这类药物有杀菌作用。可以内服也可以涂抹在伤口上。

过量服用抗生素会引起过敏反应或产生抗生素免疫细菌。

抗惊厥药 这种药可以治疗癫痫症。

镇静剂 这种药可以安抚情绪，一般用于情绪低落的病人。

抗糖尿病药 这种药可以刺激人体产生胰岛素或代替人体的胰岛素。

抗腹泻药 这种药可以治疗腹泻。它们可以减慢肠道运动速度或使大便干燥。

抗呕吐药 这种药是用来治疗恶心和呕吐症状的。

抗组胺剂 这种药可以减少伤口肿胀，可以内服，治疗过敏、哮喘、昆虫叮咬、风疹等，也可以用来治疗旅行病。

抗组胺剂可能导致瞌睡，如果与酒精同时服用会带来更大危险。

镇痉药 这种药可以阻止肌肉痉挛，放松肠道和肺部的肌肉，用来治疗各种痉挛。

巴比妥酸盐 这种药有止痛和镇静的作用，它可以使大脑活动减慢。

经常使用巴比妥酸盐会对其产生依赖，所以要避免滥用。

苯二氮 参见下面的安定药。

皮质类固醇 这种药是用来减少体内或体外发炎症状的，通常包含在滴鼻剂、滴鼻喷雾（治疗哮喘）、氢化可的松乳膏、注射和口服液里。

大量服用皮质类固醇会导致骨头缺钙，体重增加，皮肤出现斑点等症状。

利尿剂 这种药有助于排尿。

心脏血压药 洋地黄是用来治疗心脏衰竭、心律不齐和心跳加速等病的。治疗血压的药包括利尿剂。

轻泻药 这种药是有助于大便通畅的。它有3种作用方式：增加大便的体积；使大便软化和润滑；刺激肠道功能。

安定药 这种药是用来治疗有焦虑和沮丧症状的患者。包括苯二氮类药（如安定）。

如果服用安定药超过1个月，身体就会对其产生依赖。

服用此药时不能饮酒。

生命迹象

生命迹象是指伤者还有呼吸和脉搏。在紧急情况中，首先要检查的就是伤者是否有生命迹象，这包括：伤者呼吸道是否顺畅，是否能够正常呼吸；伤者血液循环是否正常。

呼吸顺畅

提供氧气的重要性

对于急救人员来说，最紧急和最重要的事情就是确保伤者呼吸顺畅或通过人工呼吸为伤者提供足够的氧气。在紧急情况下，没有比这更重要的了，因为人的大脑需要足够的氧气。在常温下，如果一个人无法吸入足够的氧气，那么在几分钟内就可能造成严重的大脑损伤甚至死亡。出现这种情况往往是因为伤者呼吸停止或呼吸通道阻塞造成的。因此，急救人员的首要任务就是要检查伤者是否还有呼吸。

■检查伤者呼吸状况

可以使用多种方法来进行检测：1. 观察伤者胸部、腹部，确定它们是静止的还是在做有规律的起伏运动。2. 靠近伤者的嘴和鼻子，仔细听伤者是否有呼吸的声音。3. 用脸去感觉伤者是否有呼吸。

如果伤者呼吸正常，那么你就可以放心地去检查伤者的伤口了。如果伤者已经失去意识，并且在伤势不严重的情况下，可以让伤者处于最有利于恢复呼吸的状态，以确保伤者能够继续正常呼吸。

如果伤者已经没有呼吸

这就意味着伤者吸入氧气的活动已经停止，你必须为他提供氧气。如果伤者胸部和腹部仍在运动，而口鼻已经没有空气进出，那么可能是呼吸道梗阻，你必须为他清理呼吸道；紧接着要立即为伤者提供氧气；同时请求支援，确保已经叫了救护车。

■打开呼吸道

1. 可能由于伤者头部所处的位置不当而导致呼吸道梗阻（a）。2. 调整伤者的头部姿势，可以用一只手压住伤者的前额，另一只手的两个指尖抬起伤者的下巴（b），这样一来就能够防止舌头梗阻呼吸道了。

● 如果伤者仍然没有呼吸，肯定是呼吸道内部阻塞。

■清除呼吸道异物

1. 将伤者的头转向一边，使其下巴向前，头顶向后仰。2. 清理呼吸道：将两个手指弯曲成钩状清除口腔内舌头以上部位，将所有异物清除出来。3. 再检查伤者呼吸。4. 检查脉搏。

● 如果伤者仍然没有呼吸，立即进行人工呼吸。
● 如果伤者仍然没有呼吸和脉搏，立即开始人工呼吸并按压伤者的胸部。

循环系统

伤者的脉搏可以反映其循环系统的状况。脉搏是由心室收缩时血液泵入主动脉而产生的。脉搏的频率和稳定性不一，变化范围很大，时而缓慢、强劲有力，时而快速、微弱。快速、微弱的脉搏是休克的症状，但是这种症状很难被急救人员感觉到，尤其是在紧急情况下，急救人员自己的心跳都会加快，因此他的脉搏强度可能比伤者的脉搏强度大很多。

所以，要在正常部位检查伤者的脉搏，通常选择在手腕偏向大拇指的一侧，在距离手腕与手掌的边缘1.5厘米处（a）。不过以上方法得出的结果不一定完全准确，所以你应该感觉一下伤者的颈动脉来检查脉搏。颈动脉是流经喉部两侧的大动脉（b）。

■ 检查脉搏

1.如果有必要的话，做个深呼吸使自己镇静下来。2.用两个手指的指肚放在伤者的喉上，不要施压。3.手指肚沿着伤者喉头的一侧向后慢慢地滑动，感觉脉搏的跳动（c）。4.如果没有立刻感觉到脉搏，将手指在伤者喉头周围移动，直到感觉到脉搏为止。

急救措施

人工呼吸

对伤者进行人工呼吸的主要目的是为了及时给伤者提供氧气。因为你呼出的气体中仍含有足够的氧气，可供另外一个人使用。这样的"二手氧气"甚至能挽救生命。对伤者进行人工呼吸必须及时，并且确保你呼出的气体能够到达准确的位置——深入到伤者的肺部。

伤者在接受人工呼吸时，最基本的反应是他的肺会鼓起来。如果看不到伤者的胸部在你呼气时鼓起，吸气时瘪下去，那么你做的人工呼吸就没有成功；你应该按照治疗窒息的程序对伤者进行急救。

在实施此项急救措施时应该小心。如果把呼吸道的阻塞物吹进了伤者的肺部深处，就会导致伤者死亡。

■ 实施人工呼吸

1.检查伤者脉搏。2.如果伤者已经没有心跳了，立刻进行胸部按压。3.如果伤者还有脉搏，立刻清理伤者口腔里的异物。4.用一只手抬起伤者的下巴，同时使其头部向后仰。5.捏紧伤者的鼻子（a）6.深吸一口气，张大嘴并用嘴封严伤者的嘴（b）。7.用力向伤者嘴里吹气，同时观察伤者的胸部是否鼓起（c）。8.一旦伤者胸部鼓起，继续注视伤者的胸部，看它是否会再瘪下去（d）；完成呼气。然后用同样的方法快速对伤者进行4次呼气。9.再检查伤者的脉搏。10.重复步骤5～9，直到伤者恢复呼吸。

另一种不同于嘴对嘴的人工呼吸是嘴对鼻的人工呼吸。将伤者的嘴封紧然后往其鼻子内吹气，此时，也要封紧伤者鼻子四周，确保空气被有效地吹进鼻腔。

如果伤者的胸部没有鼓起，请做如下检查。

■ 检查

1.伤者的鼻子是否已经适时捏紧。2.伤者的嘴和鼻子周围是否封紧。3.你吹气的时候是否足够用力。

如果你完成这些步骤之后，伤者仍未恢复呼吸，肯定是伤者的呼吸道被异物梗阻了。

胸部按压

这一急救措施是在伤者没有脉搏的情况下实施的。胸部按压以前被称为"心脏外部按摩"，其实这种说法并不准确。从胸部并不能对心脏进行按摩，只能够按压。

心脏（a）占据了胸腔的大部分空间，而胸腔又处于胸部前面的胸骨和后部的脊柱（b）及其周围的肌肉之间。由于胸腔前部通常是活动的，所以可以将胸骨和肋骨向后轻轻地按压。朝着脊柱方向垂直按压可以将心脏中的血液压至身体组织器官中。由于心脏有瓣膜这一机制能确保血液沿着一个方向流动，因而对心脏施加的压力可以使血液顺着循环系统流动，这与心脏自发跳动时的血液流动完全一致。

心脏的位置

a 心脏
b 脊柱

虽然胸部按压做起来困难，但是这种方式是让伤者血液循环恢复正常的最好方法。这时，只要有空气输入伤者肺部，那么伤者就很有可能立刻恢复健康的脸色，放大的瞳孔也会再次恢复正常，其他一些显示伤者复原的迹象也将随之出现。紧接着伤者就能够恢复心跳和呼吸。胸部按压必须配合人工呼吸才能奏效。因为该措施的目的就是为了恢复伤者的有氧血液循环，所以你必须为其提供氧气。

该急救措施只能够由经过训练的急救人员来操作。只有在伤者的心跳完全停止的情况下，才能对其进行胸部按压。否则，原本微弱的心跳也会因此而停止。

如果现场只有一个曾经接受过急救培训的急救人员，可以采取以下急救措施对伤者实施急救。

■ 实施胸部按压的急救措施

1. 使伤者平躺，急救人员双膝跪在伤者身旁。
2. 找到伤者胸腔底部的肋骨，将一只手掌放到伤者胸骨上，离肋骨边缘大约两根手指宽的距离（a）。
3. 另一只手压在这只手上，手指向上翘起。身体向前倾，使肩膀处于伤者胸部上方。手臂伸直（b）。

4. 垂直向下按压（c）。如果是伤者是成人，可以将他的胸壁向下压4～5厘米。如果伤者是儿童，将他的胸壁向下压2.5～4厘米就够了。像这样以稍快于每秒钟按压一次的频率按压15次。你可以一边按一边快速地数：1，2，3，…15。5. 嘴对嘴地向伤者输入两次氧气（d），确保将空气吹进伤者肺部。6. 切记观察伤者胸部的起伏。7. 重复步骤4～5，直到伤者出现恢复迹象，或救援到达或你筋疲力尽为止。8. 每3分钟检查一次伤者颈部的脉搏。

伤者恢复的迹象

● 伤者的肤色由青色、灰白色或紫色转为健康红润的颜色。

● 伤者恢复了脉搏。

● 伤者开始呻吟或者身体开始有反应。

● 伤者可以自己自由呼吸，不需要急救人员继续做人工呼吸。

二人轮流对伤者实施人工呼吸

二人轮流对伤者实施人工呼吸比单独一个人实施更轻松、更有效，因为两个人可以互相配合，一边向伤者肺部吹气，一边对伤者进行胸部按压。对伤者进行5次胸部按压后需要输入一次氧气，这时可以由一个人负责对伤者进行胸部按压，另外一个人负责检查伤者的呼吸道，并对伤者进行嘴对嘴的人工呼吸，同时检查伤者的脉搏。如果急救时间很长，两个人还可以在中途交换任务。

时间掌握很重要。胸部按压和人工呼吸不能

同时进行。

■ **具体步骤**

1.一个人负责清理伤者的呼吸道并确定伤者是否停止了呼吸。2.为伤者输入氧气2次（a）。3.检查伤者的脉搏。4.另外一个人对伤者实施5次胸部按压（b）。5.对伤者胸部按压5次后输入氧气1次。6.重复步骤4～5，直到伤者复原或者救护车到达。7.每2分钟检查一下伤者颈部的脉搏（c）。

使伤者处于有利于恢复呼吸的状态

将完全失去意识或处于半昏迷状态的伤者平放在地上是非常危险的，因为这时他的肌肉松弛，使得在正常情况下能保持呼吸道畅通的功能失效，所以这时应该使伤者处于有利于恢复呼吸的状态，避免因为一些不恰当的举措给昏迷中的伤者带来危险。

伤者可能遇到的危险

● 伤者舌头向后蜷曲梗阻了喉咙，导致他无法吸入空气。

● 血块、呕吐物等物质进入呼吸道，因为伤者昏迷时张开的喉咙在接触到异物时无法像未受伤时那样自动关闭。

● 如果这些异物被伤者吸入体内会进一步梗阻呼吸道，导致更加严重或危险的情况。

日常生活中，人们常常由于不了解这些知识

而造成了一些不必要的死亡，例如，让饮酒过量的人躺在地上导致其死亡等。

在伤者没有昏迷或伤者脊柱受伤等情况下，不要使用以上急救措施。但是，如果伤者的呼吸道梗阻了，必须立即清除他呼吸道内的异物。如果遇到有人昏迷躺在地上，首先要做的就是检查他的呼吸道是否畅通。

■ **具体步骤**

1.急救人员跪在伤者身体一侧。2.将伤者靠近你身体的那只手臂向上方弯曲（a）。3.将伤者的另一只手臂绕过其胸部，并把手掌放在他的脸颊上（b）。4.让伤者的那只手掌一直放在他的脸颊上。将伤者离你身体远的那条腿膝盖弯曲（c）。5.轻轻地拉他的膝盖，使他转向你的身体（d）。6.伤者面向你侧身躺下后，把他弯曲的那条腿保持在他身体右侧（e）。7.轻轻地将伤者的头向后推，确保其呼吸道通畅，并检查伤者的呼吸状况（f）。

不要扔下伤者，独自走开。

止血

失血症状及影响

成人的血液占其体重8%。失血量达总血量20%以上的，会出现头晕、头昏、脉搏增快、血压下降、出冷汗、肤色苍白和尿量减少等症状。失掉总血量的40%就有生命危险。大出血时禁止饮水。

出血类型

内出血主要从两方面判断。

• 从吐血、便血、咯血或尿血，判断胃、肠、肺、肾或膀胱有无出血。

• 根据有关症状判断，如出现面色苍白、出冷汗、四肢发冷、脉搏快而弱、以及胸、腹部有肿胀、疼痛等，这些是重要脏器如肝、脾、胃等的出血体征。

外出血可分为三种。

• 动脉出血：血液呈鲜红色，喷射状流出，失血量多，危害性大。

• 静脉出血：血液呈暗红色，非喷射状流出，若不及时止血，时间长、出血量大，会危及生命。

• 毛细血管出血：血液从受伤面向外渗出，呈水珠状。

夜间出血判断

凡脉搏快而弱，呼吸浅促，意识不清，皮肤凉湿，表示伤势严重或有较大的出血灶。

止血法

迅速、准确和有效地止血，是救护中极为重要的一项措施。

指压止血法

用手指压迫出血血管（近心端），用力压向骨骼，以达到止血目的。适用范围：

• 头顶部出血：在伤侧耳前，对准耳屏上前方1.5厘米处，用拇指压迫颞动脉，即太阳穴。

• 颜面部出血：用拇指压迫伤侧下颌骨与咬肌前缘交界处的面动脉。

• 鼻出血：用拇指和示指压迫鼻唇沟与鼻翼相交的端点处。

• 头面部、颈部出血：四个手指并拢按压颈部胸锁乳突肌中段内侧，将颈总动脉压向颈椎处。但需注意不能同时压迫两侧的颈总动脉，按压一侧颈总动脉时间也不宜太久，以免造成脑缺血坏死，或者引起颈部化学和压力感受器反应而危及生命。

• 肩、腋部出血：用拇指压迫同侧锁骨上窝，按压锁骨下动脉。

• 上臂出血：一手抬高患肢，另一手四个手指在上臂中段内侧，按压肱动脉。

• 前臂出血：抬高患肢，用四个手指按压在肘窝肱二头肌内侧的肱动脉末端。

• 手掌出血：抬高患肢，用两手拇指分别压迫手腕部的尺、桡动脉。

• 手指出血：抬高患肢，用示指、拇指分别压迫手指两侧的指动脉。

手掌出血止血法

头顶部出血止血法　　　鼻出血止血法

屈股加垫止血法　　　　橡胶止血带止血法

足部出血止血法　　　　绞紧止血法

• 大腿出血：以双手拇指在腹股沟中点稍下方，用力按压股动脉。

• 足部出血：用两手拇指分别压迫足背动脉和内踝与跟腱之间的胫后动脉。

屈股加垫止血　当前臂或小腿出血时，可在肘窝、腘窝内放入纱布垫、毛巾、衣服等物品，然后屈曲关节，用三角巾做8字形固定。注意有骨折或关节脱位者不能使用。

橡胶止血带止血　掌心向上，止血带一端留出15厘米，一手拉紧，绕肢体2周，中、示两指将止血带的末端夹住，顺着肢体用力拉下，压住"余头"，以免滑脱。

使用止血带要领

• 快——动作快，可以争取时间。

• 准——看准出血点。

• 垫——垫上垫子，不要把止血带直接扎在皮肤上。

• 上——扎在伤口上方（禁止扎在上臂中段，这样做易损伤神经）。

• 适——松紧适宜。

• 标——加上红色标记，注明止血带扎系日期、时间要准确到分钟。

• 放——每隔1小时放松止血带1次，每次时间不超过3分钟，并用指压法代替止血。

绞紧止血法　把三角巾折成带形，打一个活结，取一根小棒穿在带形外侧绞紧，然后再将小棒插在活结小圈内固定。

伤者大量出血时如何按压伤口

在伤者流血不止的严重情况下，可以直接用衬垫或绷带按压伤口，这样可能会使动脉暂时停止流血，但这是不得已而采用的方法。除此以外，可以采用间接按压伤口动脉的方法，这时伤口内的骨头也是挽救生命的关键，因为急救人员必须用力按压，把伤者的动脉固定在伤口内的骨头上才能止血。事实上，间接按压动脉的方法只能运用在手臂和腿的大动脉上。如果方法使用得当的话，该措施可以截断身体向四肢的血液输送。

最佳按压点

手臂的肱动脉（a）是顺着上臂的骨骼内侧向下流动的，所以最好的按压部位应该是上臂内侧下部。腿部的股动脉（b）是从腹股沟与骨盆交界处流向腿部的，因而腹股沟便是按压的最佳部位。

a 肱动脉

b 股动脉按压点

每次切断动脉供血时间不要超过15分钟，否则可能会导致按压部位的组织死亡。

千万不要使用止血带。

■给手臂止血

1.举起伤者受伤的手臂，高过伤者的头。2.用你的手指紧压住伤者上臂内侧的肌肉，直到你感觉到伤者肌肉下的骨头(a)，同时看到血流量明显减少为止。

■给腿止血

1. 使伤者平躺，双膝微微弯曲。2. 急救人员用手掌根部位牢牢按住伤者腹股沟处的动脉，如果知道动脉的确切位置的话，也可以用大拇指按压（b）。你必须用力按压，才能够止血。

观察记录表

在等待救助人员到来之前填写此表，每10分钟做一次记录，这份记录对进一步的医疗救助有着重要的价值。在伤病者离开时，让医疗人员带走这份记录。

日期	伤者姓名		10	20	30	40	50	60
观察时间（每10分钟一次）			10	20	30	40	50	60
眼睛	自然地睁开眼	4						
测试反应时，观察	说话、呼吸时睁开眼	3						
其表现	疼痛刺激时睁开眼	2						
	无反应	1						
语言	清楚地回答问题	5						
测试反应时，在伤	言语表达混乱	4						
病者耳边清晰、简	使用不恰当的词汇	3						
洁地讲话	无法听懂的声音	2						
	无反应	1						
运动	服从命令	3						
应用疼痛刺激，捏	对疼痛刺激有反应	2						
耳垂或手背的皮肤	无反应	1						

检查脉搏和呼吸（在表格内画"√"）		10	20	30	40	50	60
观察时间（每10分钟一次）		10	20	30	40	50	60
脉搏（次/分钟）	>110						
测腕部脉搏或成年人颈动	101～110						
脉搏动处，婴儿手臂内侧；	91～100						
记录脉搏频率及性质，如弱、	81～90						
强，有规律、无规律等	71～80						
	61～70						
	<60						
呼吸（次/分钟）	>40						
记录频率及性质，如半稳、	31～40						
急促，容易、困难等	21～30						
	11～20						
	<11						

急救前的初步检查

在对伤员进行诊断时，要充分地运用自己的感官。

问、看、听、闻、思考和行动。

在紧急情况下，要先确定以下几点。

• 伤者的呼吸道畅通。

• 伤者有呼吸能力。

• 伤者有脉搏，没有动脉流血现象。

• 颈部受伤的人员没有被移动。

如果伤者还有知觉，对气管和呼吸道的检查就不是必须进行的了，这时检查可以从和伤者的谈话开始。要求他们描述一下自己的症状，并让他们告诉你他们自己认为哪儿有问题。

呼吸道

当伤者仰面朝天躺着、毫无知觉时，他的呼吸道可能被异物（如呕吐物或假牙）所堵塞，或者是由于失去知觉时其头部的位

伤者失去知觉时，可能是因舌根下坠引起了呼吸道阻塞。

一只手向下按伤者的前额，另一只手轻轻抬起他的后颈部。

一只手放在伤者的前额，另一只手轻轻向上推他的下巴。

置不适而导致的舌根下坠引起呼吸道堵塞。在检查时，可将自己的耳朵紧贴他的嘴，并看着他的胸部，如果你听不到任何声音也感受不到他的胸部起伏，就必须采取行动以保证他的呼吸道畅通。

①在向下按住他前额的同时轻轻抬起他的颈部。

②一只手放在他的前额，另一只手轻轻地向上推其下巴——这可以让舌头移动。此时再听一下他的呼吸。

③如果他仍然没有呼吸的迹象，将其头部转向一侧，用两根手指擦去他口腔内的任何残留物。一定要小心，注意不要将任何东西更深地推进他的喉咙。

④将他的头部转回正常位置，然后再听一下呼吸。

呼吸

如果伤者开始恢复呼吸，马上将他们按恢复姿势放置。如果他呼吸沉重或者有杂音，再次检查其口腔内是否有残留的阻塞物。

如果在完成了以上检查后伤者仍然没有任何呼吸的迹象，问题就可能出在伤者的循环系统，即心脏已经停止向全身输送血液。那么，你首先必须让伤者呼吸（不管是否有脉搏）。

循环系统

检查伤者的脉搏可以判定他的心脏是否还在跳动。这可以通过以下任何一种方法进行检查。

● 用指尖沿着伤者喉结的一侧向后颈部轻轻滑动，直到能感觉到一条软软的凹槽。轻轻地按住此点。

用指尖沿伤者喉结的一侧　　把指尖轻轻地放在伤者腕
向后颈部轻轻滑动。　　　　关节后1厘米处。

● 把指尖轻轻地放在伤者大拇指一侧的手腕前部距腕关节大约1厘米处。

如果伤者有脉搏，就将其按恢复姿势放置。如果感觉不到有脉搏，那就需要急救。

处理原则与职责

急救人员的职责

急救人员的职责包括以下几个方面（按先后顺序排列）。

● 避免让自己受到伤害。

● 确保伤者脱离险境，有必要的话可以移动伤者。

● 检查伤者的状况，对其伤势作出诊断。

● 有必要的话立即采取急救措施。

只做力所能及的事。切记，随救护车前来的医务人员比外行的急救人员更专业。

不要试图对伤者的状况进行过于详细的诊断。这样的诊断在伤者被送到医院后会由专业的医生来做。

在处理轻微伤害时，不要对伤者使用绷带或其他不必要的东西，只需对伤者实施基本的急救措施即可。

紧急事故的处理措施

急救人员必须尽快检查伤者的伤势：确认是否已经濒临死亡或者更糟。

■检查伤者的状况

1. 检查伤者的呼吸道是否通畅（a）。2. 检查伤者是否有呼吸（b）。3. 检查伤者是否有脉搏（c），确定伤者心跳是否停止。4. 检查伤者是否有严重出血情况。5. 检查伤者是否出现休克现象。

■ 实施急救行动

1. 如果伤者呼吸道梗阻，立即清理呼吸道。2. 通过为伤者做人工呼吸为伤者输入氧气。3. 如果伤者心脏停止跳动，要立即进行胸部按压。4. 如果伤者大量出血，要立即止血。5. 如果伤者出现休克现象，要立即采取措施以防止出现更严重的休克现象。6. 在你确定伤者暂时没有生命危险或其他严重情况后，立即请求别人（如果当时有其他人在场的话）叫救护车。如果当时只有你一个人在现场，你应该先留下来检查伤者的状况，然后再等有人经过求助或者自己拨打电话求助。7. 安抚伤者。尽力安抚尚有意识的伤者，使他保持清醒，告诉他救援很快就到、他会很快好起来，等等，让伤者充满希望。

● 如果很难再有其他人经过现场，你必须先使伤者脱离危险，然后再去寻求支援和饮水。

除非是严重烧伤的伤者可以喝一点水，否则不要让伤者进食和饮水。

除非是特殊需要，否则不要轻易移动伤者。

不要因为伤者伤势非常严重而恐慌地尖叫，做出一些不当行为。

避免引起尚有意识的伤者休克。

特殊事故和伤害

烧伤与烫伤

尽快脱去伤者身上燃着的衣物并用水冷敷烧伤部位，减轻烧伤和烫伤程度。滚烫的湿衣物仍然会烫伤伤者，所以必须在脱去之前用水将衣物冷却。

如果燃着的衣物粘在了伤者的皮肤上，不要强行脱去伤者衣物。

伤口感染

必须包扎好伤者暴露在外的伤口，以免引起感染。

昏迷的伤者

必须清理昏迷伤者的呼吸道。

骨折

为了避免引起伤者进一步骨折或拉伤肌肉组织，可以固定伤者受伤的腿，减少受伤部位的活动。

如果已经叫了救护车，就不要使用临时夹板来捆绑伤者的腿，因为救护人员会带来更专业的医疗设备。

体温

为伤者裹上毛毯，保持体温。

不要用热水袋或过多的衣物包裹伤者，这容易导致伤者因体温过高而引起血管扩张、皮肤发红，甚至突然休克。

紧急事故处理须知

急救人员或其帮手在拨打 120 或请求其他援助时必须向对方提供以下基本信息：

● 拨叫方的电话号码，以便需要时再次联系。

● 事故发生的具体地点，越具体越好，例如在哪条路上或事故现场旁边有什么显著标记等。

● 事故的性质、严重程度和紧急程度等。

● 伤者的伤势情况。

● 伤者的年龄、性别等基本情况。

● 造成事故的危险品的名称，如煤气、电、化学物质等。

搬动伤者

急救人员在实施急救时首先应该做的就是保护好伤者的身体，让伤者的身体处于舒适位置。如果处理马虎，可能会导致伤者伤势恶化甚至带来生命危险。

何时需要搬动伤者

一般说来，只有在确实无法获得医务救援或伤者当时有生命危险时才能搬动伤者。如以下几种情况。

● 在车流量大的马路上，为避免造成交通阻塞。

● 在危险的建筑物里，如房屋着火或倒塌等。

● 在充满煤气或其他毒气的房间里，如充满一氧化碳的车库。

搬动伤者之前的准备工作

● 如果不得不搬动伤者，急救人员必须首先判断一下伤者伤势的性质和严重程度，尤其是脖子和脊柱部位的伤。如果伤者的头部、脖子、胸部、腹部和四肢等部位受伤，必须用物体支撑住受伤部位再进行移动。

● 如果无法确定（仍然有意识并能自由呼吸的）伤者的伤势严重程度，就按伤者被发现时的姿势来移动伤者。

不要移动因挤压而受伤的伤者，否则会给伤者带来更大的伤害。

在只有一个急救人员在场的情况下，尽量寻找外援，不要擅自移动伤者。

搬动伤者的基本规则

在伤者需要搬动的情况下，急救人员必须严格按照下面的步骤来搬动伤者。

基本规则

急救人员必须：

- 靠近伤者。
- 两脚分开，保持平稳站立。
- 双膝弯曲，半蹲，不要弯腰 (a)。
- 背部挺直 (b)。

- 双手紧紧抓住伤者身体。
- 双腿（而不是背）用力，将伤者背起，同时用肩膀支撑住伤者的身体。
- 如果伤者身体向下滑，就让其轻轻滑落在地上，以免对伤者造成进一步伤害。

不要阻止伤者下滑，否则可能会弄伤你的背。

不要试图单独搬动体重过重的伤者，如果能获得帮助的话，最好几个人一起搬动伤者，可以避免对伤者造成额外的伤害。

注意事项

搬动伤者的方式很多。无论何时，使用这些方法时都必须注意以下要点：

- 寻找帮手。
- 确定伤者的身高和体重。
- 确定伤者需要被搬动的距离。
- 搬动伤者时要经过的地方的地形。
- 伤者伤势的类别及严重程度。

现场只有一个急救人员

拖动伤者

在伤者无法自己行走，也没有足够的人手抬伤者，又必须马上转移伤者的情况下可以采用以下措施。

■拖动伤者

1. 将伤者的手臂在其胸前交叉（a）。2. 解开伤者身上的外套，卷到伤者头部下方（b）。3. 蹲在伤者身后，抓住他肩膀上的衣服，慢慢地拖动伤者（c）。

- 如果伤者没有穿外套，你可以两手顶住伤者的腋窝拖动他。

搀扶伤者

当伤者在旁人搀扶下可以自己行走时，采用以下方法。

■搀扶伤者

1. 站在伤者受伤的一侧。2. 将伤者的一只手臂绕在你的脖子上，并抓住这只手。3. 用你的另外一只手绕过伤者的腰，抓住伤者的衣服，搀扶伤者前进。

若伤者的上肢受伤，不能采用以上方法。

手呈摇篮状抱起伤者

这个方法只针对儿童或体重较轻的伤者。

像消防人员扛升降机一样扛起伤者

　　如果急救人员无法采用以上方式，而又必须立刻转移伤者时，可以采用这个方法。这时不要求伤者有意识，但伤者必须是儿童或体重很轻者。

■扛起伤者

　　1. 帮助伤者站立起来。2. 用右手握住伤者腰的左侧（a）。3. 膝盖弯曲，身体向前倾，小心地将右肩放在伤者的腹股沟下，将伤者的身体扛起来，并使之自然地从你的肩和背俯下去。用右臂从伤者腘窝处绕过去并握住（b）。4. 站起身，调整伤者的姿态，让其平稳地趴在你的肩膀上（c）。

　　• 如果伤者无法站立，不得已时可以翻转他的身体，让他面部向下，并使他双膝跪地支撑住身体呈直立姿态。然后急救人员从正面靠近伤者，用两只手臂穿过伤者腋窝使他站立起来。

现场有两个急救人员

　　如果现场有两个急救人员，可以用手为伤者搭一个座椅来搬运。

四手"扶椅"

　　在伤者能够用手臂配合急救人员的情况下可以采用这种方法。

■四手"扶椅"法搬动伤者

　　1. 两个急救人员分别用右手抓住自己的左手腕，左手抓住对方的右手腕（a）。2. 二人同时蹲下。3. 伤者坐在急救人员的手臂上，并用两只手臂搂住两位急救人员的脖子（b）。4. 两个急救人员同时站

起身。5. 同时迈出位于外侧的一只脚，然后步调一致向前进。

两手"扶椅"

　　在伤者手臂受伤、无法配合急救人员行动的情况下，通常可以采用这种方法。

■两手"扶椅"法搬动伤者

　　1. 两个急救人员面对面蹲在伤者的两侧。2. 二人各伸出一只手臂，交叉放在伤者的背后，同时抓紧伤者的衣服（a）。3. 二人各自将另外一只手臂放在伤者大腿下，同时握紧对方手腕，轻轻抬起伤者（b）。4. 两位急救人员同时站起，并同时迈出外侧的一只脚，然后步调一致向前进。

　　• 如果伤者没有穿可供急救人员抓握的衣服，必要时，可以互相抓住对方的手腕。

利用椅子搬运

　　如果需要将伤者搬动很长距离，或需要上下楼梯，那么使用椅子来搬动伤者是最合适的了。但是，该方法只适合有意识且伤势轻微的伤者。

■用椅子搬动伤者

　　1. 确保椅子可以承受伤者的体重。2. 确保搬动途中没有任何障碍物。3. 用桌布或者大绷带将伤者的躯干和大腿固定在椅子上（a）。4. 两位急救人员分别站在椅子的前后位置。将椅子向后倾斜（离开地

平面约30°角），然后抬起（b）。5.一个急救人员支撑住椅背及伤者；另外一个面对伤者，抓住椅子前腿，顺着走廊或楼梯小心地往后移动。

• 如果楼梯或者走廊足够宽敞，急救人员可以站在椅子两侧，两人各自抓住椅子的一条前腿和一条后腿，向前移动。

将椅子倾斜前要告诉伤者，避免伤者进一步受伤或受惊吓。

担架

如果要将伤者移动很远的距离，可以使用担架。如果现场没有担架，可以利用外套等物品制作一个简易担架。在使用担架时，最基本的原则是：使伤者的头、脖子和身体的位置在同一条直线上，并确保伤者的呼吸道畅通。

• 如果有毛毯，可以将毛毯铺在担架上。当伤者躺上去之后，再用毛毯把他包裹起来。

■制作简易担架

只有在万不得已时才使用简易担架。

1.找2～3件外套。2.将衣服的袖子往里塞进去，将两根棍子分别从两侧袖筒里穿过去（a）。3.把外套的扣子扣上或拉链拉上，简易担架的制作就基本完成了（b）。4.试用担架。可以先让一个没有受伤的人躺到担架上试一下，确保它能够安全地承受一定的重量。

如果当时没有外套等，可以用以下物品代替：

• 结实的麻布袋：在布袋的底部戳几个洞，用棍子穿过去。

• 宽绷带：可以将宽绷带的两头系在两根棍子上，每隔一定距离系一条，把两根棍子连接起来。

• 结实的毛毯、防水油布或者布袋：把它们铺展开来，将棍子放在两边恰当的位置，接着用毛毯等物从两边将棍子裹起来固定住，抬起来后要使毛毯能承受伤者的体重。

■把伤者移上担架

1.一个人小心地翻转伤者的身体使未受伤的一侧贴地。2.另外一个人将担架放在伤者的身下。3.伤者躺上去后再小心地翻转担架使其平放在地板上。

• 如果伤者已经昏迷，让伤者趴在展开的担架上，并使其处于最有利于恢复呼吸的状态。

现场有两个以上的急救人员

翻转脊柱受伤的伤者

当伤者发生呕吐现象时，务必使其身体侧躺，以免他在平躺时呕吐物被吞入而引起不适，造成伤势恶化。

这项工作需要6个急救人员共同完成。

■翻转脊柱受伤者

其中3个人在伤者身体一侧，另外2个人在伤者身体另一侧，还有1个人在伤者的头部位置，6个人共同合作，把伤者身体翻转到侧躺状态。翻转伤者时要非常小心，不要扭动或弯曲他受伤的脊柱。

确保伤者的头部与其身体正面处于同一水平面。

移动脊柱骨折的伤者

这项工作需要7个人共同完成。

■移动脊柱受伤者

1.紧紧固定住伤者的头、肩膀和骨盆，在脚踝、膝盖和大腿之间放上软垫等物（a）。2.把伤者的

双腿绑在一起。用8字形绷带将伤者的双腿绑在一起（b）。3.在伤者身体两侧分别站3个人。4.剩下

的一个人蹲在伤者的头部位置，查看伤者身体的中轴线，使伤者头部正面与脖子正面处于同一水平线上，将两只手分别放在伤者头部的两侧便可检测二者是否处于同一水平线。处于伤者头部位置的急救人员指挥其他急救人员的行动。5.轻轻挪动伤者身体，急救人员把手臂放在伤者身体下方，将伤者抬起（c）。

一定要确保伤者头部正面与身体正面处于同一水平线。

脱去伤者身上的衣物

脱去伤者的外套

有时为了便于检查伤者的伤势或治疗伤者，必须脱去伤者的衣物。当然，有时候也并不需要脱去伤者的衣服就能够检查到伤势，如骨折，还有一些伤口可以直接从明显破裂的衣服外看到。

如果必须脱去伤者的衣物，也要尽量在不影响伤者的情况下脱去他的少量衣物。对于清醒的伤者，要先征求他的意见才可以脱去他的衣物。

如果伤者是位女性，有时必须将其身上过紧的内衣解开。

如果不是非常必要的话，尽量不要脱去伤者的衣物，因为脱衣物时可能会给伤者带来一些额外的伤害。

■脱去（手臂受伤的）伤者的外套、衬衫和内衣

1.抬起伤者的上半身，将外套从他的肩膀往下拉（a）。2.弯曲伤者未受伤的手臂，并将它从衣袖中抽出。3.轻轻地将另一只衣袖从受伤的手臂上脱下（b）。

● 如果这样脱起来有困难，可以沿着伤者受伤的手臂将上衣的缝合处撕开，这样可能更安全。

■脱去（腿受伤的）伤者的裤子

1.如果伤者的小腿或膝盖受伤了，可以将裤管卷起来（a）。2.如果伤者大腿受伤了，从伤者腰部将裤子褪下（b）。

● 如果这样脱起来有困难，急救人员可以从裤管的缝合处将裤管撕开。

■脱去（脚受伤的）伤者的鞋子

1.固定住伤者的脚踝（a）。2.剪掉或解开鞋子上所有的带子（b）。3.脱去鞋子（c）。

● 如果伤者穿的是长靴，很难脱下，急救人员可以用锋利的刀片从靴子后面的缝合处小心地将其割开。

脱去伤者的袜子

如果急救人员按照正常方式去脱伤者的袜子很困难的话，可以采用如下方法。

■脱去伤者的袜子

1.将两个手指放在伤者的腿和袜子之间。2.将袜子的边提起，从急救人员的两个手指之间剪开袜子。

脱去伤者头上的安全帽

下面介绍脱去伤者头上两种不同的安全帽——透气型安全帽和盔式带玻璃罩安全帽——的方法。一般情况下，强烈建议急救人员不要脱去伤者头上的安全帽，因为在如颈骨骨折之类的事故中，这样做可能会导致伤者瘫痪甚至死亡。大部分情况下，安全帽可以保护头部避免受到严重伤害。如果不得不脱去伤者的安全帽时，必须注意以下事项。

● 在脱去伤者头上的安全帽之前，先摘下伤者的眼镜。

● 如果伤者能够自己脱去头上的安全帽，那是最好不过了。

脱去伤者头上的透气型安全帽

透气型安全帽就是只盖住头部，脸部露在外面的安全帽。这项工作需要两个急救人员共同完成。

■脱去伤者的透气型安全帽

1.一个人解开或割断系在伤者下巴的安全帽带子（a）。2.另外一个人用手托住伤者的头和脖子。

3.用两只手分别托住安全帽的两侧。4.把安全帽向上和向后拉，便可以脱去（b）。

脱去伤者头上的盔式带玻璃罩安全帽

这项工作也需要两个急救人员共同完成：一个人用手托住伤者的头和脖子，另一个人脱去伤者的安全帽。

除非是在伤者有生命危险的情况下，否则千万不要试图脱去伤者头上已经破碎的盔式带玻璃罩安全帽。例如遇到以下几种情况就不得不脱去伤者的安全帽。

● 安全帽阻碍了伤者呼吸。

● 伤者已经没有呼吸和脉搏。

● 伤者发生呕吐现象。

■脱去伤者的盔式带玻璃罩安全帽

1.其中一个人将两只手分别放在安全帽的两侧，用手托住伤者下颌，使其头部保持平稳。2.另外一个人解开或剪掉系在伤者下巴上的安全帽带子（a）。3.使伤者的头骨和下颌骨保持不动（b）。4.将安全帽往后倾斜，露出伤者的下巴和鼻子（c）。5.再将安全帽向前倾，轻轻往上脱离伤者头部（d）。6.脱下安全帽（e）。

第2章
家庭常见事故急救

　　家庭生活中，家人难免会被各种意外伤害，或者突发急病，但是如果你准备得当，配备了合适的急救箱，并且了解实用的紧急救生步骤，你就会有信心应对任何的未知情况。最重要的是你应该知道自己的局限性——弄清楚哪些事情可以由你自己处理，哪些事情应该留给医疗救助机构来处理。

身体病痛急救

背痛

　　背痛是由各种不同原因引起的，其疼痛程度不一，有的严重，有的并无大碍。通常情况下，背痛并不会带来严重后果，但是如果出现以下症状，就必须立即就医治疗。

背痛的症状

- 非常疼痛。
- 疼痛持续时间长。
- 一条腿麻木、无力。
- 膀胱和肠道出现问题。

■如何缓解背痛

　　1. 用热水袋温暖患者背部。2. 在咨询患者意见之后，如有必要可以让他服用阿司匹林、扑热息痛或布洛芬等药暂时缓解疼痛。

　　如果一两天后伤者仍未好转，请到医院就医。

头痛

　　大部分头痛症状是由于患者内心紧张引发头部肌肉紧张导致的。当然，也有一些头痛症状是由其他一些非常见因素引起的。

头痛的原因

- 饮酒过量。
- 饥饿。
- 劳累。
- 沉闷的天气。
- 偏头痛。
- 敏感症。

　　一般情况下，头痛并不会带来严重后果，只有少数头痛症状可能是由严重疾病引起的，如脑瘤、高血压或者动脉瘤等。一般体外伤不会导致头痛。

■如何消除头痛症状

　　1. 让伤者放松心情。2. 服用一些止痛药。3. 用冷敷袋或热水袋敷在伤者前额。

不明原因的头痛

对于这样的头痛症状，患者要及时告知身边的人并到医院做检查，尤其是出现了身体虚弱、失去知觉或视力减弱等并发症时，更要予以足够的重视。

耳痛

很多孩子的中耳（a）和整个耳道（b）容易发炎，进而影响到鼓膜（c），这些孩子比较容易出现耳痛的症状。另外，耳道受到微小震动也会导致耳痛。

如果患者出现以下症状，请立即去医院就医。

耳痛的症状

- 耳朵发热。
- 耳朵失去听觉。
- 耳朵向外流脓。

耳朵的内部构造

■如何缓解耳朵疼痛

1. 吃止痛药，但要有所节制。2. 测量伤者的体温，如果伤者有发热症状，立即去医院就诊。

- 如果疼痛时间超过一天，请去医院就医。

不要让12岁以下儿童服用阿司匹林，可以让他服用适量的扑热息痛。

痛经

痛经是女性比较常见的生理问题，一般不会引起严重后果。

■如何减轻痛经症状

1. 服用布洛芬、阿司匹林或可待因等止痛药片。2. 如果疼痛严重，可以洗个热水澡，然后躺在床上休息片刻，最好在被子里放个热水袋来取暖。

- 如果疼痛非常严重而且不见好转，可能是盆腔发炎或激素失调等体内循环失调或其他妇科疾病引起的，需要去医院就医。

口服避孕药

通常情况下，避孕药对治疗严重痛经非常有效。因为避孕药可以阻止女性排卵。女性不排卵就不会出现痛经的症状。

鼻窦痛

急性鼻窦炎一般是由感冒引起的，会使鼻窦疼痛，通常患者会感觉到眼睛上方、下方及两眼之间部位有阵阵疼痛。鼻窦痛通常伴随着发热症状，这时最好去医院就医。

鼻窦疼痛常出现的部位

■如何缓解鼻窦疼痛

1. 用减充血的滴鼻剂或者喷雾剂滴鼻子，也可以在碗里盛上热水，再用鼻子去吸水蒸气，同时在头上用一块毛巾搭成一个"凉篷"，以使更多的水蒸气吸入鼻腔，这种方法也非常有效。2. 吸入安息香胶的酊剂也是治疗鼻窦痛的常用方法。这些药材都不是处方药，所以很容易在药店买到。

牙痛

牙痛是指下颌内部和牙齿疼痛，包括持续性疼痛、间歇性疼痛和剧痛等多种情况。

牙痛的原因

- 牙齿被腐蚀伴随着牙龈发炎。
- 长智齿。
- 牙齿长得过深且不整齐。
- 牙齿断裂。

■如何缓解牙痛

缓解牙痛的方法有很多，应该根据不同的牙痛症状采用不同的治疗方法。

1. 如果因为吃了太多酸的或甜的、冷的食物而引起牙痛，可以在牙上涂抹牙膏缓解疼痛。2. 在受影响的牙齿上涂上丁香油（b）。3. 伤者可以在脸上放个热水袋从外部热敷牙齿。4. 疼痛难忍时可以服用止痛药。

• 如果疼痛一直持续，应立刻去看牙医，以免被腐蚀的牙齿发生感染。

被动物叮咬造成的伤害

被猫、狗和人咬伤

猫、狗等动物和人的口腔内有很多生物，其中一些可以产生感染物，甚至可以带来致命的疾病，例如狂犬病。所以，如果被动物或人咬破了皮肤，必须高度重视，对伤口进行必要的治疗。

■如何处理被叮咬的伤口
　　1. 立即用大量肥皂水清洗伤口。2. 任由伤口流血，可以带走伤口上的细菌。3. 将纱布放在双氧水里浸泡后再包扎伤口，可以降低感染风险。4. 咨询医生是否需要注射破伤风疫苗和抗生素等。5. 如果怀疑伤者可能感染了狂犬病病毒，应立即将其送医院治疗。

狂犬病确诊

为了核实或排除狂犬病病毒感染，必须对疑似患上狂犬病的动物或人进行医学检查。必要时还需要将疑似患上狂犬病的动物或人隔离。

被蛇咬伤

在一些多蛇的国家和地区，常常发生毒蛇咬人的事件。毒蛇聚集地区的医疗专家收集了很多抗蛇毒素，用来治疗被蛇咬的伤口。

被蛇咬伤的症状

• 伤口疼痛且肿胀。
• 伤口有明显的小孔状蛇齿印。
• 视力下降。
• 出现恶心、呕吐现象。
• 呼吸困难。
不要让伤者移动。
不要举起伤者的肢体。
不要用刀划伤口或烧烙伤口。

■被蛇咬伤后的急救措施
　　1. 让伤者躺下休息（a），使其心跳减速，减缓毒素扩散速度。2. 清理伤口，洗去伤口周围的毒液（b）。3. 牢固包扎伤口（c）。4. 尽快送伤者去医院。

被昆虫叮咬受伤

其实常说的被昆虫咬并不是真的被昆虫咬了，只是昆虫将其唾液注入人的皮肤里，使皮肤受到其唾液里的一些物质的刺激。这些物质会使你产生过敏症状——皮肤泛红、肿胀——通常持续1～2天。另外，可能还会出现一些不良反应，那是昆虫的粪便渗进皮肤导致的。严重的不良反应可能会危及生命，尤其是喉咙肿胀等症状。

■被昆虫叮咬受伤后的急救措施
　　1. 用肥皂水彻底清洗皮肤。2. 如果局部或全身出现严重的不良反应，应该立刻去医院就医。

被昆虫蜇伤

被昆虫蜇伤是指人被蜜蜂、黄蜂、大黄蜂等蜇后，被具有很强刺激性的毒液感染。这通常会导致局部皮肤疼痛、红肿，不过基本上不会对人造成太大伤害。但是，如果同时被蜇很多次，就可能很危险了。如果伤者以前被某种昆虫蜇过，并对其过敏，那么再次被同样的昆虫蜇也会非常危险。

不要用钳子拔除螫针，这样做可能会把毒液挤到皮肤里。

口腔或喉咙被蜇

急救人员应立即送伤者去医院。这类蜇伤可能会使伤者喉咙肿胀、呼吸道梗阻，导致伤者死亡。

普通的过敏反应

任何一种过敏反应都要立即去医院就医。

■被昆虫蜇伤后的急救措施

1.用指甲盖或一把钝刀小心地刮昆虫蜇后留在皮肤上的螫针（a）。2.用肥皂水清洗受影响的皮肤（b），然后冰敷伤口（c）。3.让伤者服用止痛药。

■伤者被蜇后昏倒时的急救措施

1.检查伤者呼吸。

2.检查伤者脉搏。

3.如果需要的话，立即对伤者实施嘴对嘴的人工呼吸和胸部按压。

被老鼠咬伤

随着养宠物者增多，经常出现一些另类宠物咬伤抓伤人的情况，其中有不少是被老鼠咬

伤的。另外，由于老鼠喜欢吃带有奶味的婴儿嫩肉，所以婴儿被老鼠咬伤的事也时有发生。老鼠能传播多种疾病，被老鼠咬伤可能会引起局部伤口感染，严重会引起败血症、狂犬病，还有可能被感染上鼠疫。因此，不管被哪种老鼠咬伤都不能掉以轻心，必须立即进行处置。如果消毒处理及时得当，防疫注射操作正规，一周无不良反应，一般不会留下后遗症。

急救前的检查

被咬的标记。

皮肤裂开，出血。

红肿和疼痛。

要做什么

用清洁水冲洗伤口，持续冲洗至少10分钟。

把伤口内的污血挤出，再用2%的碘酒或75%的酒精消毒。

取鲜薄荷洗净、捣烂取汁，涂患处，可止痛、止痒、消肿。

尽快到当地防疫医疗部门注射流行性出血热疫苗和狂犬病疫苗。

注意观察病人的伤口是否有肿胀、流脓等感染的症状。

检查病人是否发烧。如果病人突然发烧，或有头痛、胸痛、四肢痛、淋巴结肿大、皮肤充血、呼吸困难等情况，有可能已被感染上鼠疫，应立即送医院就医。

不要做什么

不要用手抓挠伤处，以防细菌感染。

吸血蝇咬伤

吸血蝇的主要种类有家蝇科的刺蝇属，血蝇属、角蝇属亦为吸血种类。此类苍蝇长有高度发达的刺吸式口器，以吸血为生，尤其以家畜为主要寄主。被吸血蝇咬伤以后，因其唾液中含有抗凝血素，可使伤者发生毒性反应，严重的会被感染病毒性疾病。多数虫媒病毒感染报告于每年的蚊类活动高峰期，特别是气候温暖的季节，人类普遍易感染，尤其是儿童和老人。根据不同病毒类型，被感染的症状在昆虫叮咬后2～15天出现。

急救前的检查

轻微的反应：

被叮咬部位局部红肿、痒、痛、发疹。

严重的反应：

全身出现紫癜、荨麻疹。

发烧。

头痛。

震颤、惊厥、麻痹、昏迷。

要做什么

局部用复方炉甘石搽剂或氢化可的松软膏涂抹，以消肿止痒。

有全身反应时，可口服苯海拉明 25 ~ 50 毫克。

出现震颤、惊厥、麻痹、昏迷等严重症状，应立即上医院诊治。

不要做什么

不要用手抓挠被叮咬处，以免造成感染。

预防措施

蚊蝇高度活动的时候（通常是清晨和傍晚），使用蚊帐和纱门窗，避免被叮咬。

在有蚊蝇的室外活动时，应穿长袖衣裤，使用驱避剂。

注意生活环境的卫生，如排干积水、地区性撒药等，防止蚊蝇的滋生。

被蜈蚣咬伤

蜈蚣又称百肢、天龙，在我国南北各地都有分布，尤其是南方更为多见。它生活于腐木石隙或荒芜阴湿地方，昼伏夜出。蜈蚣分泌的毒汁含有组织胺和溶血蛋白，蜈蚣咬人时，其毒液顺尖牙注入被咬者皮下。蜈蚣咬伤中毒的潜伏期约为 0.5 ~ 4 小时，蜈蚣越大，症状越重。当人被它咬伤之后，轻者剧痛难受，重者有性命的危险。如果处理不当，很可能在短暂的几小时内便会丧生。

急救前的检查

被叮咬的部位剧痛、红肿、瘙痒。

伤口出现水疱、局部坏死。

要做什么

一般的情况下，可按以下方法处理：

在伤口处涂抹肥皂水或 5%、10% 的碳酸氢钠（即小苏打），以中和酸性的毒液。

用鲜扁豆叶、鲜蒲公英、鱼腥草、芋头任意一种 50 ~ 100 克捣烂外敷。

或用蛇药捣烂，用水调成浆糊状，敷在伤处。

被咬伤较为严重者，立即进行局部捆扎，在伤肢上端 2 ~ 3 厘米处，用布带扎紧，每 15 分钟放松一下。

必要的话切开伤处皮肤，想办法吸出毒液。

伤口非常疼痛者，可用水、冰进行冷敷。

有过敏症状者，可服用苯海拉明、扑尔敏等抗过敏药物。

经过以上处理，一般不需要看医生，但如果有以下的一些症状，则需要马上看医生：

发热。

头晕、头痛，全身无力。

恶心、呕吐。

腹痛、腹泻。

视物不清。

心跳及脉搏缓慢，呼吸困难，体温下降、血压下降。

抽搐及昏迷。

如果能将昆虫抓住，就医时要一并带到医院，以便医生尽早采取治疗措施。

不要做什么

不要用手抓挠被叮咬处，以免造成感染。

被蜂蜇伤

蜂的种类有蜜蜂、黄蜂、大黄蜂、土蜂等，蜂的腹部后端有毒腺与螯相连，螯人时会将毒液注入人体内。蜂毒的主要成分有蚁酸、神经毒素和组织胺等，会引起溶血、出血、过敏反应。在各种蜂中，以土蜂和大黄蜂毒性最大，而蜜蜂螯人后还会把尾刺留在人体内。被蜂螯伤有时会导致严重的后果，应引起重视。

急救前的检查

轻微的反应如下：

受伤部位局部红肿和疼痛。

伤口有灼热感，形成水疱。

严重的过敏反应如下：

出现荨麻疹。

口唇及眼睑水肿。

头晕。

恶心、呕吐。

腹痛、腹泻。

喉水肿。

气喘、呼吸困难。

面色苍白。

发热、寒战。

血压下降。

烦躁不安。

休克、昏迷。

要做什么

仔细检查伤口，若尾刺尚在伤口内，可见皮肤上有一小黑点。

用消毒的镊子、针将叮在肉内的断刺剔出，然后用力掐住被蜇伤的部分，用嘴反复吸吮，以吸出毒素。

如果被蜜蜂蜇伤，因其毒液呈酸性，可用肥皂水、小苏打水或淡氨水等碱性溶液洗涤涂擦伤口中和毒液，也可用生茄子切开涂擦患部以消肿止痛。如果被黄蜂蜇伤，因其毒液呈碱性，可用食醋、人乳涂擦患部。若被马蜂蜇伤，可用马齿苋菜嚼碎后涂在患处。

可用南通蛇药用温水溶后涂伤口周围，或用青苔、七叶一枝花、半边莲、蒲公英、紫花地丁、野菊花、桑叶等鲜品捣烂外敷。

伤口肿胀较重者，可用冷毛巾湿敷伤口。

可给患者口服抗组胺类药物，例如扑尔敏、苯海拉明等内服，有助于消除水肿、痒痛等轻度过敏反应。亦可用金银花 50 克、生甘草 10 克，绿豆适量煎汤饮用，具有加速毒素排出和解毒作用。

被蜂蜇伤 20 分钟后无症状者，可以放心。

蜂蜇后局部症状严重、出现严重的过敏反应者，除了给予上述处理外，如带有蛇药可口服解毒，并立即呼叫医疗急救，或将病人送往医院救治。

在等待医疗急救或送往医院期间，按以下方法护理病人：

为了防止休克，让病人卧倒，脚抬高（以增加血流到心脏和大脑）。

在病人身上盖上衣服或毛毯保温。

如果发生休克，应进行人工呼吸、心脏按摩等急救处理。

如果病人呼吸困难，让他保持坐姿。

不要做什么

不要挤压伤口，以免毒液扩散。

不要用红药水、碘酒之类药物涂擦患部，这样只会加重患部的肿胀。

出现严重过敏反应时，不要给病人食物和饮料，等待医疗救治。

被蚂蟥咬伤

蚂蟥又称水蛭，一般栖于浅水中，还有一种旱蚂蟥常成群栖于树枝和草地上。蚂蟥头部有一吸盘，遇到暴露在外的人体皮肤，即以吸盘吸附，并逐渐深入皮内吸血，有时还会钻入阴道、肛门、尿道吸血。蚂蟥吸血时很难自动放弃，而且还分泌一种抗凝物质，阻碍血液凝固，使伤口流血不止。人们在稻田、池塘、湖沼等处劳动、玩耍、游泳、洗澡都有可能会被蚂蟥咬伤。被蚂蟥咬伤时只要采取正确的方法处理，伤口的炎症一般可以自行恢复，不会引起特殊的不良后果，不需去医院治疗。

急救前的检查

被咬部位常发生水肿性丘疹。

被咬的创口疼痛、流血不止、溃疡等。

要做什么

如果蚂蟥还附着在身体上，采用下列办法，使它自动脱离伤口。

在蚂蟥叮咬部位的上方轻轻拍打，使蚂蟥松开吸盘而掉落。

用烟油、食盐、浓醋、酒精、辣椒粉、石灰等滴撒在虫体上，使其放松吸盘而自行脱落。

用针刺，或用烟油刺激其头部，使其自动脱开皮肤。

可用指甲或镊子夹住其身体，或用火烧其尾部，也可使其脱落。

蚂蟥掉落后，若伤口流血不止，可先用干净纱布压住伤口 1～2 分钟，血止后再用 5% 碳酸氢钠溶液洗净伤口，涂上碘酊或龙胆紫液，用消毒纱布包扎。

如果还不能止住出血，可往伤口上撒一些云南白药或止血粉。

蚂蟥掉落后，如果伤口没出血，可用力将伤口内的污血挤出，用小苏打水或清水冲洗干净，再涂以碘酊或酒精、红汞进行消毒。

蚂蟥钻入鼻腔，可用蜂蜜滴鼻使之脱落。若不脱落，可取一盆清水，伤员屏气，将鼻孔浸入水中，不断搅动盆中之水，蚂蟥可被诱出。

蚂蟥侵入肛门、阴道、尿道等处，要仔细检查蚂蟥附着的部位，然后向虫体上滴食醋、蜂蜜、麻醉剂（如 1% 的卡因、2% 的利多卡因）。待虫体回缩后，再用镊子取出。

不要做什么

千万不要硬性将蚂蟥拔掉，因为越拉蚂蟥的吸盘吸得越紧，这样，一旦蚂蟥被拉断，其吸盘就会留在伤口内，容易引起感染、溃烂。

被毛虫蜇伤

通常三月后，毛毛虫开始大量活动。毛毛虫体表长有毒毛，呈细毛状或棘刺状。毒毛蜇入人体皮肤后，往往随即断落，放出毒素。严重者还可引起荨麻疹、关节炎等全身反应。

急救前的检查

一般的反应如下：

被蜇伤处起很大的红疙瘩，又痒又痛。

伤处有烧灼感。

严重的反应如下：

伤处溃烂。

出现荨麻疹症状。

发热。

头痛。

腹痛。

要做什么

仔细观察伤处，用刀片顺着毒毛方向刮除毒毛。

也可用橡皮膏贴附于被蜇部位，再用力撕下，毒毛即可被粘出。

或用胶布反复粘贴患处，将附在皮肤上的毒毛粘出来。

用3%氨水、清凉油、云香精、红花油等，或用南通蛇药涂抹患处。在野外也可用七叶一枝花或鲜马齿苋捣烂外敷。

伤处形成水疱的，可用烧过的针将水疱刺破，将血挤出，然后涂上1%的氨水。

伤口溃烂时，可用抗生素软膏涂抹。

如果出现荨麻疹症状，或全身有发热、头痛、腹痛等反应，应尽快到医院诊治。

不要做什么

不要因痒而用手抓被蜇伤的部位，以防细菌感染。

眼圈淤青

眼睑周围的皮肤非常薄，且布满了大血管。眼圈淤青（a）就是由于伤到了这些血管，导致血液淤积在眼睛周围的组织，使眼圈发黑。

当眼圈部位的血液开始向四周流动时，不用采取什么措施，等着血液完全散开就行。恢复所需要的时间根据眼圈乌黑的严重程度不同而不同，一般为2～3周。在此期间，眼睛周围的皮肤在不同时间段会呈现不同的颜色。

■眼圈淤青的治疗措施

1. 眼睛受伤后立即用冷敷袋（一袋冰豌豆等）冷敷眼睛周围皮肤（b），可以减轻瘀血程度。2. 立刻检查受伤眼睛的视力状况。3. 如果感觉视力有损伤，可以用手指轻轻拨开眼皮（c），对比两只眼睛的视觉是否有差异。4. 上下左右转动两只眼睛，然后再检查眼睛的视觉状况。

视觉问题

如果出现任何视觉问题，请立即去医院就诊。

流血

轻微的流血现象一般不会引发严重后果，除非是伤者有某种血液问题，如血友病等。

轻微流血一般是因为人体内的小血管受到损伤导致的，如小静脉或毛细血管受到损伤等。如果血液从动脉往外喷涌，即使是流血量很小，也必须立即就医。

各种各样的止血方法都遵循一个总的原则：

一直按压伤口。但是不同的伤口必须采用不同的按压方式。

轻微的刀伤、割伤和擦伤引起的流血

皮肤表皮本身具有很好的防感染能力，但是一旦表皮（a）因刀割或摩擦而被撕裂，那么皮下组织（b）就很可能发生感染。

大部分情况下，人体本身的防御机制能够抵制这种感染，伤口发炎一段时间后会自然痊愈。但是这种感染的次数多了，轻微的伤口也有可能被某些危险的有机体污染，发生严重感染，最后可能导致血液中毒。

皮肤构造

■如何处理轻微伤口

1. 如果被刀割或擦伤留下轻微伤口，立刻用肥皂水彻底清洗伤口及其周围皮肤（a）。2. 清除伤口上的所有异物与脏物。3. 清洗双手并甩干。4. 用消毒水擦拭伤口周围皮肤（按照药瓶上的说明正确使用）（b）。5. 彻底清洗伤口后，用消毒纱布或创可贴包扎伤口(c)。等到伤口愈合后再将纱布取下。在此期间，如果纱布松了或脏了，可以更换。

不要触摸伤口，也不要用毛巾等物擦拭伤口，即使是用干净毛巾。

不要触摸伤口上的纱布。

手弄湿后不要用毛巾擦拭而要自行晾干，即使是用刚刚清洗过的毛巾，因为毛巾携带的细菌会感染伤口。

一天之后，伤口如果仍没有好转，并且更加疼痛，出现发热、肿胀等症状，必须立即去医院就诊。

经过正确处理的轻微伤口，一个星期左右就会痊愈。

伤口很深

如果伤口很深，即使是伤口面积很小也要及时治疗。因为这样的伤口有一定的潜在危险，尤其是在造成伤害的物体被污染过的情况下。例如施过肥的土壤含有非常危险的有机物，如果在整理花园时身体某一部位被刺破留下伤口就可能带来严重后果。

流鼻血

鼻子内靠近鼻梁的内表层部位有很多血管。当鼻子受到外力伤害或撞到坚硬物体或挖鼻孔过于用力时，这些血管就会破裂导致出血。一般情况下，流鼻血不会引发严重后果。

■如何止鼻血

1. 如果鼻子流血，立刻用大拇指和示指牢牢捏住鼻子（a）。2. 伤者应该坐下来，拿一个洗脸盆，头向前倾，正好在脸盆上方（b）。3. 按压鼻孔至少10分钟，在此期间伤者不能抬头。4. 慢慢地松开按压的手指。5. 头继续向前倾，用一块在冷水里浸泡过的干净纱布轻轻擦拭嘴巴和鼻子四周（c）。

如果可能的话，伤者在止住鼻血4个小时内不要触碰鼻子。

● 如果鼻子仍然流血，重复步骤1～5。

● 如果仍然无法止血，应该送伤者去医院就诊。在此期间，伤者必须始终捏紧鼻子。

牙龈出血和牙槽出血

牙龈出血

牙龈出血是在刷牙时容易出现的症状。牙龈出血可能是由于牙龈有毛病，如牙龈炎。也可能是由于平时不够注意口腔卫生引起的。因受伤而引起的齿龈出血一般不会持续很长时间，用手指用力按压就能止血。

牙槽出血

牙槽出血一般是拔牙或因事故使牙齿脱落引起的。另外，如果下颌受伤破裂也会导致牙槽出血。前面两种情况导致的牙槽出血可以采取以下急救措施。

■如何处理牙槽出血

1. 用一块纱布垫按压牙槽。也可以用小块干净的手帕，卷成小圆柱状，放在两排牙齿中间（a）。2. 用牙齿咬紧纱布垫，使其紧贴牙槽（b）。至少坚持10分钟。3. 慢慢停止按压。

● 如果牙槽继续出血，可能需要按压更长时间，所以请重复以上步骤。

在取出纱布垫时，千万不要把牙槽里的血块连带抽出来。

● 如果把血块抽了出来，在纱布垫上涂一些消毒的凡士林，使其更加润滑，然后再放回牙齿间。

● 如果以上方法还是无法止血，请去医院就诊。

烧伤

对于严重烧伤事故的处理措施，烧伤按照程度不同，急救的方法各不相同。

轻微烧伤与烫伤

■如何处理轻微烧伤与烫伤

1. 即使是轻微的烧伤也要立即冷却伤口，减少对身体组织的伤害。尽快在水龙头下冲洗烧伤部位（a），直到完全冷却为止。2. 用干净的最好是消过毒的布（非绒布料）包扎伤口（b）。

不要刺破水疱或撕去烫伤部位松弛的外层死皮。

太阳灼伤

太阳灼伤是由于伤者长时间暴露在太阳光下导致的。太阳光里含有紫外线，会破坏皮肤表层细胞并伤害皮肤里的微血管。太阳灼伤分为轻微灼伤和严重灼伤，这两种情况会导致不同的结果，轻微灼伤对皮肤的伤害较小，严重灼伤可能会使皮肤出现水疱。

太阳灼伤引发的后果：

● 立刻感觉身体不舒服。

● 增加皮肤起皱纹和患皮肤癌的概率。

■如何处理太阳灼伤

1. 避免皮肤直接被阳光照射。2. 洗个冷水浴，冷却皮肤。3. 不要按压灼伤的皮肤。4. 对于轻微的灼伤，可以用榛子油、天然酸乳酪、炉甘石洗液或某种护肤乳液涂抹晒伤处。5. 如果是更严重的情况，最好保持水疱完整，不要戳破。6. 服用止痛药。7. 如果伤势非常严重，要及时去医院就诊。

烧伤原因

• 烧伤是由以下因素导致的身体组织受伤。

• 过高的温度。

• 辐射：太阳光和其他紫外线发射源、X射线、γ射线等。

• 腐蚀性化学药品。

• 电流——通过人体时会产生热量，会使体内的血液等凝结，阻碍人的呼吸和心跳。

• 摩擦。

如果导致烧伤的物体持续对人体发生作用，人的体内组织就会遭到破坏。所以急救人员实施急救的关键就是尽量采取措施降低伤者身上的温度，或使伤者脱离辐射源或洗（刷）去伤者身上的有害化学物质。

烧伤度

烧伤度是用来表示伤者被烧伤的严重程度的指标。急救人员可根据烧伤度来决定是否需要对伤者进行治疗及采取怎样的治疗方法等。根据烧伤度不同，烧伤可以分为3个等级。

轻度烧伤（a）。这种烧伤只影响到皮肤表层，使皮肤发红、肿胀、易破等。这类烧伤通常能够治愈，并且不会留下瘢痕。轻微的表皮烫伤并不需要到医院治疗。

中度烧伤（b）。这种烧伤会使皮肤长出水疱，容易引起感染。

深度烧伤（c）。这种烧伤会毁坏人体的所有皮肤层，伤口发白，呈蜡状或者烧焦状。如果烧伤面积很大，伤者皮肤内的神经可能会被损坏，所以伤者已经不会感觉到疼痛了。通常情况下，大面积的烧伤无论轻重都被称为深度烧伤。

ⓐ 轻度烧伤

ⓑ 中度烧伤

烧伤度　　　　　　　　　　ⓒ 深度烧伤

烧伤面积

烧伤的面积越大，严重程度可能就越大。即使是大面积的轻度烧伤，也很危险。烧伤面积超过3平方厘米时就必须去看医生。在大面积烧伤中，一般用"九分律"来判断危险程度，即如果一个人的烧伤面积达到全身皮肤的9%，即使是轻度烧伤也必须到医院去治疗。九分律是判断危险程度并决定是否需要输血等的重要指标。手术休克与感

九分律

图中所标示的任一部分的面积都相当于整个人体面积的9%。

染是外部烧伤的主要威胁，一般过了48小时之后，伤口面临的最大危险就是感染。

衣物着火造成的烧伤

许多严重烧伤都是因为衣物着火引起的，尤其是睡衣等较宽松、轻便的衣物。当火从衣服裙边燃起时，当事人如果没有意识到或是慌张地奔跑，火势就会迅速向上蔓延。

■衣物着火及其处理措施

1.立刻让伤者平躺在地板上。2.如果现场有灭火器，立刻用灭火器灭火，或者尝试用其他合适的有一定重量的东西将火覆盖住，使火因缺氧而熄灭。如果现场没有合适的灭火工具，就将伤者身体着火的一侧紧贴在地上，使火焰在人体和地面之间因缺氧而熄灭。

不要用尼龙制品覆盖火焰。

不要让伤者在地上翻滚，否则会增加被烧伤的面积。

一旦伤者衣物上的火被熄灭后，立刻快速冷却伤者被烧伤的部位，不可延误。

■快速冷却烧伤部位并防止感染

1. 滚烫的衣物会导致更严重的烫伤，所以必须立即将伤者身上的衣物脱去（或剪掉）或用水冷却。2. 用水桶或水壶向伤者身上浇冷水以冷却烧伤部位（a），必须在10分钟之内进行。3. 打电话叫救护车。4. 检查伤者呼吸道是否通畅。5. 用干净的纱布包扎伤口避免伤口感染（b和c）。6. 如果伤者意识清醒的话，定时让他喝少量的水，弥补他体内流失的水分。

高温烧伤与烫伤

高温烧伤与高温烫伤并没有什么实质性的区别，都是由于皮肤组织受到高温烧灼而受伤的。这种情况下，皮肤组织迅速被损坏，所以急救人员必须立即采取措施降低伤者身体温度。伤口得到及时冷却后会大大减轻伤情，也会缓解由于烧伤或烫伤带来的剧痛。

■烧伤和烫伤的急救措施

轻微烧伤与烫伤的急救措施前面已经讲过。

1. 脱去或剪掉伤者被烧伤部位的所有衣物（a）。

2. 除去伤者身上的饰物（如戒指、手镯、手表等），以免它们在伤肢肿胀后勒进伤者皮肤，无法脱下。

3. 用冷水冲洗伤口（b），冲洗时间至少10分

钟。处理所有烧伤事故时几乎都可以也应该采用这个方法，不论是严重烧伤还是轻微烧伤。

不要用黄油、药膏或洗液等涂抹伤口。

不要将任何有黏性的东西放在伤口上。

水疱

尽量不让伤口的水疱破裂。用松软的棉垫等物轻轻覆盖在水疱上，不要用力压，再用干净的胶带固定好棉垫，便可以保护水疱不破裂。

■包扎有水疱的破裂伤口

1. 在条件允许的情况下，尽量用有消毒作用的纱布敷料剂覆盖水疱（a）。2. 用棉垫覆盖住敷料剂并用胶带固定（b）。

不要故意戳破水疱，因为形成水疱的表皮对于表皮下层容易感染的组织而言是一个很好的保护膜。

化学药剂烧伤

这种事故大多是由汽车电池里的强酸物质或

腐蚀性的苏打、强力漂白剂等碱性物质引起的。脱漆剂和家用清洁剂也有腐蚀作用。急救人员在处理化学药剂烧伤事故时，必须非常小心，避免直接接触化学物质。

化学药剂烧伤的症状

- 感觉皮肤有像被昆虫蜇咬的刺痛感。
- 皮肤迅速变色。
- 皮肤泛红，出现水疱或脱皮现象。

■化学药剂烧伤的急救措施

1. 立刻在水管或水龙头下彻底冲洗伤口。这样做可以冲去伤口上残留的药剂或稀释药剂，降低烧伤程度。如果伤口上有干燥的粉状化学药剂，先用软刷将其刷去，再去冲洗。2. 清洗时，先脱去或剪去伤者身上所有被化学药剂污染过的衣物。3. 如果伤口皮肉出现红肿，用干净的衣服或绷带覆盖住伤口。4. 将伤者送往医院。

不要浪费时间去寻找解毒剂。

眼睛被化学药剂烧伤

碱对眼睛的伤害比酸要大得多，因为碱更容易穿透眼睛内部组织，也更难清除。化学药剂对眼睛造成的最严重伤害就是破坏伤者的晶状体导致失明。这时最好的急救方法仍然是立刻彻底冲洗眼睛。

■清洗和治疗被化学药剂烧伤的眼睛

1. 让伤者把头放在水龙头下，用水快速冲洗眼睛（a）。冲洗时，伤者必须将头倾斜使水能够从头的一侧流下，而不会冲进没有受伤的另外一只眼睛里。2. 当然在冲洗时必须将伤者的眼睑翻开。如果伤者不能自己翻开眼睑，急救人员必须为其撑开眼睑（b）。3. 冲洗时间必须足够长，如果是被碱烧伤，至少要冲洗10分钟。如果伤者两只眼睛都受伤

了，要轮流冲洗，大约每10秒钟交替一次。4. 冲洗完毕后，用消毒的或干净的棉垫覆盖在眼睛上，再用干净的胶带将棉垫固定（c）。5. 尽快送伤者去医院眼科治疗。

- 如果没有自来水或啤酒、牛奶等温和的液体，也可以使用尿冲洗伤者的眼睛，因为尿通常有消毒作用，而且对人体无害。

电烧伤

■电烧伤的急救措施

1. 立即扯掉电线或拔掉插头以切断电源。如果关掉总电源更快就直接关掉总电源。2. 如果有必要的话，急救人员可以站在一个干的橡胶垫上，用木棍把伤者的肢体与电源分开（a）。3. 当伤者安全脱离电源后，检查伤者的呼吸与心跳。4. 如有必要的话，可以尝试对伤者实施人工呼吸和胸部按压。5. 如果伤者已经昏迷，使其处于有利于恢复呼吸的状态。6. 用水冷却与电流直接接触的部位。7. 用消过毒的或干净的纱布或绷带包扎伤口（b）。

急救人员必须立即切断与伤者接触的电源，注意不要让自己触电。

在伤者尚未脱离电源之前，千万不要往其身上泼水。

高压电烧伤

高压电所造成的伤害，通常是致命的。急救人员如果距离电源18米以内，也会有被间断的电流火花和"跳跃"的电流击中的危险。遇到这

种情况，你必须在疏散人群的同时立即报警。

发热

发热是指人体体温高于正常体温37℃。发热是由各种各样的原因引起的。

发热的原因
- 最常见的是由细菌或病毒感染引起的发热。
- 甲状腺功能亢进。
- 身体脱水。
- 头部过热。
- 心脏病。
- 淋巴瘤。

■发热的急救措施
1. 脱去伤者的所有衣物。2. 用微温的水不停地擦拭伤者身体。3. 如果条件允许，让伤者洗个温水澡。4. 如果伤者身体没有受到其他伤害的话，让他服用阿司匹林。5. 任何原因引起的发热都要去看医生。

高热要及时去医院就诊，不能拖延，否则会损伤大脑。

不要让12岁以下发热的儿童服用阿司匹林：可能会引发韦氏综合征——一种非常严重的肝脑疾病。

异物

儿童往往会把许多体积较小的异物，如小珠子、小石子、球状物、弹珠、豌豆或豆类果实等，放进他们的耳朵和鼻子里。此外，像鱼钩或一些小碎片等也有可能被儿童不小心扎进身体的某一部位，需要拔除。进入身体里的异物会吸收湿气发生肿胀，所以很难清除出来。

耳朵里的异物

小昆虫有时候会爬进耳道里。它们不可能爬进耳骨里，只能停留在耳道外层，有时会吸附在软软的蜡状物上，直到被驱出。

■如何清除耳朵里的异物
如果确定耳道里有小虫，用小水壶轻轻地往耳

朵里倒入冷水，使小虫随水流出来。

- 如果小虫仍残留在耳朵里，请立即去医院。

不要试图移出耳朵里坚硬的异物，这样做可能会把异物推到耳道深处。应该立即去医院就医。

眼睛里的异物

体积较小的异物经常会进入眼睛的某个部位。它们可能停留在以下几个部位。

眼睛容易受影响的部位
- 眼球外部。
- 眼皮后面，在按压敏感的角膜（a）时会有刺痛感。
- 运动迅速的金属异物可能会穿过眼睛外膜进入眼睛里面。

如果异物不容易找到，用火柴棒将眼皮向外翻开来寻找（b）。此时，如果伤者眼睛保持向下看，就更容易操作。

a 角膜

■如何清除眼睛里的异物

1. 把头伸入水里，眼睛在水下不停眨动或者让眼睛彻底浸泡在水里清洗（a），就能够清除眼睛里的异物。2. 如果眼皮或角膜里进了砂石，用一张柔软的纸折叠后轻轻除去砂石即可（b）。

● 如果异物仍未清除，请立即去医院就诊。

不要用针等尖硬物去清除眼睛里的异物。

不要试图清除角膜中间的异物，如果伤害到角膜会影响视力。

金属异物

一些来自旋转研磨机、钻孔机或磨粉机等的金属异物会快速而且悄无声息地进入眼睛里，对视力造成严重损害。发生这种情况通常是非常危险的，因此，必须马上去医院就诊。

鼻子里的异物

■如何清除鼻子里的异物

鼻孔里的微小异物通常能直接看到，可以用镊子伸进受影响的鼻孔来清除异物。清除异物时要非常小心，最好去医院就医。

● 如果异物仍未被清除，立即去医院就诊。

如果一次清除没有成功，不要继续进行，否则有可能会将异物推向鼻孔深处。

碎片

刺入皮肤里的异物通常是金属或木头碎片。

■清除未完全没入皮肤的碎片

1. 如果刺入人体的木头碎片或其他碎片在身体上还露出一截，这时应该用镊子将其夹住拔除。2. 用肥皂水彻底清洗伤口及其周围皮肤。

没入皮肤的微小碎片

如果碎片很小且深入到皮肤里面，请采用以下措施进行清除。

■清除没入皮肤里面的碎片

1. 用火烧针尖，对针尖进行消毒（a）。2. 用针尖挑起碎片的一端（b），然后用镊子夹出。

● 如果仍无法清除碎片（尤其是伤口开始发炎），立即去医院就医。

第3章
重伤与危险情况下的急救

各种突如其来的危险具有难以预测和不可扭转的本性，种种情况都需要及时实施救治。面对灾难，很多人因为缺乏自救和急救知识而惊慌失措，错过了最佳的抢救时间，导致悲剧的发生。我们要有足够的能力来保护自己和实施救助，正确的处理和对待将起到非常重要的作用。想要有效地对伤者或病者实施救治，这需要我们掌握科学的自救与急救知识，及时准确地采取救助措施，帮助伤者缓解疼痛，防止更严重的情况发生，避免后遗症。

出血急救

体外出血

轻伤

擦伤（a）。这种伤害只是表皮受伤，是由摩擦或磨损造成的，一般流血量较小。

挫伤（b）。这种伤口刚刚达到表皮之下，通常是皮肤裂开或淤青，不会大量流血。

重伤

切伤（c）。这是由利器切割造成的伤口，会大量流血，尤其是如果切到了动脉，往往很危险。

撕伤（d）。这种伤口形状不规则，一般是被戳破的，严重的情况下会大量流血。

刺伤（e）。这种伤口面积小却很深，很难止血，尤其是伤口里仍残留刺穿物时，可能带来严重的甚至威胁生命的体内出血现象。

穿孔伤（f）。这种伤口是由某种利器直接穿透身体某一部位造成的，如尖刀、枪弹等。如果击穿了动脉，就会引发严重流血现象。

这些伤口都很容易感染。擦伤、挫伤和撕伤的伤口感染很容易发现，也比较容易处理。刺伤和穿孔性伤的伤口很容易发生严重感染，如破伤风或气性坏疽等，比较危险。

如何止血

人体内大约有5升血液。如果动脉被割破，血液就会在心脏收缩的压力下喷涌而出，通常

各种各样的伤口

a. 擦伤
b. 挫伤
c. 切伤
d. 撕伤
e. 刺伤
f. 穿孔伤

按心脏的跳动频率喷出。从动脉血管流出的血液颜色是鲜红的，从静脉血管流出的血液是暗红色的。

少量流血。少量流血的情况下，血液一般是从毛细血管流出的，通常是慢慢往外渗出或滴出，所以血流量不大，不会有很大危险。

动脉出血。动脉出血属于紧急事故。如果急救人员没有及时处理，伤者就会大量失血，导致血液循环停止（出现休克现象），大脑和心脏供血不足，带来致命危险。一般情况下，动脉破裂的血流量往往比血管彻底断裂时的血流量小。

要止住动脉出血，首先应该做的一件事就是确保伤者呼吸顺畅。当看到伤者动脉出血时，必须立即按住伤口。

静脉出血。静脉血液流动较缓慢，所以静脉

出血没有动脉出血严重，但如果是大静脉出血，血液也会喷涌而出，如曲张静脉或者任何一个深部主静脉受伤都可能导致大量出血。

■ 止血方法

1. 用手或手指直接按压伤口（a）。2. 如果伤口很大，轻轻地将伤口压合（b）。3. 找出身边最适合止血的工具，如把一块干净的手帕折叠起来就是很好的止血工具。4. 如果是伤者的四肢受伤流血，必须将流血的肢体抬高（c）。如果伤者有骨折迹象，在处理伤口时必须非常小心。5. 如果通过直接按压伤口的方法止住了伤口流血，接着在伤口周围涂上有消毒、清洁作用的敷料剂。6. 用棉垫或纱布覆盖伤口（d）。7. 用绷带将伤口包扎好（e）。

绷带必须足够牢固以防止血液流出，但是也不能太紧而阻碍了血液循环。检查伤者体内的血液循环：看伤者是否有脉搏，或按压受伤手臂的指甲直到它变白为止，当松开时指甲应该呈粉红色。若血液循环不正常，松开手时指甲则仍然呈白色或青色且指尖感觉冰凉。如果伤者手臂受伤，也可以通过检查手腕的脉搏来确定伤者血液循环是否正常。

● 如果伤口仍透过纱布向外渗血，不要揭开纱布，否则会破坏刚刚形成的血凝块，导致更严重的出血。此时，应该拿一块更大的棉垫或纱布覆盖在原来的纱布上，再用绷带牢固包扎。

● 如果直接按压伤口并用纱布和绷带包扎后仍不能使伤口止血，甚至出血更严重的话，必须按压通向伤口的动脉。

清除伤口异物

必须仔细清洗伤口上的脏物和各种异物，如果伤口里有体积较大的异物，暂时不要动它。

不要试图从很深的伤口里取出异物，否则可能引起更严重的出血。

■ 如何处理伤口

先给伤口止血，如果伤口流血并不严重，可以直接将裂开的伤口包扎起来。

体内出血

体内出血通常很难发现，所以发现伤者伤势很严重时必须对他做仔细检查，如在交通事故中受伤或大腿骨折时。

体内出血的症状

● 嘴巴、鼻子或耳朵等处出血。

● 伤者身体肿胀、肌肉紧张。

● 身体呈乌青色。

● 伤者显得情绪不安。

● 伤者出现休克症状。

■ 体内出血急救措施

1. 立刻打电话叫救护车，因为伤者急需送往医院。2. 每5分钟检查一次伤者的脉搏跳动频率并做记录。3. 如果伤者休克，立刻采取相应的急救措施。

包扎

包括三角巾包扎和毛巾包扎法。可以用来保护伤口，压迫止血，固定骨折，减少疼痛。

三角巾包扎法

伤口封闭要严密，以防止污染，包扎的松紧要适宜，固定要牢靠。具体操作可以用28个字表示：边要固定，角要拉紧，中心伸展，敷料贴紧，包扎贴实，要打方结，防止滑脱。

包扎部位 头部、面部、眼睛、肩部、胸部、腹部、臀部、膝（肘）关节、手部。

使用三角巾包扎要领

- 快——动作要快。
- 准——敷料盖准后不要移动。
- 轻——动作要轻，不要碰撞伤口。
- 牢——包扎要贴实牢靠。

毛巾包扎法

毛巾取材方便，包扎法实用简便。包扎时注意角要拉紧，包扎要贴实，结要打牢尽量避免滑脱。

头部帽式包扎

毛巾横放在头顶中间，上边与眉毛对齐，两角在枕后打结，下边两角在颌下打结。

面部包扎法

毛巾横盖面部，剪洞露出眼、鼻、口，毛巾四角交叉在耳旁打结。

单眼包扎法

用折叠成"枪"式的毛巾盖住伤眼，毛巾两角围额在脑后打结，用绳子系毛巾一角，经颌下与健侧面部毛巾打结。

单臀包扎法

将毛巾对折，盖住伤口，腰边两端在对侧髂部用系带固定，毛巾下端再用系带绕腿固定好。

双臀包扎法

将毛巾扎成鸡心式放在两侧臀部，系带围腰结，毛巾下端在两侧大腿根部用系带扎紧。

膝（肘）关节包扎法

将毛巾扎带形包住关节，两端系带在肘（膝）窝交叉，在外侧打结固定。

手臂部包扎法

将毛巾一角打结固定于中指，用另一角包住手掌，再围绕臂螺旋上升，最后用系带打结固定。

双眼包扎法

把毛巾折成鸡心角，用角的腰边围住伤者额部并盖住两眼，毛巾两角在枕后打结，余下两角在枕后下方固定。

下颌兜式包扎法

将毛巾折成四指宽，一端扎系带一条，用毛巾托住下颌向上提，系带与毛巾的另一端在头上颞部交叉并绕前在耳旁打结。

单肩包扎法

将毛巾折成鸡心角放在肩上，在角的腰边穿系带在上臂固定，前后两角系带在对侧腋下打结。

双肩包扎法

毛巾横放背肩部，两角结带，将毛巾两下角从腋下拉至前面，最后把带子同角结牢。

单胸包扎法

把毛巾一角对准伤侧肩缝，上翻底边至胸部，毛巾两端在背后打结，并用一根绳子再固定毛巾一端。

双胸包扎法

将毛巾折成鸡心状盖住伤部，腰边穿带绕胸部在背后固定，把肩部毛巾两角用带系作V字形在背后固定。

腹部包扎法

在腰带一旁打结；毛巾穿带折长短，短端系带兜会阴；长端在外盖腹部，绕到髂旁结短端。

足部靴式包扎法

把毛巾放在地上，脚尖对准毛巾一角，将毛巾另一角围脚背向后压于脚跟下，用另一端围脚部螺旋包扎，呈螺旋上绕，尽端最后用系带扎牢。

呼吸障碍

伤者发生轻微的呼吸困难，如轻微哮喘，不需要采取急救措施，但是在不知道病因的情况下，必须去医院就诊。如果伤者出现严重的呼吸困难，可能有一定的危险，所以急救人员必须立刻对伤者实施急救措施。呼吸道梗阻属于严重的紧急事故，出现这种事故时，只有在现场有经验丰富的急救人员并能够及时有效地采取急救措施的情况下才可能挽救伤者的生命。

窒息

窒息意味着血液缺氧，是由于空气无法自由进出肺部而造成的。喉咙被东西哽住、溺水、脖子被勒住、吸入煤气或没有氧气的烟雾、呼吸道被异物阻塞、喉咙水肿等也会导致窒息的出现。

如果窒息是由外部物体导致的，如塑料袋或者枕头，应该立即移开这些物体，再检查伤者的呼吸和脉搏。如果有必要的话，立即对伤者实施人工呼吸。

哽住

哽住通常是由于喉咙里或者主要呼吸通道里吸入异物导致的，如一块没嚼碎的食物或一块硬糖（a）。这种情况常常发生在人们一边吃东西一边笑或打喷嚏时。由于此类原因导致的呼吸道梗阻，不能对伤者实施人工呼吸，否则会让情况变得更糟。当务之急是清除喉咙或呼吸道里的异物，清理完毕后，如有必要可以再对伤者实施人工呼吸。

被哽住时的症状

● 用手掐住自己的喉咙，几乎所有伤者都有此动作（b）。

● 脸上露出痛苦和恐慌的表情。

● 刚开始时，伤者会发出急促的呼吸声，接着呼吸声逐渐变得微弱，最后完全消失。

● 脸色发青或时而呈灰白色。

● 大约1分钟后，伤者可能会失去意识。

■咳出异物

针对神志清醒的成年人或儿童：1.如果伤者是成年人，可以直接询问他们是否被异物哽住了。2.如果伤者仍能吸入少量空气，让他先慢慢地呼吸然后再猛咳出异物。切记不要猛烈呼吸否则会使事态更加严重。

● 如果以上措施无效，再尝试以下方法。

● 如果该方法无效，可以采用腹部推压的方法。

■让伤者弯下腰，用手猛拍他的背

此时不要因为担心会伤害到伤者而行动迟疑，性命攸关的时刻要当机立断。

针对神志清醒的成年人：1.让伤者弯下腰，使伤者头部垂到肺部以下位置。2.用手掌根部猛拍伤者肩胛骨之间的部位。

针对神志清醒的儿童：让伤者面朝下趴在你的双膝上，用手掌根部猛拍伤者肩胛骨之间的部位。如果有必要的话，可以将这些动作重复4次左右。

针对昏迷的成年人和儿童：1.翻转伤者使他面朝你侧躺着。2.使他的头向后仰。3.用手掌根部对准他肩胛骨之间的部位猛拍4次。

针对昏迷的婴幼儿：1.使婴儿面朝下，用前臂托住婴儿的整个身体。2.同时用手掌托住婴儿的头和胸。3.用另外一只手的手掌根部轻拍婴儿肩胛骨之间的部位。

腹部推压

■实施腹部推压

针对神志清醒的成年人：1. 急救人员站在伤者身后，用一只手臂绕过伤者的身体，拳头攥紧，放在伤者腹部中间即肚脐与肋骨最底边之间的位置（a）。2. 大拇指向内。

3. 用另外一只手抓住自己的拳头（b），同时用力将伤者的身体向后拉（c）。4. 突然用紧握的拳头用力向伤者腹部内和腹部上方挤压，注意用力得当。在对腹部上方施加压力的同时，向上推动伤者的膈肌——胸腔里一块可伸缩的肌肉。5. 如果有必要的话，重复以上动作4次。

针对神志清醒的儿童：1. 让孩子背对着站在你双膝之间。2. 用一只拳头对准孩子腹部适当位置（肚脐与肋骨最底边之间）用力挤压，同时另外一只手放在其背部相对应的位置，两只手同时向孩子施加相对的推力。

针对昏迷的成年人：1. 让伤者平躺在地板上，下巴向上仰，头部向后倾。2. 急救人员跪在伤者身边，或者最好跨坐在伤者大腿根部，面向伤者头部。3. 将一只手的手掌根部放在伤者的腹部中间即肚脐与肋骨最底边之间的部位，另外一只手压在这只手上。用力向伤者腹部内和腹部上方按压。4. 重复以上动作4次。

针对昏迷的儿童：可采用针对昏迷的成年人的急救措施，唯一的区别是针对儿童时，急救人员在实施步骤3时只需用一只手。

针对婴幼儿：不论受伤的宝宝是否清醒，都让他平躺下来，然后用两个手指推压其腹部恰当的位置（肚脐与肋骨最底边之间）。

腹部推压法适用于所有被哽住的伤者，不论伤者是否昏迷。腹部推压可以使伤者肺部的压力突然增加，利用增加的压力把阻塞物顶出来，这与利用香槟酒瓶里的压力顶出瓶口软木塞是一样的原理。

只有在使用前面的方法无法奏效的情况下才可以采用这个方法，因为如果这种方法使用不当可能会导致内伤。当然也不必因噎废食，因为如果伤者的呼吸道完全阻塞的话，不及时清除呼吸道里的异物，伤者会很快窒息死亡。

对昏迷中的宝宝实施了腹部推压后，再将手指弯曲成钩状，清理伤者的口腔，彻底清除伤者呼吸道内的异物。

● 如果伤者神志开始慢慢恢复，但呼吸仍不顺畅，为避免出现呼吸道肿胀等症状，必须立刻叫救护车将伤者送往医院。

溺水

急救人员如果发现伤者已经溺水很长时间，不要轻易认为伤者已经溺死。人即使在冷水里淹没半小时后仍然能够完全恢复清醒状态。因为身体被水冷却后新陈代谢的过程变得缓慢，所以大脑运动减慢，可以承受的缺氧时间比平时更长。

■抢救溺水者

1. 使溺水者的头露出水面，并实施人工呼吸（a）。
2. 尽快将溺水者拉上岸。3. 检查溺水者的呼吸。4. 检查溺水者的脉搏。5. 如果仍需要做人工呼吸，必须先将溺水者的头转向一侧（b），清除溺水者口腔里的所有异物。这时溺水者口腔内的积水会向外流出。
6. 如果溺水者还有微弱的呼吸，使其处于最利于恢复呼吸的状态（c）。7. 如果溺水者有呼吸，但身体冰冷，立即采取措施为其取暖。8. 尽快送溺水者去医院。

在抢救溺水者时，急救人员必须考虑周到，不要因为一时疏忽而给伤者带来任何危险。

吸入大量烟雾或煤气

一氧化碳中毒

一氧化碳是一种无色无味的有毒气体。汽车尾气中含有大量一氧化碳，以煤为燃料的炉子等也会产生这种气体。一氧化碳与血液中的血红蛋白结合会形成一种稳定的化合物——碳氧血红蛋白，这种化合物会减弱人体内的血红细胞传输氧气的能力。

如果一个成年人体内一半数量的血红蛋白都转变成了碳氧血红蛋白，那么他就会死亡。

■将伤者带到室外后应采取的急救措施

1. 检查伤者的呼吸（a）。2. 检查伤者的脉搏。3. 需要的话，立刻对伤者实施人工呼吸。4. 使伤者处于最有利于恢复呼吸的状态（b）。5. 尽快送伤者去医院。

吸入烟雾

着火产生的烟雾会消耗火灾现场的氧气，导致人窒息。如果吸入烟雾，烟雾会严重干扰呼吸道，甚至迫使声带关闭，切断呼吸通道。另外，有些烟雾还含有有毒物质。

必须采取措施立即将伤者转移出火灾现场或呼叫消防人员和救护车。

一旦使伤者脱离烟雾区，并处理了他着火的衣物后，马上实施以下步骤。

■对吸入烟雾的伤者实施急救措施

1. 检查伤者的呼吸道、呼吸状况（a）及脉搏（b）。2. 如果有必要的话对伤者进行人工呼吸。3. 检查并处理烧伤部位。4. 送伤者去医院。

因被勒压导致呼吸困难

压迫伤者颈部的动脉或阻断伤者的呼吸道都会导致伤者昏迷或死亡，也可能导致伤者脊柱受伤。

1. 托住伤者身体将其向上举起，放松勒在脖子上的绳套（a），这样一来伤者整个身体的重量就不会完全靠脖子来承担了。2. 剪掉绳结下的绳圈（b）。3. 检查伤者的呼吸。4. 检查伤者的脉搏。5. 如果需要的话，立刻对伤者实施人工呼吸。6. 如果有必要的话，使伤者处于最有利于恢复呼吸的状态。7. 立刻送伤者去医院。

不论何时何地发现被勒伤的伤者都要立刻报警。尽量保留现场作为证据，并记录你观察到的与伤者有关的所有情况。

循环系统障碍急救

循环系统及其作用

大脑是人体中最重要的器官，人体的其他器官都是用来支持和维护它的。比如心脏，它能保持肺部血液循环，为全身其他器官输送血液。血液里含有大量氧气和葡萄糖，源源不断地输送给大脑。如果这一活动停止，人会很快死亡。大脑获得心脏输送来的含有营养物质的血液是通过4条经过颈部向上流动的大动脉来实现的。这些动脉的细小分支，也源源不断地向大脑皮质输送血液。如果其中一条动脉被阻塞或出血，就会出现严重后果。

肌肉也需要氧气作为动力，以便在大脑的控制下产生收缩使全身运动起来。心脏本身就是一块不断收缩的肌肉，也是人体内比较重要的一块肌肉，所以它尤其需要充足的氧气作为动力。心脏有两条冠状动脉为其输送血液，这两条动脉是

心脏上方的身体主动脉（B）的分支，布满了整个不停跳动的心脏。冠状动脉（A）一旦变得狭窄便会导致心绞痛，若发生阻塞则会导致心脏病。

心脏通过高压向动脉输出血液，再以低压形式通过静脉收回血液。心脏内有两个心房，即左心房和右心房。右心房（从人本身的角度看）是从头部和身体收回血液（而不是从肺部收回血液），然后再输送到肺部。血液从肺部再回到左心房，然后通过左心室输送到身体其他部位。人体的这一血液循环路线像一个8字形。动脉里的血液（有氧血）是鲜红色的，静脉里的血液（无氧血）是暗红色的。

a. 头部和身体的血液回流至右心房
b. 输送到肺部
c. 输送到头部和身体
d. 肺部血液流至左心室

心脏外观图　　心脏内血液循环示意图

心绞痛

心绞痛是一种心脏疾病引起的症状。它是由于心肌没有获得足够的血液来维持正常工作引起的。血液通过冠状动脉输送到心肌。如果这些动脉的某一个分支因为动脉硬化症导致血管窄小，那么就无法为心肌输送足够的血液，心肌也就无法获取其所需的氧气和葡萄糖。心绞痛通常发生在人体力透支或是情绪异常的情况下。

1. 让患者以最舒适的姿势坐下来，可以将一些衣物叠好当坐垫（a）。2. 询问患者是否随身携带了治疗心绞痛的药。如果有且是药丸的话，让他放在舌头下面（只针对神志清醒的患者）。如果是喷雾药剂，就喷在舌头下面。3. 解开患者紧身的衣物，便于患者呼吸（b）。4. 安抚患者。5. 休息一两分钟

后，询问患者的疼痛是否减轻。

频率重复进行。继续做抢救工作，直到医务人员到达。

心搏停止的症状

● 心搏突然停止的患者会立刻摔倒在地，同时失去意识，一动不动。

● 患者没有呼吸。

● 患者没有脉搏。

● 患者皮肤呈灰白色。

心绞痛的症状

● 胸部中间有揪紧般的疼痛。

● 疼痛扩散到左臂或双臂，穿过背部，上蹿到下颌。

● 开始感觉筋疲力尽。

● 呼吸困难。

● 脸色发白，嘴唇发紫。

急救目标

急救人员所要做的就是尽量减少患者的心脏负荷。

不要让患者走动。

● 如果疼痛仍未减缓，就不是心绞痛而是心脏病。应该立即将患者送往医院，才能挽救其生命。

心搏停止

心搏停止是指心脏停止跳动。这当然是非常危险的，除非心脏能马上重新开始跳动，否则将很快导致死亡。

■心搏停止的急救措施

　1. 寻求支援。2. 让现场其他人呼叫救护车。呼叫者必须说清楚患者心搏停止了。3. 对患者实施2次嘴对嘴的人工呼吸（a）。4. 实施胸部按压（b）。5. 胸部按压15次后为患者吹入氧气2次，然后按照这样的

心脏病

一旦冠状动脉的一个分支被阻塞，由被阻塞的分支提供血液的心肌便会坏死，这种情况下会引发心脏病。如果坏死面积很大的话，可能会导致患者死亡；如果坏死面积很小，患者就有可能恢复健康。在后一种情况下，坏死的肌肉将被瘢痕组织取代，心脏的功能也因此相应地减弱。虽然有些人经过几次心脏病发作最后都幸存下来，但是他们的心脏已经严重衰竭了。

心脏病的症状

● 胸部中间突然出现急速的疼痛感。

● 疼痛蔓延到手臂、背部和喉咙（a）。

● 患者濒临死亡。

● 眩晕或昏倒。

● 身体往外冒汗。

● 肤色苍白。

● 身体虚弱，脉搏跳动快速且无规律（正常的脉搏是每分钟60~80次）。

● 没有呼吸。

● 失去意识。

● 心搏可能停止跳动。

除非情况紧急，否则不要让患者移动，这会给心脏带来不必要的劳累。

不要让患者吃任何食物。

心脏病发作

■心脏病发作时的急救措施

1. 让神志清醒的患者半躺在椅子上，头、肩膀和膝盖靠在椅子的扶手上（a）。2. 安抚患者，使患者身体放松。3. 寻求帮助，让现场其他人打电话叫救护车。呼叫者必须说清楚患者心脏病发作时的症状。4. 解开患者脖子、胸部和腰上紧束的衣物（b）。5. 检查患者的脉搏和呼吸。6. 如果患者昏迷了，使其处于最有利于恢复呼吸的状态，并坚持不断地检查他的脉搏和呼吸。7. 如果患者呼吸停止，急救人员必须对他实施嘴对嘴的人工呼吸。8. 如果患者心跳停止，急救人员必须对他实施胸部按压。

休克

休克是指人体血管里没有足够的血液或者是心脏输出血液量不够多，以至于无法支持正常血液循环。以上两种情况均会导致人体内血压下降，无法为身体的一些重要器官，尤其是大脑、

心脏和肾脏等提供足够的氧气作为动力，使它们无法正常工作甚至彻底停止工作。此时，身体为了这些重要器官，可能会关闭通往其他一些不是很重要的身体部位（如皮肤和肠道）的动脉通道，但这也是有一定极限的，治标不治本。休克是非常危险的症状，如果不及时抢救，伤者会在短时间内有生命危险。

休克的原因

●失血过多。不论是体外失血还是体内失血，如脊柱受伤或体内组织受伤导致的失血，都会导致休克。如果失血过多，会减少向身体某一部位输送的血液量，导致该部位的血管内血液量不足。一般都是动脉出血会引发这样的结果。

●长时间呕吐或腹泻造成的体液流失。这种体液可能来自体内血液，从而减少了体内血液总量。

●烧伤。大量的体液从体表流失或形成了水疱。

●感染。严重的血液感染会导致血管扩张，使血液里的液体流失到身体组织里。

●心脏衰竭。如果心脏衰竭就无法继续保持人体正常的血液循环了。

休克的症状

●由于皮肤中的血管被"关闭"了，所以伤者皮肤呈白色且冰冷。

●由于心脏试图保持体内循环系统的运作，所以伤者脉搏跳动迅速。

●由于心脏跳动无力，所以脉搏微弱。

●由于对大脑和肌肉的血液供应减少，所以伤者有眩晕和虚弱的感觉。

●由于血液里没有足够的氧气，所以伤者呼吸非常困难。

●由于血液里的液体流失，所以伤者感觉非常口渴。

●由于向大脑提供的血液量减少，伤者可能会出现昏迷现象。

急救目标

急救人员要做的工作就是采取措施防止伤者出现更严重的休克现象，使伤者能够有效利用可获得的有限血液进行血液循环。

■如何防止伤者出现更严重的休克现象

1. 急救人员亲自或让现场的其他人打电话叫救护车。2. 让伤者平躺在地板上，使头部一端处于较

低的位置，利用地心引力帮助血液流向大脑，尽量不要让伤者移动，降低心跳频率（a）。3. 为伤口止血。4. 安抚伤者。5. 解开紧绑在伤者身上的衣物。6. 将外套或毛毯折叠后放在伤者腿下，抬高腿部位置（b）。让血液流向心脏。7. 用一件外套或一条毛毯盖在伤者身上（c）。8. 大约每2分钟检查一次伤者的脉搏和呼吸。

除非遇到特殊情况，否则不要移动伤者，以免加重伤者休克程度。

不要让伤者进食。

不要让伤者吸入烟雾。

不要用热水袋等给伤者取暖。这样做会使血液从身体的主要器官流向皮肤。

● 如果伤者想要呕吐，或者出现呼吸困难、昏迷等现象，应使伤者处于最有利于恢复呼吸的状态（d）。

● 如果伤者停止了呼吸，急救人员应立刻对他实施人工呼吸，有必要的话可以同时对伤者实施胸部按压。

挤压伤

有许多伤害是由于被重物砸到而造成的。这些伤害主要发生于严重的工伤事故和地震导致的房屋、矿井倒塌事故中。挤压伤除了具有骨折和刀伤等常见伤的共同特点外，还具有一些其他特征，这些特征将会影响急救措施的实施。被挤压的肌肉会将大量的毒素释放进血液里，这将会使肾脏发生阻塞，影响正常工作。同时大量的血液也会流入被压伤的肌肉里。

■ 1个小时之内的急救措施

1. 尽快移开压在伤者身上的重物（a）。2. 如果当时只有你一个人在场，立刻请求支援。3. 叫一辆救护车。4. 检查伤者。5. 检查是否有呼吸和脉搏（b）。6. 处理表层流血伤口。7. 治疗休克。8. 如果伤者已经昏迷，让他处于有利于恢复的状态。9. 记录重物压在伤者身上和脱离伤者身上的时间，以便向医务人员传达。

不要让伤者移动。

挤压伤的症状

● 在肌肉部位有重物挤压的感觉。

● 被压的肌肉周围有较明显的肿胀、淤伤和水疱出现。

● 被压部位没有脉搏。

● 四肢冰冷，被压处颜色苍白。

● 伤者可能出现休克现象。

● 有骨折迹象。

时间的重要性

急救措施取决于压力存在的时间。

超过1个小时后，再移动重物会对伤者造成更大的伤害。

■伤者受伤超过1个小时的急救措施

1.使重物保持在原处不动并向伤者解释这样做的原因。2.呼叫急救中心并告知伤者的伤势。3.安抚伤者。

脱臼

脱臼通常发生在身体关节部位，当关节的骨头被扭曲错位时就会发生脱臼现象，甚至还可能导致骨折。脱臼既可能是由韧带或关节囊等软组织拉伤引起的，也可能是由于这些组织的非正常松弛而导致的。人体所有的关节都可能发生脱臼，但是有一些关节对软组织的依赖比较大，所以相应地就更容易发生脱臼。最容易脱臼的关节是肩关节，下颌和大拇指指关节脱臼也比较常见。脱臼的症状

- 关节外部变形。
- 关节无法起作用。
- 关节周围肿胀并有淤伤。
- 除非关节经常脱臼，否则会疼痛难忍。

肩关节脱臼

肱骨上端位于肩胛里较深的位置（a），很容易向下或向内发生错位（b）。肩关节脱臼通常是摔倒时摔伤手臂造成的。这时，关节囊会被拉伤，骨头会从关节处滑动脱位。

肩关节脱臼的症状

- 手臂看起来比平时长，肩膀上突。
- 伤者不自觉地会用另一只手托着脱臼的手臂。

■脱臼的急救措施

1.使伤者脱臼的手臂处于最舒适的位置。2.用一个枕头或坐垫托起胳膊，或用悬带或绷带吊起手臂，将受伤的手臂固定起来（c）。3.将伤者送往医院。

不要试图将伤者的骨头移回原位。这样做可能会伤害到骨头周围的神经和组织，同时使骨折更加严重。

由于伤者到达医院后需要打麻醉药物，所以在此之前不要给他吃任何食物或喝水。

体温异常

人体本身有很好的调节体温的机制，正常情况下都能将人体内部的温度控制在一定范围内。但是如果人体长时间处于很高或很低的温度下，体内的温度调节机制可能无法继续将人体的温度控制在正常范围内。这便会使人体体温出现过高或过低的异常现象，如出现中暑或体温过低现象。

中暑

中暑是由于患者长时间暴露在高温下导致人体内的温度调节机制失灵造成的。人体体温从正常的37℃上升到41℃或者更高。此时，要想挽救患者的生命就必须尽快采取措施降低患者的体温。

中暑的症状

- 患者感觉无力、眩晕。
- 患者抱怨太热并感觉头痛。
- 患者皮肤干燥、发热。
- 患者脉搏跳动迅速而有力。
- 患者神志不清。
- 患者出现昏迷症状。

■中暑的急救措施

1.寻求医疗救助并向对方说明事故详情。2.使患者处于半躺半坐姿势。3.脱去患者的所有衣物。4.用冰凉的湿布包裹患者。5.不断用凉水泼洒包裹在患者身上的布，使布保持潮湿。6.对着布扇风，使水气蒸发，加速降低患者的体温。7.当患者的皮

肤变凉或者温度下降到38℃时停止以上急救措施。

8. 小心患者体温可能会回升，有必要时重复步骤 4 ~ 6。

- 如果患者昏迷，使其处于利于恢复呼吸的状态后再为其降温。然后检查患者的呼吸和脉搏。

中暑衰竭

中暑衰竭是由于人体内的水分或盐过分流失导致的。中暑衰竭有以下症状：

- 皮肤苍白、湿冷。
- 身体虚弱。
- 眩晕。
- 头痛。
- 恶心。
- 肌肉痉挛。
- 脉搏跳动迅速。
- 呼吸微弱而急促。

■ 中暑衰竭的急救措施

1. 让患者平躺在阴凉的地方。2. 抬高患者的双腿（a）。3. 让患者不断喝淡盐水（按 1 升水放半汤匙盐的比例）（b），直到患者的情况有所好转。4. 打电话寻求医疗救助。

针对昏迷的患者

如果患者昏迷，使其处于最利于恢复呼吸的状态，然后打电话叫救护车。

体温过低

体温过低是指人体体温下降到正常体温 37℃以下。如果因吹冷风等原因使温度不停地下降，那么人体就无法自行产生热量（如身体颤抖保持体温）。老年人或比较虚弱的人，尤其是瘦弱、劳累和饥饿的人待在温度很低或没有保暖设备的屋子里就容易发生体温过低现象。

体温过低的症状

- 患者身体一开始会颤抖，然后就不再颤抖。
- 患者皮肤冰冷、干燥。
- 患者脉搏跳动缓慢。
- 患者呼吸频率很低。
- 患者体温下降到 35℃以下。
- 一开始患者会昏昏欲睡，然后出现昏迷现象。
- 患者可能出现心跳停止现象。

急救目标

急救人员的主要目标就是尽快让患者的身体暖和起来。即使患者看起来已经没救了，也不要放弃采取急救措施。人体体温过低不会导致大脑在短时间内缺氧，所以此时患者存活的概率比一般情况下心搏停止的存活概率大。

■ 在野外如何对体温过低的患者实施急救

1. 寻找医疗救助。2. 尽快将患者带到室内或能避风的地方。3. 用睡袋或其他隔热物盖住患者。4. 和患者躺在一起，用自己的体温温暖患者。5. 检查患者的体温。6. 检查患者的脉搏。7. 在条件允许的情况下，为患者提供一些热的食物和饮料。

■ 在室内如何对体温过低的患者实施急救

1. 寻找医疗救助。2. 如果患者神志清醒且没有受到其他伤害，就直接将他放到温暖的床上，用被子将患者头部（非面部）也盖住。3. 为患者提供一些热的食物及饮料。

- 如果患者已经昏迷，急救人员应该对他实施嘴对嘴的人工呼吸和胸部按压。

不要擦拭患者的四肢或让患者做大量运动。

不要让患者喝酒，因为酒精有散热作用。

不要让患者泡进热水里或用热水袋取暖。这样做会让血液从人体的主要器官转移到皮肤表层的血管里。

冻伤

冻伤非常危险，因为它会冻结人体内的血管，阻断被冻部位的血液流通，最后导致被冻部位发生坏疽。

身体凸出的部位，如鼻尖、手指头和脚指头

等最容易发生冻伤。被冻伤的身体部位一开始会变冷、变硬、发白，然后就会发红、肿胀。

■冻伤的急救措施

1. 将伤者转移到能避风的地方。2. 用40℃的温水浸泡伤者被冻伤的部位。3. 送伤者去医院接受医疗诊断。

应该避免把冻伤的部位一直浸泡在水里，也不要去搓揉。

骨折

骨折的原因、部位与症状

人体任何部位的骨头都可能因为各种原因导致骨折，如直接的暴力行为、弯曲或扭曲、过分用力、用力按压骨骼外的肌肉或一些会对骨骼造成伤害的疾病等。相对于年轻人的骨骼来说，老化的骨骼更容易断裂，所以老年人常常会发生骨折。

有些部位的骨折比较常见。下图列出了最容易发生骨折的一些身体部位。

易骨折部位

a. 头骨
b. 锁骨
c. 肋骨
d. 肘
e. 骨盆
f. 股骨颈
g. 股骨干
h. 脚踝
i. 鼻骨、下颌骨和颧骨
j. 胸骨
k. 肱骨
l. 脊柱
m. 尺骨和桡骨
n. 手腕
o. 脚趾和手指
p. 膝骨
q. 胫骨和腓骨

骨折的征兆与迹象

• 受到触碰会疼痛难忍（a）。

• 受伤部位发生肿胀、淤伤（b）和变形现象（如骨骼线条不规则或发生骨折的手脚比平时短等）（c）。

• 伤者行动不便。

• 受伤的部位无法像以前一样正常活动或无法活动。

• 行动时骨头内有摩擦的感觉。

• 伤者可能会出现休克症状。

除非遇到特殊情况，如现场有危险等，否则不要搬动骨折的伤者。

不要试图检测伤者的骨折程度，否则会对伤者造成进一步伤害。

固定和处理骨折部位

基本要点

• 尽量避免触碰伤者骨折的部位。

• 对于腿部受伤的人，只有情况非常紧急时才可以移动伤者。

• 检查伤者骨折处的脉搏。如果骨折处已经没有脉搏，说明伤者伤势比较严重。

• 打电话叫救护车并向医务人员说明事故详情。

• 不要擅自对伤者使用简易夹板等，因为专业医务人员会带来更专业的医疗器械。

• 可以先用纱布垫或悬带等为伤者骨折的手臂或颈部提供支撑，使伤者感觉更舒适。

• 开放骨折需要特别注意。

●脖子或脊柱发生骨折非常危险，所以必须谨慎处理。

●如果不得不使用简易夹板，切记不要立即固定伤者的骨折部位，除非是为了防止骨折部位的关节活动。

●小心地在骨折部位放上纱布垫，但不要用力按压，除非是为了止血。

●如果腿骨骨折，可以在用纱布垫等将腿部包扎好后再将两条腿用绷带等捆扎固定。

●肋骨骨折可能会刺穿胸膜，导致空气进入。此时必须立刻缝合伤口，否则可能导致伤者死亡。缝合后再用棉垫牢固包扎伤口。

闭合骨折和开放骨折

闭合骨折的症状

●骨折处的皮肤未破损，骨头未突出于皮肤。

●骨折处肿胀。

■闭合骨折的急救措施

1. 打电话叫救护车。2. 如果伤者大量流血，尝试按压伤口止血（a）。3. 缝合伤口并止血。4. 用干净的纱布垫或手帕等物覆盖伤口，最好用消毒纱布（b）。5. 用绷带包扎好伤口（c）。6. 使骨折部位固定不动，然后送伤者去医院。

开放骨折的症状

●通常骨折部位都会有伤口。

●从伤口外能够看见突出的骨头末端。

■开放骨折的急救措施

1. 用消毒纱布或一块干净的衣物等包扎伤口（a）。2. 在纱布外层放一块纱布垫，盖住伤口四周，高度必须超过突出的骨头。3. 将绷带呈对角线放置，安全地包扎好伤口（b）。4. 使受伤部位固定不动。5. 将伤者送往医院。

不要把绷带捆得太紧，否则会阻碍伤者体内血液循环。

在实施以上急救措施时，用手托住伤者受伤的部位，避免触动受伤的骨骼。

要始终小心，不要触动伤者骨折部位。急救人员可以用手托住伤者受伤的部位。

颈部骨折

颈部骨折

●伤者脖子僵硬。

●伤者的手臂和腿可能无法活动。

■固定和处理骨折的颈部

1. 立刻打电话叫救护车。2. 让伤者平躺在地板上。3. 安抚伤者。4. 蹲在伤者头部后上方，双手分别盖住伤者的耳朵两侧，将伤者的头摆正（a）。5. 用报纸等物制作一个牢固的颈套套在伤者脖子上，然后仍用双手扶正伤者的头。

■颈套制作与使用

这项工作需要两名急救人员共同完成。颈套必须同时适用于坐着的伤者和躺着的伤者。1. 将报纸平铺在一件展开的衣服里，再将它们一起卷起来（b）。2. 将颈套中间部位放在伤者下巴下，然后缠绕在伤者的脖子上（c）。3. 在正面系一个结将颈套两端连接起来（d）。4. 检查伤者呼吸。

除非在涉及到伤者生命安全的情况下，否则不要轻易移动伤者，因为移动不当的话可能导致伤者终生瘫痪，甚至死亡。

除非伤者的呼吸道梗阻或没有了呼吸与脉搏，否则不要试图脱去伤者头上已经破碎的安全帽。如何脱去伤者头上破碎的安全帽可参考前文。

在给伤者戴颈套的过程中要始终保证伤者的头部是挺直的。

不要将伤者的脖子缠绕得过紧。

• 如果现场没有合适的纸张，就用手托住伤者的脖子和头保持伤者头部挺直，直到医务人员到达。

脊柱骨折

脊柱骨折的症状

• 背部有剧痛感。

• 手臂和腿无法正常活动。

• 骨折以下部位有麻刺感或失去知觉。

■固定和处理骨折的脊柱

这项工作需要两名急救人员共同完成。1. 让伤者保持身体不动。2. 检查伤者的呼吸和脉搏是否正常。3. 立刻打电话叫救护车。4. 其中一个急救人员

蹲在伤者头部后上方，双手分别盖住伤者耳朵两侧，将伤者的头摆正（a）。5. 将卷起的衣物放在伤者身体两侧，支撑伤者的身体（b）。6. 在伤者两腿之间放上软垫，将伤者臀部、大腿和脚踝处捆绑起来，使两腿并拢（c）。7. 如果伤者出现呕吐症状，将其翻转到有利于脊柱恢复的状态。8. 确保伤者呼吸道通畅。9. 让伤者一直躺着不动，并将其送往医院。

除非涉及到伤者的生命安全，否则不要轻易移动伤者。因为移动不当的话可能会导致伤者终生瘫痪，甚至死亡。

■有利于脊柱恢复的最佳状态

该方法只适用于已经昏迷的伤者。1. 这项工作需要6个人共同完成。一个人保持伤者的头、脖子和身体的正面始终处于同一水平线上，避免对伤者造成进一步伤害，同时指挥其他人的行动（a）。2. 其中3个人跪在伤者身体一侧，另外两个人跪在伤者身体的另一侧。3. 为伤者戴颈套。4. 小心地将伤者的一只手臂举起，同时把身体翻转成侧躺状态，使举起的手臂压在侧躺的身体下方，另外两个人小心地保护伤者，防止在翻动过程中扭伤伤者的脊柱（b）。5. 将伤者身下的那只手臂移到他的头部下方，并拉直伤者的脖子（c）。弯曲处于上方的一条腿并使膝盖贴近地面，脚置于在下方的那条腿的小腿上（d）。继续保持伤者的头、脖子和身体正面处于同一水平线上。

肌肉拉伤

常见的肌肉拉伤

人体有几百块肌肉，其中任何一块肌肉都有可能被拉伤。比较常见的是四肢肌肉拉伤和背部肌肉拉伤。肌肉拉伤有以下几种情况：肌肉淤伤、肌肉被拉伸、肌肉被撕裂、肌肉被割裂或肌肉与骨分离。肌肉拉伤的严重程度通常根据肌肉受到的损害程度来判断。严重的肌肉拉伤通常伴随出现骨折症状，此时，必须立刻送往医院就医。

肌肉拉伤的症状

● 按压拉伤部位的肌肉时会感觉疼痛，身体虚弱。

● 拉伤部位的肌肉出现肿胀和僵硬现象。

● 伤者可能会出现痉挛现象。

● 受影响的肌肉无法正常活动。

■肌肉拉伤的急救措施

1. 让伤者坐下或躺下。2. 使受伤的部位处于最舒适的位置。如果是腿部肌肉拉伤，可以将腿吊起来。3. 在受伤部位放上一个冷敷袋（冰块或冷冻食物，如冰豌豆）（a），用绷带将冷敷袋绑在受伤部位，持续半小时左右，可以减轻体内流血或者淤伤症状。4. 用绷带和厚厚的棉垫牢牢地包扎受伤部位（b），有助于减轻肿胀。

■如何判断骨骼、关节和肌肉受到损伤

某些损伤从表面就可以判断出，如开放骨折或大拇指错位，而另一些骨折则要通过照X线才能发现。判断伤情时，如果不清楚受伤部位的情况，要尽量注意伤势特征，尽量弄清楚受伤的原因和造成伤势的外力有多大。

要记住受伤部位的形状、位置和表象，与未伤部位加以比较，如果不能确定受伤程度，要按骨折的方法进行处理。

判断方法包括：

● 近期受重击和摔倒。

● 碎骨或拉伤的韧带有喀嚓声。

● 拉伤的肌肉有剧痛。

● 肢体难以正常活动或完全不能动（比如不能走路）。

● 伤处或其附近疼痛，一动更疼。剧痛通常表明关节错位。若轻压伤处即感到剧痛，则是骨折的症状。

● 骨折处有变形、肿胀和瘀血现象。

● 骨骼末端能听到或觉出摩擦声。不要故意使其发出这种声音。

● 受伤的肢体可能缩短、变形和扭歪。

心跳停止

心脏停止跳动后，因为血压降到零后产生脑部缺氧，人只需15 ~ 30秒就会失去知觉。你还可能遇到因为伤痛发作和呕吐而引起的肌肉痉挛。

心脏为何停止跳动

交感神经抑制和心室颤动是心脏停止跳动的两大原因。

交感神经抑制

交感神经的功能之一是控制心率。它将心跳控制在休息时大约每分钟60次，而在进行其他活动（如身体锻炼）时，可以适度调节。对该神经的过度刺激可以导致一定幅度的心跳减缓或者彻底停止。

无论是因为身体的疼痛或者严重的惊吓、按住颈部的某个部位，还是拳打脚踢前胸下部引起的休克，都可能引起交感神经的功能异常。

对胸部的拳打脚踢，或者击打颈部的某个部位，在打斗当中是最有可能发生的事情。这种情况可能是非常严重的，如果有人在这种情况下确实失去知觉，至关重要的就是立刻检查他们的呼吸道、呼吸和循环系统。

心室颤动

当心室由于心肌过敏而开始以每分钟 400 次的速率收缩时，就出现了心室颤动。心室颤动时，心室肌纤维只是颤动而不能形成协调有效的收缩。由于此时没有血液泵出心脏，因此血液循环也就停止了。3 ~ 4 分钟后，因为大脑停止工作人就会死亡。

心肌过敏通常是由心绞痛或者之前的心脏病引起的。有时，心绞痛是一个警示。因此，如果有人在锻炼时出现心绞痛等症状，就必须立即休息。

如果发生心跳停止的情况，就不能浪费任何时间。一旦心脏停止跳动，在大脑受到不可逆性损害之前，你只有 2 分钟时间，除非能恢复对大脑的供血。4 分钟以后，心脏将永远不会再次跳动。因此，至关重要的是思路敏捷、保持冷静，并立即开始恢复治疗。只有专业的帮助可以解决问题，因此，不要迟疑，立刻求救。

HIV 病毒和艾滋病

HIV 病毒感染会导致艾滋病，如果有人在 HIV 病毒感染高发的国家受伤，就更加有危险。受 HIV 病毒感染的严重程度取决于个体情况的构成因素。聪明的旅行者肯定会在穿越 HIV 病毒感染高发的国家时，将这种危险牢记在心。尽管在帮助伤者时有受到 HIV 病毒感染的可能，但这种情况是极少的，如果自己没有开放性的伤口，那几乎就没什么可担心的。

第4章
与车辆有关的安全防护

随着人们生活水平的提高，路上的汽车也越来越多，与车有关的突发事件也不断发生。汽车在带给我们生活的便利的同时，也给我们的安全带来隐患。针对汽车的犯罪并不总是偶然的，作案者通常都是年轻人，他们寻找的是可以迅速换成现钱的物品。在有些情况下，这些年轻人想驾着你的汽车兜风。

日常预防

藏好值钱物品

从安全的角度来看，汽车和房子一样，都有一个主要的缺点：它们都有窗户，而别人可以轻易地砸开窗户进入。建议千万不要将任何值钱的物品留在自己车内。如果不可能将值钱物品随身带着，就将其锁在后备箱里（后备箱也不是绝对安全的地方）。

即使是在开车时，也要避免将自己的手提包或值钱的东西放在前座上或者其他容易被抢走的地方。很多小偷都将开车的女性作为目标，趁她们等红灯之际实施袭击。

周期保养

现在大多数的汽车性能非常可靠，但是如果不认真对待它们，它们还是会出问题。许多人经常将自己车辆的保养委托给修理厂。尽管这样做并没错，但参加一个车辆保养的短期培训还是非常有用的。大多数的汽车修理院校都有这样的培训班。

基本检查

为了确保汽车运行的安全性，每星期做一下以下检查。

• 检查油量和水量。
• 检查所有的轮胎气压是否正常，不要忘记备胎。

• 检查自己是否有换轮胎所需要的所有装备，并且了解如何使用。
• 确保挡风玻璃清洗器的水瓶装满了水。在冬天的时候，使用水和防冻液的混合物。

如果车坏了

如果自己的车坏了，而且发现自己孤身一人处在偏远或自己不熟悉的地方，最好锁上车门然后待在车上，特别是在夜里。手机在这种情况下非常有用。车上最好有一个医疗急救箱，它不仅仅是给自己用的，而且可以给其他可能发生了车祸的人使用。

在陌生的地方

在交通高峰时段，开车穿过陌生的街道，如果自己对路线不太确定又没人帮助你，那会让人不知如何是好。如果你正好处于这种情况下，锁上车门，不确定自己是否安全时不要打开。如果

↑ 在抵达一个不熟悉的城市之后可能会失去方向感。第一夜最好住在市中心安全的宾馆里，然后再去熟悉方位。

49

有人试图拦住你，不要理睬他们。如果等红灯时遇上强行洗车者，而且不能用手势阻止他替你洗窗户，那就将窗户摇下几厘米，少给他一点儿钱。

请记住，如果必须开窗，就只开一条小缝，千万不要开到能让人把手伸进来开车门的程度。如果面临有人试图上车而自己又无法开车离开的情况，考虑一下用车上的物品击打他的手臂。通常情况下会有许多"武器"供你选择，如手电筒、螺丝刀或者重的扳手（所有这些都是汽车上合法的工具），而一罐除冰剂也能当作一件良好的威慑攻击者的武器。把它们放在你坐在驾驶座时触手可及的地方，但在你使用了这些临时性武器后，要记得证明自己行为的合法性。

停车

如果你将自己的汽车停在一个陌生的城市，一定要将它停在有人看管的停车场内。找一下哪儿有安全监控摄像头，然后尽可能停在它们的监控范围内，或者，如果做不到，就选个灯光照射得很亮的地点。

如果可能，尽量不要将可以显示自己性别的物品留在车上。罪犯比较倾向于选择女性作为目标，所以，把诸如手提包、化妆品或女式服装之类的东西留在车上就等于将它们送人。

如果要回到车上去，就在停车场还有人看守的时候回去。将钥匙拿在手里，时刻准备好开车门。如果看见一群年轻人围着自己的汽车闲逛，就找人帮忙。

如果在走回自己汽车的时候发现已经有人进

↑ 在繁忙的街道上保证安全取决于保持警惕、反应迅速和预想到别人的行为。

过自己的汽车，那就停下来检查一下汽车。弯下身来看一下车底下是否有人，并且透过后窗户检查一下是否有人躲在车里。

> **■专家提示**
> 无论在何时停车，无论将车停在什么地方，始终倒车停泊。这样可以让你跳上车就开走，比还要倒车才能开走快多了。

千万不要把车停在不允许停车的地方。如果你的车被贴了罚单或被拖走了会非常麻烦。如果你发现你的车已经被贴了罚单或拖走了，最好尽快去相关部门缴纳罚款，然后询问他们要多长时间你才能取回自己的车。

路怒

路怒这个词所描述的是一段时间以来一直存在的一个问题，它主要表现为开车人毫不理会公路上的其他车辆，引发交通堵塞或影响其他车辆前进。当一个驾驶员的行为干扰了另外一个驾驶员时，通常就会引起冲突。而且，近几年来，这样的争执逐步升级为对身体的攻击，甚至有人在冲突中丧命。

以下行为将有助于你避免在公路上引起他人的愤怒情绪。

- 安全、匀速驾车。
- 尽早清楚地表明自己的意图，譬如要左转。
- 跟在车流当中。
- 在正确的机动车道行驶。
- 避免有意识地引起堵塞，如将行人从支路放入车流之中。
- 不要强行并线。

如何处理路怒

如果看见其他车辆的驾驶员对着你打车头灯、按喇叭或跟你打手势，不要想当然地认为这是因为路怒。首先考虑一下他们是否在试图告诉你什么事。在路上时，其他车辆的驾驶员向你指出你的汽车可能有问题，而你却对此一无所知，这种情况是非常正常的。然而，如果自己受到其他驾驶员具有侵略性的骚扰，要注意采取以下行动。

- 如果自己确实有错，微笑着向他道歉。大多数人的怒气会因此而平息下来。
- 如果他们在你前面，减速以尽量和他们保

在铁路公路岔道口上抛锚

1. 如果汽车在铁路线上抛锚，不要冒不必要的风险。即使看不见听不见火车，也要提高警惕。

2. 立即让车上的人全部下车，并保证大家离开，撤到安全距离以外。

3. 利用岔道口的紧急电话通知火车司机或者警方铁路线上有障碍物。

持距离，要不就保持车速。

● 如果其他车辆的驾驶员和你并排开车，避免和他的视线相对。

● 不要做污辱性手势。

● 尽量避免停车。只有当驾驶员将各自的车辆停了下来并相互碰面时才可能发生争斗。

● 如果确实碰上塞车，确保自己车上所有的车窗关上、车门锁上。

● 发生冲突时不要从自己的车上下来，除非是发生了车祸，而且即使在这种情况下，也要保持冷静。

● 如果发现有人试图上自己的车，而且因为交通堵塞又不可能将车开走，那就按住喇叭不放，他们很快会放弃这种行为。

汽车炸弹

汽车炸弹通常安放在车下、驾驶座下面的位置。这种汽车炸弹的安放方法最简单，因为恐怖分子不用钻到汽车的发动机罩下。对这种攻击的唯一防御措施就是坚持不懈地保持良好的个人安全意识。

● 每次上车都要检查自己的车辆。

● 在发动机罩和后备箱上贴上一小条透明胶带，在上车前检查一下是否原封未动。

● 离开之前一定要将其锁好，并确保车窗完全关闭。

● 检查车的遮阳篷顶是否紧闭。

● 如果可能，清理后备箱、仪表盘下的置物柜等地方。

● 用记号笔标出自己轮轴的固定位置。

↑ 由钉子造成的小孔可以用橡胶塞塞住（橡胶塞可以从轮胎修理铺买到）。给轮胎重新充气或者从轮胎阀向内喷乳胶轮胎修复胶（可以从绝大多数汽车修理厂购买），这样可以暂时修复轮胎并给轮胎充气。

↑ 在紧急情况下，可以利用打火机油和打火机让轮胎归位，但这是一个非常危险的过程。

如果可能，将自己的车停放在人员较多的公共场合。回到车上之前，执行以下步骤。

● 检查一下自己的车辆，但不能用手触摸。

● 检查一下车轮的弧度、鼓胀程度和挡泥板。

● 跪下来检查一下车底下。

● 检查是否有胶带或电线。

● 检查一下自己做的记号。

● 找一下发动机罩上、车门上或后备箱上是否有手指印。

● 透过车窗检查一下车内的情况。

第5章
交通事故中的逃生

我们在从一个地方前往另一个地方的时候常需要选择交通工具。在走路、驾车或者骑车时，我们能够控制行进的步伐，但是也需要做好准备应对他人的疏忽行为、恶劣天气或者交通工具的机械故障等意外情况。在公共交通工具上，我们必须警惕自己的人身安全和财产安全，做好准备应对晚点和未能到达目的地等情况。如今，国际旅行拉近了距离，但同时也带来了可怕的空难、海难以及恐怖袭击。不过冒险精神绝不会屈服于这些风险，只要掌握正确的方法和做好必要的准备，旅行仍会成为最美妙的人生经历之一。

保护好自己和财产

绝大多数不常旅行的人一般都会带大量的行李，其实，这是一个巨大的负担，不仅仅是重量的问题，需要时刻看守也是个问题。

保护贵重物品

旅行的时候穿普通的衣服，不要炫耀钱财和佩戴结婚戒指之外的珠宝。不要将笔记本电脑或者相机等放在一眼就能看清的包里。使用装钱的腰带或者在身上不明显的地方装钱和文件。还需要随身携带一些必备药品和其他基本的物资以防行李丢失。

如果停留在高风险的地方，可能还需要用金属线制成的行李保护器来保护自己的行李，以防在大街上被人割开包偷东西。街头小偷常用的伎

俩还有直接用刀子割断背包肩部的背包带抢包。这种抢包方式很难防御，因为小偷手里拿着刀，你所要做的就是尽量让自己看起来像是一个不容易对付的目标，但是如果有人实在要抢包，把包给他就是，你失去的只是个包而已。

在公共交通工具中

这时候不仅要防止包被盗的风险，还要防止被其他人利用来进行犯罪。总是锁好行李或者拉好拉链。在行李上使用旁人不容易看懂的标签，以防不怀好意者得知你的身份。可以在行李上使用单位地址，这样更安全。

不要接受来自陌生人的信件、包裹或者礼物，也不要让自己的行李无人看管，哪怕一分钟也不可以。在机场、火车或者汽车站发现没人要的行李，立即报告有关部门，并远离它。

很多机场都会在收取少量费用的情况下为旅客用收缩性薄膜包装行李。这将不仅能保证行李的安全，还能保护行李以防包装出现裂口和磨损。

寻找安全住处

什么地方安全？一家昂贵的宾馆可能是安全的。但是也有人潜入这种地方专门盗窃那些富人的东西。因此向旅行社咨询，即使你并不希望通过他们来预订也可以向他们咨询，或者向曾经经过这条旅行路线的人咨询，

□防扒方法一

1. 如果带有装钱的腰带，一定不要被人看见：把它完全盖在衣服下。

2. 将裤子穿在装钱的腰带上，并把衣服下摆扎进裤子。这样在走动中也不会暴露装钱的腰带。

或者向值得信赖的当地人咨询。如果不是按照预期而是偶然来到某个地方，首先要确保饮用水、温暖和阴凉等基本要素，然后在选择居住的地方之前再花时间考虑当地存在什么威胁。

应对城市街道上的危险

当你在城市街道上步行、驾车或者骑车的时候，面临最大的危险就是另外的人。在喧嚣的城市街道上，你可能会对某些有恶意企图的潜在危险全神贯注，但是更常见的危险却是交通事故。

预防是避开交通事故的关键。警惕那些开车时打盹、看地图或者打电话的司机。要注意，驾车的人经常看不见自行车，还有较老较小的车一般控制力都较差，而且刹车能力也有限。确保汽车状况良好并随时加满油，这样就不会在一些不想停下来的地方被迫停车了，从而可以避免不必要的麻烦。在车门储物袋内放置一样"秘密武器"（如防强奸警报器或者胡椒喷雾等），用以应付特殊情况。

道路暴怒

"道路暴怒"现象有上升的趋势，尤其是在道路拥挤时，或者司机不能够承受日常压力以及碰到他们不能控制的局面感受到极端压力和愤怒时。这是一个非常严重的问题，因为愤怒的司机

↑ 如果在拥挤的人流里，最好待在紧急出口处。要是能够找到柱子或者类似的结构，躲在它的背后。

控制着极其危险的"炸弹"——汽车。

如果你不幸成为道路暴怒的受害者，一定要保护好自己。最重要的是，不要与愤怒的司机进行眼神接触，而应该尽快离开。在下一个容易拐弯的地方拐弯，寻找另外的行进路线。

如果暴怒的司机一直尾随着你，不要回家，而是直接驾车前往警察局。如果愤怒的司机下车向你走来，一定要锁好汽车门窗，即使在他对你的汽车发动攻击的情况下也要熟视无睹。他对你的汽车发泄愤怒总比在你身上发泄愤怒要好得多。

□避免被汽车撞伤

1. 当意识到汽车一定会撞上来的时候，跳起来，其高度应该是能避开被车头撞上，尽量落到汽车引擎盖上。

2. 身体蜷曲，将双腿抬高举起避开撞击，然后用双手护住头部，以防头部撞上挡风玻璃或者车顶。

3. 下一步发生的撞击可能是与挡风玻璃或者与地面，但是无论如何，你受到的伤害肯定会比直接被撞上的伤害要小。

劫车

随着汽车安全系统越来越复杂，劫匪现在越来越倾向于攻击该系统最弱的环节——驾车者。劫车案件在红绿灯处和加油站越来越常见。如果劫车者的动机只是为了劫车，最好的办法就是让他劫。不要反抗，而要安全地离开。如果被强迫开车，你受到人身伤害的机会就会小很多，因为他们需要你的配合，你有一定程度的控制权。

搭便车者

让陌生人搭便车对司机来说有很大的风险。那些需要搭便车的人即使看上去比较沮丧也有可能在后来成为麻烦或者危险。最好的办法就是不搭载任何搭便车的人。

应对危险的路况

在驾车的过程中你可能会遇到麻烦，当然你不能预测会在什么时候和什么地方陷入困境，但是你能够做好适当准备、保护好自己的车并保证把油箱加满油。告诉别人你前往什么地方，预计什么时候抵达，并且带好移动电话：尽管它是现代生活的"祸害"，但同时也是无价的可以拯救生命的东西。

号码112是世界通用的紧急电话号码，可以在任何国家和任何数字网络上使用。但是鉴于各种手机网络的特性，打这种电话的成功率没有保证，因此还是应该熟悉当地的紧急电话号码。如果你遇到困难，而且是一名单独旅行的女性，一定要告诉营救部门，因为营救部门往往首先营救女性。

高速公路

如果在高速公路上汽车抛锚或者发生故障，你必须把车停到路边，并且离开自己的汽车。因为在这种情况下，很有可能有疏忽大意的司机撞上你停在路边的汽车。给修理厂或紧急服务部门打电话，在等他们抵达的时候，你应该停留在公路边。

在急转弯处

如果在急转弯处汽车抛锚，很有可能会发生与其他道路使用者撞车的事故。因此在距离自己的汽车150米远的地方向其他司机设置警告装置，自己也要待在远离汽车的位置。如果没有警告装置，你就不得不亲自站在距离自己的汽车150米远的地方警示其他司机减速。

隧道

如果汽车在隧道中抛锚，最好迅速离开汽车，但是你可能会认为没有安全的地方供你停留以等待救援。但事实上，绝大多数隧道里每隔一定距离都会在墙上挖一个洞作为安全岛供人躲避飞驰的汽车。不要穿着宽松的衣服，谨防被其他汽车挂住。

隧道里可能会有紧急电话，但是如果没有，你可能就需要步行走出隧道寻求援助了。移动电话在一些大的隧道里一般都是可以用的，因为里面也安装了天线。无论什么情况，都不要在隧道

□从掉进水的汽车中脱身

1.如果汽车掉进水中，立即采取行动。利用任何可以利用的方式离开汽车。将车灯打开，通过车窗或者汽车遮阳篷顶脱身。

2.摇下车窗逃生。如果车窗是电子驱动的，可能在这种情况下已经不能正常工作，这时候一定要保持镇定。

3.如果按常规的方式打不开车窗，用灭火器或者扳手等坚硬的物品将车窗敲碎。

4.如果不能击碎玻璃，就用脚使劲踹，首先踹车窗边缘较薄弱的地方，还可以努力踹开挡风玻璃。

5.如果还是不行，可以试着打开车门。车门只有在车内几乎已经灌满水的情况下才能打开，这时候车门内外的压力基本上持平。

变化。比如把车停放在看上去很硬实的沙滩上，退潮之后，沙滩就有可能变得松软或者呈粉末状，让你开不动车。

悬崖顶和斜坡

无论是停在悬崖顶上还是停在斜坡上，刹车都非常重要。你不会希望自己的汽车滑走或受到破坏，因此，如果是自动车，请选择"停"，如果是手动车，一定要挂到一档上，这些都是非常必要的防范措施。但是，如果你对刹车装置有疑虑，就不要简单地依赖变速箱。应该在坡度向下的车轮一侧加楔子，防止车轮打滑。

里停留太长时间，否则你可能被热量和汽车尾气击垮。

贫民窟

如果汽车在一个危险的地方抛锚，你可能受到来自当地居民的威胁。应对这种直接威胁的最好方式就是待在车内，避免眼神交流和攻击性行为。如果没有直接威胁，将所有的个人物品放在从车外看不见的地方，然后离开前往安全的地方，在自己的人身安全得到保障的情况下再安排车辆抢修等事宜。

偏远地区

如果汽车在一个偏远的地方抛锚，你可以步行走到安全的地方。如果确定附近有某个地方能够提供安全和帮助，你完全可以这样做。否则，你应该留在停车的位置，并引起过往车辆的注意。不要冒迷路、受伤害或者消耗光食物、水和油料的危险而去步行前往一个没有目标的地方。在野外情况下待在车内能够保护自己免遭绝大多数危险。

在海滩和水边

如果你计划把车停在靠近水的地方，必须考虑到潮汐的变化。不要仅仅因为看见别人也把车停在这里就认为这个位置是安全的，说不定你停放的车辆就会被潮水淹没，因为当地人可能只在这个地方暂时停车。应该找一份潮汐表或者在准备长时间停车之前进行咨询。

地表状况也有可能因为潮水的到来而发生

应付汽车故障

汽车抛锚很容易让人感到束手无策，但是车辆驾驶中出现了机械故障则可能会引起恐慌，我们需要知道采取什么样的行动来减少自己和其他人的危险。

刹车失灵

在驾车之前对汽车进行例行检查的时候，都要检查看制动装置是否正常。每次应该保持手制动装置的灵活性，因为一旦驱动制动装置发生故障，就必须依靠它来进行自我防护了。

如果发生刹车失灵，首先调低档速让车速慢下来。在很多斜坡上，都专门为刹车失灵设置了"逃生道"。如果你足够幸运正好在这样的地方，就可以利用逃生道。如果你迫切需要立即停车，手制动就可以完成刹车，但得是在走直线的情况下进行紧急刹车，否则就可能翻车。另外的技巧还包括利用车身或者车底与雪堆、护栏等之间的摩擦减速，但是在没有进行过专门训练之前千万不要这么做，否则后果极有可能是汽车失控或者翻车等更严重的事故。如果是车队旅游，可以与其他司机联络，让另一辆车在失控车辆的前方，利用它的制动能力来减慢刹车失灵车辆的速度是可以做到的。但是这种技巧只能是非常冷静和勇敢的司机才能够尝试。

□当刹车失灵

1. 不要让发动机熄火。如果可以，立即换低档可以从很大程度上减慢车速，这样你就能保持对车辆很好的控制。

2. 当车速减慢到40千米／时以下的时候，用手闸停车。在用手闸的时候牢牢控制住方向盘。

变速器失灵或节流阀堵塞

如果发动机停不了，除非生命受到威胁，否则不要踩离合器，也不要挂空档，因为这样的话车子会立即超速运转，导致发动机被毁。相反

的，应该立即关闭点火器，这样车子将减速，这时候汽车制动和转向应该还是正常能使用的。如果不得不再次加速，就重新打燃点火器。

一些比较老的汽车或者柴油车在关闭点火器之后可能不一定管用，在这种情况下，刹车就是唯一的办法了。但是在准备毁坏发动机之前，关闭点火器还是值得试一试的。

转向失灵

这种情况容易发生在双向车道上。如果转向轮从齿条中滑出，你可以努力使其归位，归位到什么地方不要紧，只要管用就行。如果这样不行或者车底下的转向齿条断裂或不发挥作用，你就必须尽快停车。如果没有锁死刹车系统，可以通过大力刹车锁住所有

□借电启动汽车

1. 发动施救车辆的发动机，在其电池的正极上接电线，电线的另一端一定要远离车身。

2. 将这根电线的另一端连接到受助车辆电池的正极上。用另一根电线连接到受助车电池的负极上。

3. 将第二根电线的另一端连接到施救车辆电池的负极上。现在就可以发动受助车发动机。发动之后，按相反的顺序拆掉电线。

□节油阀堵塞之后

1. 如果发动机减慢不了，可以关闭和根据需要打开点火器来控制车辆。但是不要踩离合器，否则将可能烧坏发动机。

2. 如果路边有逃生道或者安全带，立即离开主道路，然后停车，避免给自己及他人带来危险。

3. 你可能需要利用汽车与马路牙子、护栏、雪堆或其他较软物体之间的摩擦来减缓车速。但是注意不要发生猛烈撞击，以免构成危险甚至造成翻车。

↑ 由钉子造成的小孔可以用橡胶塞塞住（橡胶塞可以从轮胎修理铺买到）。给轮胎重新充气或者从轮胎阀向内喷乳胶轮胎修复胶（可以从绝大多数汽车修理厂购买），这样可以暂时修复轮胎并给轮胎充气。

的车轮：这样将使汽车转向不足，而不是跟随失控的前轮，在很多情况下，这是一个更安全的选择。

车胎被扎

到目前为止驾车当中最常见的事故还是轮胎被扎。发生这种情况的时候，能够听见一声闷响，感受到车辆的颠簸，甚至还可能感到视线高度的变化（对地面的高度）。高速行驶中轮胎被扎会是非常危险的。把危险警示灯打开，刹车然后立即停下来——不要等到下个方便的地方，而是立即停下。

如果能够在轮胎被扎之后几秒钟立即停车，你也许还能自己更换轮胎甚至是修复它。如果你还继续向前开，就可能会损坏车轮本身。也就是说，这样之后即使停下来，你也可能已经无法把轮胎从车轮毂上卸下来了。

轮胎充气

在危险情况下，可以使用打火机油和火柴对轮胎充气。如果轮胎已经完全陷在轮毂上，需

要将轮胎卷边从轮胎环一侧撬出。这时你需要利用杠杆，如撬棍或者大的改锥，还需花费大的力气，同时还可以利用管子等加大杠杆的作用。如果轮胎卷边已经全部从轮胎环上滑落，你就必须将其安装回去，同时留出一侧。

在轮胎环内喷少量（大约半杯）打火机油，然后旋转轮胎让打火机油在轮胎环内散开。用打火机或者火柴点燃打火机油，将手远离轮胎环，以免压伤手指。如果方法得当，将会产生响亮的爆炸声，然后轮胎被充好气，还有可能被稍微过度充气。这种方法还能用来让已经剥落的轮胎归位到轮胎环上。

警告：这是一个非常危险的过程。只有在生命受到威胁的危急情况下才能使用。

避免汽车打滑

控制打滑的秘诀就是多练习。你可能已经阅读过或者听说过大量这类知识，但是除非你此前进行了大量的练习，不然也不一定能够采取适当的行动。在"转向试验场"上进行练习，掌握一些基本技巧将给自己提供足够的应付打滑所需的经验。

打滑是指汽车任何形式的滑动，也就是说车轮不能很好地"抓"住地面，这也是驾车中比较常见的现象。最常见的打滑就是车轮空转和刹车打滑，这两种情况分别是由于过度节流或者刹车而导致轮胎失去牵引力。这种情况不一定能够导致车辆变向，只需要简单地放松脚踩的踏板就能解决这个问题了。转向打滑更难以控制，主要有3种类型。

□**如何控制前轮打滑**

1. 在转向不足的情况下，车辆前轮继续向前滑动，导致车辆没有拐向想要的方向。

2. 减小对前轮的转向控制力量，让其重新抓地并控制好车辆，这样你不可避免地会跑进拐弯处的其他车道。

3. 一旦重新抓地和控制之后，调整路线，让车辆转向你原先预想的方向。

□如何控制后轮打滑

1. 当车辆后轮在拐弯处失去牵引力的时候，拐弯的角度将会超过自己的预期，甚至可能导致车辆打转。

2. 将方向盘往反方向打，直到车辆前部重新回到自己的控制之下，这种情况下可能会拐一个很大的角度。

3. 将方向盘重新平稳地打回到中间位置，这样车辆就会慢慢回到正确的方向：继续控制好前轮，不要顾及后轮的情况。

转向不足

在转向不足（有时被称为推头）的情况下，前轮抓地力量不足，车子转向角度没有达到要求。这种情况可能由车速过快或者刹车过猛引起。车辆转向不足很难制止。你可以加大油门或者放松方向控制，前者会加大本来就已经很快的速度，而后者将可能导致车辆偏离车道甚至进入到逆向车道上。

由转向不足引起的最常见的事故是由于司机为了让车辆有反应而继续转动方向盘，导致前轮迅速抓地，车辆迅速做出反应，有可能会冲进拐弯处或者迅速转变为转向过度甚至是翻车。

转向过度

这种打滑发生在转弯时后轮失去牵引力的情况下。车辆后轮将转向外侧滑，导致车辆转向超过预期，在一些极端情况下，甚至可能造成车辆打转。其原因通常是因为对后轮驱动的汽车施加了过大的动力，或者在拐弯的时候刹车过度。在转弯过程中间操纵手闸也会出现转向过度。在转弯过程中间操纵手闸这种情况通常被称为手刹转向。

如果出现转向过度，弥补办法就是将方向盘往外打，放开任何导致车辆打滑的踏板。在极端情况下，你可能会发现，前轮的方向可能会与正常情况下转弯时候的方向完全相反。将方向盘往正常拐弯训练时候的相反方向打被称为"反向锁"。

如果你的车是四轮驱动，或者车辆平衡得非常好，有的时候甚至在拐弯时会出现四个车轮同时打滑（被称为"四轮漂移"）。同样的基本原理也是适用的：松开节油阀或者刹车，如果必要还要进行"反向锁"。

绝大多数现代的汽车，尤其是四轮驱动汽车的设计都倾向于发生转向不足的情况，这是因为转向不足被普遍认为对不具有防滑技巧的司机来说更安全。但是具有讽刺意义的是，转向不足对于经验丰富的司机来说却是噩梦，这是因为相对不足来说，转向过度容易控制而且发生的时候还能被预感到。

光滑路面

在冰上或者雪上（或者汽车高速行驶下的其他路面上），无论开车多么仔细都容易打滑。克

↑ 拖车后载重过多易导致失控，这时要把好方向盘，尽量让汽车沿直线开，不要试着制止打滑。

□从翻车中逃生

1. 用双手将自己撑离车顶，减小对安全带的压力，否则将不能解开安全带。

2. 你可能需要用坚硬的物品敲碎玻璃，然后用双臂爬出来。

3. 从车内逃生的时候注意车内、车窗框内以及地面上的碎玻璃可能对身体造成的伤害。

服这种问题的秘诀就是保持车辆轻微转向过度而绝不能转向不足。要在不同的车辆（前轮驱动、后轮驱动或者四轮驱动）上做到这一点，你可能必须参加一个专门的驾驶培训班。在雪地上，使用防滑链或者将轮胎压力减小到 0.7 巴（10 磅 / 平方英寸）都会有所帮助，但是一旦恢复到正常路面驾驶之后，必须能够立即给轮胎充气。在冰面上，使用窄轮胎会比较好，但最好还是要利用防滑钉或者防滑链。

拖车摇摆

如果不仔细开车，拖车、房车或者活动住房都可能会引起各种各样的问题。如果汽车减速过快，尤其是在下坡的时候，拖车就可能引起左右大幅度的摇摆，其解决办法就是稍微加速，但是这也是比较危险的。如果车辆行进速度较慢，而又想迅速转向，这将可能导致连接汽车和拖车之间的连接物弯折，造成拖车翻车或者撞上牵引的车辆。

即使你把轮胎的气压调得正好，也要定期检查轮胎面和轮胎结构，因为拖车轮胎很可能会爆胎。这是非常危险的情况，尤其是当路上还有其他车辆和你感到恐慌的时候。无论怎样，千万不能猛踩刹车或者试图迅速停车。应当逐渐踩刹车，如果拖车向旁边滑去，就要松开刹车，然后稍微加速，让拖车回到正确的路线上来。保持这个状态，直到速度已经彻底降下来，然后才能安全停车。

应对车辆失火

绝大多数车辆失火不是发生在仪表盘底下的发动机部位（油料泄漏），就是因为烟头不小心掉在了座位上引起。还有很多汽车失火事件是车辆停在了草地上然后离开，因为发动机过热，点燃了车身底下的草。

如果你驾驶的是房车或者车辆拖拽着活动住房，你就必须加倍小心，因为这些车辆都带有丙烷罐，丙烷会给失火后的汽车提供另一种燃料。这种车辆也会因为其复杂的线路而容易发生用电方面的失火。车上一定要安装烟雾探测器或煤气探测器（也可以两者都装上）。

使用灭火器

有各种各样的灭火器可供选择，但是 ABC（粉末型）灭火器是最实用的。准备一个又大又沉的灭火器不仅能避免灭火剂很快用光，还能被用做逃生工具和自我防卫武器。

灭火的时候，将灭火器对准着火的基部前后移动喷射直到火焰全部熄灭。不要对准火焰喷射，这样不能把火扑灭，只会浪费灭火剂。

如果座位着火，扑灭火焰后立即把座位拉出窗外，因为座位填充物可能还在闷燃，需要打开座位进行彻底检查，或者干脆扔掉座位。

↑ 如果发动机着火，应该只将引擎盖打开到必要的高度，将灭火器瞄准火焰的基础部位喷射。

发动机失火

发动机失火有可能是由于输油管漏油漏到其他较热的部位上引起的。经常检查输油管，在发现看上去可能会漏油的情况下要立即更换。如果发动机着火，立即关闭点火器，立即关闭油泵。

要安全扑灭发动机的火需要两人，一人使用灭火器，一人打开引擎盖。快速打开引擎盖非常重要，因为一旦火把开锁电路烧毁，引擎盖可能就打不开了。引擎盖一打开，新鲜空气一进入，火苗会立即蹿高，因此准备好马上开始喷射灭火剂。不要试图通过向散热器或者车轮拱形结构喷射灭火剂来熄灭发动机的火，因为这是不可能的，必须找到火源才能将火灭掉。

危险区域

如果准备灭火，一定要站在汽车的锥形危险区域外。对于一般的油箱位于车辆尾部的汽车来

说，这种锥形危险区域就在汽车的后面。一旦油箱爆炸，将把致命的冲击波扩散到 15 ~ 30 米远的范围。不过部分汽车的油箱位于车头或者车身侧面，因此不要想当然地认为所有汽车的油箱都在车尾。

绝大多数危险都是与汽油有关，而不是柴油，因为柴油不容易起火。汽油只要轻微暴露在热量、火焰或者火花的情况下就可能发生爆炸。因此应让每个人都远离以汽油为燃料的汽车。

司机生存策略

如果汽车在偏远的地方或者恶劣天气情况下抛锚，你可能不得不等待很长时间才能得到救援。汽车将会给你提供一定的天然保护，但是在极端寒冷的情况下，保持温暖才是首要的任务。

生火

用镜子或者车灯反射镜作为取火镜，或者用眼镜或双目望远镜将太阳光聚焦到一些引火物（如干树叶）上取火。

如果没有阳光，可以利用汽车电池和连接电线，或者你所拥有的任何电池和电线。如果电池够小，将两节电池握在一起，正负极相连，然后把两根电线分别连接到两端的正负极上。将电线的另外两端同时接触钢丝绒，就会产生很多火花。如果没有钢丝绒，可以直接将两根电线的末端相互接触，也能产生火花。如果引火物不好，

1. 仪表盘着火能够很快蔓延到发动机和油路系统上。立即将火熄灭或者弃车逃离。

2. 站在车外安全的地方，根据操作指示准备好灭火器。

3. 快速把手伸进汽车将灭火器瞄准火焰的基础部位喷射，直到火完全熄灭。

↑ 在极端寒冷的气候条件下，如果被困住，可以在柴油发动机底下生一堆小火。但是对汽油发动机千万不能这样。烧火的时候，要注意不要烧到线路、胶管和密封胶等。

可以添加一点油料助燃。

如果你的汽油发动机还在运作，你可以用手戴上手套或者垫了绝缘良好的材料抓住一根插头电线，然后把它从插座上拔下来。把它拿在插头或者发动机任何金属部位附近就会产生大量的火花，足够点燃一把引火物。（如果手套的绝缘不是很好，你就会受到一个很强的电击。）至关重要的是，千万不要忽略了汽车点烟器的存在。

把汽车从雪里面挖出来

在发动发动机之前，首先将排气管周围的雪

■长途驾车必备物资
⊙汽车驾照等文件资料
⊙地图
⊙手机以及紧急救助电话号码
⊙手电
⊙手电备用电池
⊙急救包
⊙备用轮胎，充足气
⊙联结电线
⊙拖索
⊙道路照明灯或者警示三角牌
⊙刮冰刀和除冰器
⊙油料容器
⊙基本工具包（包括可调节扳手、刀具、电线和管道胶带）
⊙毯子或睡袋
⊙防水衣服和手套
⊙大量清洗液
⊙瓶装水和高能量食物
⊙铁铲

挖开，然后一直挖到车身底下，保证任何从排气系统排放出来的废气能够散开。如果没有良好的通风，那些致命气体将很快充满整个车厢。

将车窗和车灯上的冰雪清除干净。但是也不要忘记清除引擎盖上和车顶上的雪，否则这些地方的雪很快就会被吹落到前后玻璃上。

如果在车轮附近挖沙或者沙砾这种不容易弄走的东西，可以努力前后迅速开动汽车。你能够通过汽车自身的重量来将汽车从车轮陷进去的地方拖出来：使用节油阀的时候一定要小心，向前的时候放松，然后向后退，直到最后把车从陷进去的地方弄出来。

确保容易被发现

汽车的颜色决定了汽车被发现的难易程度：例如雪地里的白色汽车和草地里的绿色汽车就不容易被发现。在汽车上放置一些颜色鲜亮的衣物，如外套和围巾等，让汽车容易被发现并得救。

选择安全的位置

无论什么时候乘坐公共交通工具，无论乘坐什么类型的交通工具，保持那种"如果……将会怎么样"的生存态度会使自己武装起来。根据自己的以往经验或者现场观察选择最安全的地方坐下。这里介绍的是一些关于如何选择乘坐的地方和如何乘坐的技巧。

↑ 从统计学上讲，乘坐公共交通工具比驾车旅行要安全得多，在死亡率方面，乘坐飞机旅行要比自驾车安全 27 倍。

火车和公共汽车

不要选择靠近桌子的位置，否则在发生碰撞或者紧急刹车的情况下，有可能由于桌子被猛烈撞击而间接受到严重伤害，还有可能被别的乘客撞上或者被桌子上的物品撞上。选择背后被自己的椅子保护，前面被对面椅子保护的位置是比较安全的。另一方面还要记住，如果长途旅行，有可能感到不适，比如极端的案例就是患上深度静脉血栓（DVT），而不是被卷入交通事故中，因此更重要的是选择一个更舒适的能够伸腿并站起来适当走动的位置。如果既有面向车辆行进方向又有背向车辆行进方向的座位供选择，选择一个背向车辆行进方向的位置可能更安全，但是这也可能要根据事故的性质来决定，另外还有很多其他因素也可能影响到你的安全。做出选择的时候，一定要根据环境进行判断。

靠近紧急出口的座位应该是你的首选。这甚至有可能比主要出口的位置更好，因为你对紧急出口拥有掌控权，能够第一个冲出这个出口。同时，无论是在飞机上还是在长途客车上，这样的座位会比其他座位有更大的活动空间。在飞机上，紧急出口处的座位都被指派给能够对其进行操作的乘客，这一条就已经排除了年老体弱者和儿童坐在紧急出口处的可能性。在与航空公司联系的时候，你就可以提前预订靠近紧急出口处的座位。如果航空公司的规定是起飞前才确定位置的话，你可以提前抵达，看能否调换座位。

安全带和其他保证安全的因素

如果有安全带，只要坐在座位上就把它系好。在所有交通工具的交通事故中，安全带都能够大大提高生存的机会。

不要在车辆刚停下来时就从座位上站起来。这是最常见的导致受伤的原因，车辆刚停的时候，由于惯性还会向前冲，尤其是橡胶轮胎的车辆，而在一两秒钟之后，车辆又会后退回来。如站起来过早，就有可能被这种没有预计到的车辆移动晃倒。

在应该考虑到的所有因素中，最重要的就是随时注意可能发生的交通事故。一些有经验的旅行者在某些落后地区旅行的时候，宁愿选择坐在车顶上而不是在车内。他们认为这样在速度较慢的车辆上一旦发生交通事故（很常见）会比较安

↑ 在登上很多公共交通工具之前，个人行李都需要被检查或者用 X 光透视。

全，而且比与其他乘客和他们所携带的家畜一起挤在车厢里更舒服、更健康。此外，这样他们还能够照看好存放在车顶的行李，以免在车辆进站的时候在站内被盗。这种旅行方式可能并不适合你，但是，某些时候特殊的情况需要采取特殊的应对方法，因此，你对这样的选择至少应该持开放的态度。

安全存放行李

绝大多数人为了安全和方便见喜欢把行李放在身边，但是松散的行李在发生事故的时候容易给乘客带来很大的危险，这也是事实。位于头顶的行李架是放置随身携带的小件物品的好地方，但是不要把重型的大件行李放在头顶的货架上，因为一旦发生撞击，它们就可能成为非常危险的"流弹"。那些在紧急情况下需要使用的物品要尽可能地放在身边。

公共交通工具上的陌生人

乘坐公共交通工具旅行的时候，其他乘客是敌还是友完全取决于你个人的态度。在这一过程中，你可能会从同行的其他旅客身上看见人类的所有行为，比如会碰到你想睡觉的时候却不停说话的人、感到孤独和害怕的人、喝醉酒的人、满口污言秽语的人，等等。有人试图偷你的东西，这也是有可能的。在与其他旅客接触的时候，要努力表现得自信，但千万不要看上去好斗，光明正大地使用肢体语言，坚定但不要具有威胁性。

尤其是女性更容易受到与性别有关的不必要

↓ 在有三节车厢的火车上，中间车厢由于在发生撞击时不会受到直接冲击而可能是最安全的。如果是在有更多车厢的火车上，考虑靠近尾部的车厢，但不是最后两节车厢。

→ 在单节车厢的火车上，乘坐靠近紧急出口的座位意味着在紧急疏散的时候你将是首先逃出来的人。

→ 在开放的铁路线上下火车的时候一定要注意，有可能被经过的其他火车撞上。

↓ 在公共汽车上，坐在靠过道的位置上比较安全，因为这样在紧急撤离的时候更方便，而且不容易遭到飞来的玻璃划伤。

↑ 如果只能坐在汽车后排靠窗的位置上，必须时刻警惕过往的车辆。

↓ 在飞机上，没有证据显示飞机的哪个部位在空难中更安全，但是坐在靠近紧急出口的位置在撤离的时候会更方便。

位于机翼附近的座位最结实，也最平稳，但是靠近油箱。

靠近飞机尾部的座位噪音比较大，而且晃动比较厉害。

飞机前端的座位很多人都喜欢，但是在空难中却往往是最先遭到破坏的部位。

的关注，这种被关注可能会让人感到不舒服，或升级为冲突，在某些极端情况下，甚至演变为性侵犯。第一条原则就是尽量不要单独旅行，但是如果别无选择，在不得不单独出行的情况下，尽量保持在其他旅客或者司机的视线范围内，并且与你认为值得信赖的旅客建立良好的关系。最后，携带某种秘密的防身武器，如防强奸警报器或者胡椒喷雾，在迫不得已的时候使用。

第6章
恐怖袭击和冲突中的生存

恐怖袭击总是突然的、不可预料，而且几乎总是匿名的。恐怖分子很少会穿统一的服装，在藏好炸弹之后，无论是定时器控制的还是遥控控制的炸弹，他们像胆小鬼一样偷偷离开。而现在，更致命更具杀伤力的恐怖袭击往往是狂热的自杀式爆炸袭击者发起的袭击，而且这种袭击正有越来越流行的趋势，在公共场所更需要对这种恐怖袭击保持警惕。

学会应付各种不同情况

恐怖主义通常被定义为针对某个国家或者其普通平民非法使用或威胁使用武力来达到某种政治目的的行为。2001年9月11日，由"基地"组织发起的针对美国世界贸易中心和五角大楼的恐怖袭击对美国产生了巨大影响，改变了其对国际恐怖主义和全球政治形势的认识，直接影响了后来对阿富汗和伊拉克的战争，揭开了乔治·W·布什总统称之为"反恐战争"的冰山一角。

当然，为此付出代价的不可避免地是那些无辜的平民。像巴厘岛和埃及这样的西方人旅游度假胜地也已经成为恐怖袭击的目标，因此在度假之前一定要仔细考虑清楚，至少要参考政府的旅游警报。

自杀式爆炸袭击者

联合国还在努力就"恐怖主义"的定义达成一致的同时，城市居住者不得不每天生活在可能面对身上捆绑着炸弹或者背包里背着炸弹的爆炸袭击者的现实危险下。他们可能走进人群引爆炸弹，导致自己乃至无数的无辜平民丧生。在这种恐怖袭击中生存不太容易，因为你有可能刚好经过发生爆炸的这个地方，但是如果你有足够的洞察能力，并对某些危险信号保持警惕的话，你还是有可能生存的。

炸弹或者不够精致的临时爆炸装置是恐怖分子发动恐怖袭击常用的方式（绑架和劫持人质也是恐怖分子常用的方式，在后面的篇幅中会详细介绍）。在形势高度紧张的情况下，政府办公室、军事部门、招聘部门、电力和供水部门、机场和车站全部都会成为恐怖袭击的目标，应该尽可能

↑ 在城市中进行日常活动的时候，保持警惕是关键，尽量预想到存在潜在危险的地方。

↑ 闭路电视和身份证不能阻止狂热的恐怖分子，却可以帮助预防潜在的暴乱。

□搜寻汽车炸弹

1. 检查车轮拱形结构和汽车底盘上可能藏下三明治盒子大小的物品的地方，并记住汽车底盘的样子。

2. 检查汽车上有没有被动过的痕迹，如车门被强制打开过、有划痕或者车门锁被毁，看看车内物品有没有被动过。

3. 利用带镜子的棍子（如果在晚上还需要手电），仔细检查，能够帮助自己看清车底下那些较隐蔽的部位。

4. 不要认为汽车底部没有什么可疑物品就安全了。开车门之前，还应查看一下车内。

避免前往这些地方。

与分裂斗争存在某种联系的纪念日也经常被那些希望引起对分裂斗争的注意或者希望制造恐慌和在民众中制造暴乱的人（分裂分子）所利用。1987 年，爱尔兰共和军针对在恩尼斯基伦举行的战争牺牲者追悼日纪念活动的爆炸袭击就是为了在民众中制造恐慌。这起袭击共造成了 11 人死亡，60 多人受伤。因此，通过简单地了解恐怖分子可能制造恐怖袭击的地点和时间，然后据此改变自己的行程，避免前往这些地方，你就能大大减少自己受到恐怖袭击伤害的可能性。

公共意识

2004 年发生在马德里的火车站爆炸案可以被预见吗？实际上可以。根据西班牙支持 2003 年 3 月美国发动的伊拉克战争以及即将来临的大选，公众和当局都应该保持高度警惕。更重要的是，尤其是放有炸弹的行李的那节车厢的乘客们没有发现炸弹，事实上，他们应该意识到潜在的

危险，而且在时间不是太晚的时候立即采取行动。

2005 年 7 月 7 日，恐怖袭击爆炸活动暂停 4 年之后，由于北爱尔兰政治气候的变化，伦敦又由于系列自杀式恐怖袭击而陷入混乱。这是英国以前从来没有遇到过的一种恐怖战术，尽管此前已经预计到，但是这种方式更难以发现和控制。这次炸弹袭击者并没有留下没人照看的包裹，而是与他们的致命装置连在一起，选择在爆炸中一同丧生。由于他们把自己装扮得并不显眼，所以未被察觉。放置在帆布背包中的 3 颗炸弹几乎同时在地铁车厢中被引爆，爆炸中超过 50 位无辜平民丧生，大约 1 个小时之后，城市中心的一辆公共汽车上又发生了第 4 起爆炸。当时英国正在举办 G8 国际政治峰会（八国集团峰会），这引起恐怖组织的最大关注。不过在差不多 2 周后，类似的恐怖袭击没有得逞。

可以采取的措施

培养应对各种情况的能力。利用自己的观察和排查能力对可能的藏于周围环境的恐怖危险保持警惕。警察和军人在近身保护和卧底特工中所使用的"扮演灰色人物"的技巧是需要掌握的最

↑ 像铁路枢纽这样的公共场所是恐怖分子明显的袭击目标。应该利用自己的观察力辨别可疑的地方。

重要的技巧。只要恐怖分子不把你单独列为攻击目标或者不认为你值得特别关注，你生还的机会就大大增加。所以不要站出来"逞英雄"。

被绑架为人质

2005 年和 2006 年发生在伊拉克的绑架援助人员和商人的严重事件，引起了国际社会对恐怖组织为了大肆宣扬其目标所采取的极端方式和在高风险国家如何保护外国公民问题的关注。对于那些顽固的恐怖分子，劫持无辜的慈善工作人员是一种吸引国际媒体关注的有效途径。近年来，世界各地的恐怖组织已经显示出他们极少甚至根本就不关注人的生命。如果你自己不幸被恐怖组织劫为人质，情况就会极其严重。

索要赎金的绑架案件对犯罪分子来说很有诱惑力，无论是否与政治有关。对歹徒来说，外国商人或者在有钱的公司任职的工程师与银行金库管理员一样具有诱惑力。

恐怖分子和犯罪分子，或者更确切地说他们组织的基层分子并不总是逻辑性最好、最聪明的

人物，因此你没有必要让自己成为潜在绑架的受害高危人群。身份扮演错误是一种很容易犯的错误，或者根本就没有考虑到身份这个问题，因此有一点非常重要，那就是努力使自己看上去不是容易受到伤害的人，同时做好防范，让绑架者不容易将自己劫为人质，再次让自己成为"灰色人物"，不要从人群中站起来，集中智慧考虑自己潜在的危险。

尽早逃脱

如果自己被劫为人质，你必须尽早逃脱。你被劫持的时间越长，逃脱的机会就越少。在最初阶段，你可能只是被一两个绑匪简单地绑上后塞进汽车，然后迅速开车离开。除非你保持高度警惕，否则绑匪的这部分行动将使你失去方向不知所措，但是这是你逃生的第一个机会。当绑匪将你从一侧的车门扔进或者拉进车里的时候，你应该利用身体的力量努力将另一侧的门弄开然后逃走，但是这种机会只可能在他们没有将另一侧车门锁死的情况下才存在。他们有可能不会把车门锁死，因为这样的话，在绑架过程一旦遇到麻烦，他们能够迅速逃跑。

□被绑架的情形

1. 与大量金钱打交道的人如银行雇员、财务人员及其家人容易成为劫匪绑架的受害者。

2. 如果不是在家中被绑架，受害者要尽快逃跑。除非受到死亡或者严重受伤的威胁，应该尽力反抗。

3. 逃跑的最佳时机是被抓之后的最初阶段，这时候一切都还是可改变的，所以应抓住一切机会逃跑。

4. 如果劫匪精力不集中，对其进行攻击后迅速逃跑。在这个阶段，劫匪可能给你造成非常严重的伤害。努力逃脱，不要被监禁。

5. 如果知道自己没有逃跑的机会了，就与劫匪保持友好关系并努力对劫匪感兴趣，这种示好有可能会救自己的命。

6. 如果劫匪控制了一切，听从劫匪的安排以保命，不要与他发生冲突，为自己在想出逃生计划之前争取时间。

□从锁着的车上逃生

1. 如果必须踢碎挡风玻璃，请记住，玻璃不会掉下来或者分离成碎片。因为上面有一层极薄的塑料膜把它们连在一起。

2. 为了将已经破裂的挡风玻璃踢掉，将后背靠在椅子上，垫上包、衣服或者书本保护脚并使劲踹玻璃。

3. 用坚硬的金属物体敲碎其他玻璃的边缘会容易些，注意不要伤到眼睛。

4. 用工具从边框上将玻璃碎屑清理干净，避免在爬出汽车时被玻璃划伤。

厢式货车后侧的门提供了一个更好的选择。一旦被推上车之后，尽快撞开后门逃生，即使肩膀受伤或者折断几根肋骨相对于被关闭几周时间或者碰到更糟糕的情况来说也可能是更好的选择。在撞门之前首先要确定哪扇门先开，因为被关紧的那扇门有可能连大象都撞不开。

被绑进汽车后备箱

到目前为止，我们在假设你在被扔进汽车的时候一直都还是清醒的，而且绑匪在从后面抓住你的时候只是计划给你戴上头套、口中塞上东西和绑住你。如果在绑架的时候，劫匪把你打昏，等你醒来的时候你可能就会发现自己已经像一只火鸡似的被捆得严严实实。但是这时候如果他们只是把你扔进了储物箱或者轿车后备箱，你可能还是有机会逃生。劫匪需要一辆大型的轿车才能在后备箱里装进成年人，而现在绝大多数大型轿车的后备箱都有电缆释放装置，让司机能够自动打开后备箱门。检查看能不能发现这个打开车门锁的装置。

即使没有电缆释放装置，你还是可能从里面把后备箱门打开。使用卸外胎用的撬棍或者用做警示器的三角铁把车锁撬开。这些东西根据很多国家的标准都是放置在工具架或车厢里的，在不使用的时候有可能被隐藏得很好不容易看见。只能希望劫匪没有把这些东西重新放置到另外的地方。

在行进中跳车

如果你确信你的生命存在极大的危险，而汽车还在飞驰，这样即使在快速的行进中，你也不得不跳车逃生。在突然打开车门之前应该努力拉动汽车手闸，然后与汽车行进的方向呈一定角度跳出车外。跳出车外之后，你的行进速度跟汽车的行进速度会是一致的，因此一定要确保跳出之后能够落在路边草地、软地面或者矮树丛中。双臂抱紧头部尽可能增加对头部的保护，并采取向内滚动的方式。如果逃生的时候没有受伤，赶紧爬起来，尽量在停放的汽车和建筑物间采取"Z"字形的逃跑路线逃跑，避免再次被抓。

警告：这是一个极端危险的行为，只有在生命受到切实威胁的情况下才可以利用。

■如果被劫为人质

保持冷静。劫匪这时候处于高度兴奋的精神状态，情况非常不稳定。

不要出现挑衅行为。

安慰其他人，如果他们出现过度紧张的状况。

帮助其他的人质，尽量使自己成为对劫匪有用的人。

除去身上任何可能导致自己与别人不一样的文件，防止劫匪把自己单列出来。

保持精神高度警惕，随时寻找可能逃脱的机会。

听取劫匪的抱怨，不要试图与他们争论政治。

谈论自己的家庭，如果有的话还可以展示照片，尽量让自己像他们组织的一个成员而不是被劫持的受害者。

从囚禁中逃生

一旦劫匪把你带到了他们准备关押你的地方，尤其是第一个地方，你逃生的希望就将非常渺茫。放在这个地方与把你进行转移不一样，他们对你拥有完全的控制权，他们肯定会尽最大努力让你难以逃脱。当然这也并不意味着他们就不会犯错误，现在你也还有足够的时间来充分开动脑筋考虑他们做错或者做得不到位的地方。如果你意识到你活着对他们来说比死了没有更大的价值，也就是说，他们可能会杀了你的时候，你就值得冒险寻找尽可能早的机会逃脱。反正都是死，不如拼死一搏，还会有生的希望。

尽早尝试逃跑

尽早进行逃跑尝试，不仅可以检验劫匪的应对能力，还能为将来的逃跑收集到更多的信息。但是另一方面，如果逃跑失败，你会轻则受到呵斥打骂，重则受到严重的拳打脚踢。你必须在此前确保自己有足够的意志力来承担这种后果。记住，你所收集到的有关劫匪和自己被关押的场所的任何点滴信息都将会影响到自己在什么时候以及如何成功逃脱。如果你被关押的地方的外面是供一大群武装劫匪居住的地方，你就要避开这条逃生路线。但是如果门外只有一名守卫坐在椅子上把守，而且外边的房间或过道上有门或者窗户通向外面，你就可以选择这条路线作为逃生路线。

博取劫匪的同情

让我们假设一下，如果你对于劫匪来说还有利用价值，无论是政治上的还是经济上的，他们就没有理由对你施以酷刑以获取信息或者仅仅为了取乐。从意识形态上和文化上，你们可能不是同一个世界的人，但是你也需要记住，劫匪也是人，因此你应该通过某种方式博取他们的同情，甚至与他们建立关系。任何将使你的囚禁生活变得更容易度过或者增加自己最终逃跑机会的事情都应该努力去试一试。时间较长之后，不要指望有人能够前来救你，即使有，那也只能是自己救自己。

做好心理和身体上的准备

在心理上做好长期枯燥等待的准备，但是精明地利用自己的时间找出一条脱离目前困境的方式。记住，自己的心理活动是劫匪看不见的。相信你已经阅读了大量的介绍处于实际情况下的受害者如何逃生的书籍和报纸，而且你也肯定从电影电视上见到了那些英雄如何从囚禁中逃脱的情形，所以你已经具备了相当多的基本知识。你需要做的事情就是，把你当前的困境与你见过的场景进行对比，找出其中的相似之处，找出能够让自己从劫匪手中脱身的办法。

被劫为人质的情况

虽然抢劫银行一旦失败，劫匪很可能把银行工作人员劫为人质作为讨价还价进行交涉的工具，但是绝大多数被劫为人质的情况背后通常都存在着恐怖主义。被卷入绑架案之后，应该尽早

1. 传统手铐不容易挣脱，但是经过练习之后，你应该能够将腿部从双臂之间的空隙穿过去，然后把双臂移到身体前面。

2. 充分利用自己的观察技能，掌握劫匪的日常规律，找出可能用来逃跑的路线和方式。不要只是静待救援，因为很有可能没有救援。

3. 在自己独处的时候，搜寻任何可能的逃生路线。努力找到一条可以通往外界的路线，这条逃生路线最好具有隐蔽性。

4. 总是检查那些明显的逃生路线。不要想当然地认为窗户上有锁窗户就一定被锁好了，或者就一定不能被强行打开。其实这种地方最容易给自己提供一条安静和简单的逃跑路线。

□解开捆绑方法一

1.如果是被绳子绑住手腕，你完全有机会将它弄松并最终解开绳子。握拳可以让绳子感觉松一些。

2.如果被单独关押，可以把手臂移到胸前，然后用牙齿进一步将绳子弄松并可能最终解开绳子。

□解开捆绑方法二

1.用宽编织带、软排线或者窄带绑，如果绑得比较紧，会比绳子更结实。首先在边缘上打开缺口，然后就可能将它横向撕开。

2.用一对尼龙绳套套住手腕是最难对付的方式，因为挣扎的时候，细细的绳套很可能会勒进肉里。这种绳套需要剪断。

在交通工具上被劫持

飞机、长途汽车和火车对恐怖分子来说都是非常明显的目标，因为这些交通工具在一个狭小的、移动的和可控制的空间范围内一次性提供了大量的人质。"9·11"袭击世界贸易中心和五角大楼的事件中恐怖分子不仅杀害了所有在飞机上的乘客也同时自杀。这其实是一个极大的例外，因为几乎每一件交通工具劫持案件都是为了将乘客当作人质，但是最后这些人质绝大多数都被释放或者被营救。但是，随着恐怖组织越来越多地使用自杀式袭击，而这种自杀式袭击者不仅自杀同时也会搭上人质的性命，因此一旦被劫为人质，千万不要静待未知的不确定的救援人员前来营救。如果希望生存，就应该抓住任何可以逃生的机会逃跑。

飞机被劫如何逃生

要从飞行中的飞机上逃脱几乎是不可能的，因此如果明确知道劫机犯打算让所有人包括他自己丧命，起来进行反抗也不会失去什么，反正都是死路一条，说不定还能击败劫机犯。2001年9月11日的第4架被劫持飞机93号航班上就发生了这样的一幕，尽管那些奋起反抗的乘客并没有最终改变局势，但是他们英勇的行为阻止了被劫持的飞机撞上预定目标，拯救了无数人的生命。

如果自己不幸被卷入这样的局面，你需要找出那些无论是身体上还是心理上都足够强悍的人来帮助自己，并且这样的乘客要分布在飞机上的各个角落，以便大家能够几乎在同时控制住所有劫机犯。现在很多根据计划安排的航班上都会至少配备一名空中警官，但是劫机犯可能早已认出了警官，所以不要指望从警官那方面获得帮助。

除非你悄悄把自我防卫武器带上了飞机，否则你就不得不努力寻找那些可以被秘密用来作为临时武器的舱内设施或者旅客行李。从像手袋或者相机带这样可以用来勒脖子的东西到飞机上的可以临时用做刺杀、抽打和砍杀等工具的装饰品

抓住机会逃脱。但是如果不可能逃脱，你就必须努力保持高度警惕。

只要劫匪在与当局进行交涉，无论是要求当局政治让步还是要求当局给他们机会让他们逃走，被劫为人质的受害者得以生存的机会都会成倍增加。这种情况下，最明显的受益者就是小孩、妇女、老人和病弱者。如果可能，装出像心脏病、食物中毒等症状，或者急救药品忘带等任何可以利用的方式，让劫匪相信你是病人。如果劫匪需要以人质作为讨价还价和交涉的工具，他们就最不希望看到人质死去或者即将死去，因此如果你的行为能够让劫匪信服，你就很可能在这时候被释放。

"理解"劫匪的动机，聆听他们的抱怨，打同情牌。这往往能让看守放松警惕。

如果劫匪是恐怖分子，而你又是属于与他们敌对的宗教或者民族团体，你就必须隐藏自己的身份。其实简单地隐藏自己的口音就足够让劫匪们不会发觉。最不容易引人注意的人质也是最可能得以生还的人质。

□开车被劫如何逃生

1. 一个戴着帽子的犯罪分子携带着枪支坐上副驾驶的位置，而你坐在驾驶位置上此时需迅速开动脑筋想办法。

2. 作为司机，自己还是控制着车辆。当汽车以相当快的速度行驶的时候，悄悄解开劫匪的安全带（如果系着的话），然后猛踩刹车。

3. 由于出乎意料，劫匪可能撞在仪表板上或者暂时被气囊困住，然后自己就可以迅速逃跑。

都应该被考虑到，即使是免税香水的香水瓶也能被用做短棒。在这种生死攸关的情况下，需要的是"创新精神"。

可能的场景

在绝大多数情况下，劫匪将把所有人质集中在一起，通常是在飞机、长途汽车和火车车厢的尾部，因为在这种地方飞行员或司机出来帮忙的可能性较小。空间比较狭小，座椅靠背比较高，这些都能给自己提供与其他乘客进行交流的机会。当你被带走的时候，你完全可以借助靠近过道的座位对劫匪发起攻击，争取将其制服。无论何时都要保持高度警惕，抓住一切机会。

一旦飞机着陆或者长途汽车和火车停稳，应该尽可能快地逃跑。如果自己能够到达紧急出口处，打开它（紧急出口的操作指南在座椅后背口袋内的安全卡上有介绍，每个人都应该仔细阅读），然后跳下去，哪怕让一侧脚踝或者两个都受伤，也比搭上自己的生命值得。而且如果你能够沿着飞机机身滚下去掉到地上，还能有效地避免劫机犯用枪射中你。从长途汽车或者火车上逃跑就要容易得多，用锤子或者其他合适的坚硬物体敲碎玻璃窗，然后就可以直接通往外面了。你需要的只是足够的迅速和稳健，在机会来临的时候能够抓住它。

在任何交通工具中对被劫为人质的人来说最危险的时候就是当安全部队企图通过强制手段争取解救人质的时候，因为这时候恐怖分子可能会决定启动爆炸装置。

如果你发现劫匪正在准备启动爆炸装置，这时候阻挡他可能就是你生还的唯一机会。但是，如果还没有非常明显的危险就要努力保持警惕，注意观察安全部队并遵循他们的指示，保持冷静，避免出现任何突然的运动，谨防朝你的方向出现射击。

↑ 一个"近身保护"小组正在一个实弹射击场进行伏击演练。在战争地区工作的被劫匪盯上的人员可能需要这种服务。

↑ 在"近身保护"情况下，保镖将带领你利用隐蔽行为躲过任何的危险场景。如果想活命，就必须保持高度警惕。

防备炸弹和爆炸物

安置在汽车、垃圾桶、丢弃的箱子内或者绑在狂热分子身上的炸弹是恐怖分子使用的最典型的武器。非常不幸的是，如果你刚好在这个错误的时间出现在这个错误的地点，你生存的机会就完全取决于爆炸发生时你所处（无论是坐着还是站着）的位置。炸弹通常会在很少或者完全没有警告的情况下爆炸，而更可怕的情况是，恐怖分子会发出警告，但是其警告的真正目的却是吸引更多的受害者进入爆炸的有效杀伤范围内。

保持警惕

确保从炸弹攻击中生存的唯一有效途径就是注意潜在的威胁，为避免这种威胁，对可疑的包裹和个人一直保持高度警惕。在以色列，巴勒斯坦和以色列之间的冲突持续不断，无数的自杀式炸弹袭击已经导致大量的人丧生。警察、士兵和保安都会接受训练，观察自己正在接近的目标是否存在藏有炸弹的可疑迹象。可以通过移动方式、出汗状况或者兴奋状态来判断自杀式炸弹袭击者，但是更明显的线索可能是自杀式炸弹袭击者的身体由于绑有炸弹而比一般的人臃肿。很多以色列安全人员还没有接近已经发现的炸弹袭击者就迫使其提前引爆炸弹，从而用自己的牺牲挽救了大量无辜平民的生命。

遗留在机场、火车站、长途汽车站或者是火车上的装在箱子或者背包里的炸弹是被全球恐怖分子利用的一种典型的低风险高杀伤力的袭击方式。注意观察并远离遗留有这种炸弹的地方是这种情况下生存的关键。如果在交通工具或者在机场和车站的休息室发现这样的没人要的行李或者可疑的包裹，与之保持安全距离，并立即向有关负责人报告。千万不要自行打开检查里面的东西，因为恐怖分子很有可能在爆炸装置上安装了防动引爆装置。

转移到安全区域

我们不能避免那些可能被恐怖分子列为袭击目标的地方，但是我们能够尽快穿越这样的地方从而大大增加生存机会。例如在机场的时候，尽早通过安全检查，这样可以避免排队或者减少在外面公共区域的活动。安检之后前往候机区，因为在候机区，所有乘客的行李都已经通过安全检查，发生恐怖袭击的概率已经大大降低。

飞溅玻璃的危险

在爆炸中心以外的区域，绝大部分受伤都是由于飞溅的玻璃造成的。如果自己必须在炸弹袭击高风险地区停留较长时间，一定要注意避免靠近窗户或者其他装有大量玻璃的地方。通常情况下，最好是站在角落里，面向入口处或者门，这样可以观察到身边发生的任何事情。如果感觉到自己暴露在危险之下，容易受到伤害，尤其是存在大量的玻璃，应该背对潜在的危险区域坐着，这样至少可以保护到眼睛，因为眼睛最容易在爆炸的时候受到严重伤害。

□如果发生爆炸

1.如果发生爆炸，但是自己不是位于爆炸中心，立即转身，保护好眼睛和其他重要器官，避免受到飞来的玻璃和炮弹碎片的伤害。

2.因弹片朝上飞溅，所以最好将自己平甩出去后卧倒在地，头部远离爆炸的方向。

3.如果空间有限，用双臂保护好耳朵和眼睛等容易受伤的部位（采取飞机上安全保护的方式）。

再爆炸

第一次爆炸之后很可能还会有第二次爆炸，既可能针对前来处理事故的安全人员，也可能针对在第一次爆炸中没有丧生而现在又聚集到一起的受伤人员。如果自己不幸被卷入到爆炸袭击中，不要在爆炸现场周围停留，或者到一个集中的区域，而是应该尽可能快地远离事故现场，考虑一下自己的安全，并保护好眼睛等重要器官不要受到第二轮爆炸的伤害。

防备毒气和毒物

伊拉克出现的大规模杀伤性武器把毒气、生化武器和其他的毒物带进了公众的视线，但是这些东西实际上已经存在了至少1个世纪了。早在1914～1918年的第一次世界大战中，交战双方都使用并都遭受了毒气进攻，但因为毒气没有被用来针对平民，所以并没有引起公众太大的注意。上个世纪80年代末期，当萨达姆·侯赛因用化学武器攻击库尔德村庄的人口的时候，这个问题才被带进了公众的视线。上个世纪80年代，两伊战争中，双方都互相指责对方在战场上使用了化学武器，但是正如对待战争本身，该地区外很少有人对此给予过多关注。

直到1990年萨达姆·侯赛因入侵科威特的时候，国际社会才开始认为萨达姆可能使用化学和生物武器，并对此感到恐慌。这种恐惧在上个世纪的最后10年时间里一直存在着，直到2003年英美联军进入伊拉克才发现，作为发动战争的理由的大规模杀伤性武器在这个地区根本就不存

↑ 尽管专业人员最终将帮助毒气事故中的幸存者，但是只有通过自己的努力才能让自己成为幸存者。

在。尽管英美联军现在已经承认伊拉克没有大规模杀伤性武器，但还是存在着担心，担心大规模杀伤性武器或者其组成部件已经落入恐怖分子的手中。

几乎同样的事情也曾经发生在"华沙条约"时期，当时由于丢失了部分化学原料储备，欧洲和美国的大众传媒就开始阶段性地对此大做文章。其实这种武器真正被恐怖活动使用的唯一的重大案件就是1995年发生在日本东京的地铁沙林毒气案，当时死者有12人，并影响到了超过5000人。在该案件中使用的化学毒气后来被证实是他们自己制造的一种纯度并不太高的毒气。

无形的致命物质

这种类型的化学和生物物质容易被恐怖分子利用，而且在对人产生影响前不容易被发觉，通常其最初的症状是呼吸困难或者视觉方面的问题。唯一能够保住自己性命的办法就是当发现别人受到影响的时候立即戴上面罩，但是即便如此，也不敢保证你所采取的保护措施就能够有效抵御威胁，因为不同的化学和生物物质具有不同的特性，而那种通用面罩只能防御住其中一部分类型的有毒物质。但是，无论如何，有保护总比完全没有好。

紧急呼吸设备

自从纽约、华盛顿和宾夕法尼亚州的"9·11"恐怖袭击之后，美国又爆发了可疑的炭疽袭击，

↑ 极少量的有毒的化学或者生物物质能够在几分钟之内让上千人受害。因此，紧急情况下的呼吸设备越来越常见。

↑ 如果不幸成为化学或生物攻击的受害者，而且还没有保护措施的话，要先战胜恐惧，尽快前往开阔的地方。

↑ 站在受到感染的人员的上风处将能够有效减少吸入更多有毒物质的机会。但是如果时间较长，最好还是要戴上面罩。

↑ 尽快洗掉身上的污染物质，如果在公共场所，使用灭火水龙比较好，这样可以减少有毒物质的影响，增加自己生存的机会。

由此，公众对恐怖分子能够轻易获取或者制造基本的化学或生物武器的认识大大提高，同时，相对比较便宜的口袋大小的呼吸设备一般民众也能购买到了。由于竞争，这种呼吸设备的价格还在继续下降。如果你经常乘坐公共交通工具，或者参加很多人在一起的可能成为恐怖分子攻击目标的活动的时候，携带一个这样的轻型面罩还是有必要的。

某些极端政治活动组织提出了从政权更替到停止穿着皮革服装或者禁止堕胎等各种各样的要求，他们的方式已经从邮件炸弹变成了通过邮件进行化学恐怖袭击。通常他们利用的是某种类型的无味粉末，因为液体邮寄比较困难。在几乎每一个案例中，这样的恐怖袭击都被最终证实为精心设计的骗局。

政府对于可能成为化学攻击目标的人员或那些在高风险行业处理信件的人的建议就是保持警惕、不要慌乱、事后彻底清洁。对可疑邮件保持警惕是最重要的要求，然后所有邮件都要小心打开，最好是利用工具而不是手指，这样不会直接接触里面的东西。

一旦邮件打开，最好是放在没有其他物品的平面上，不要摇晃邮件或者将邮件里的东西倒出来，也不要向信封里吹气，因为里面可能存在某种通过空气传播的有毒物质。最后，在处理完邮件之后洗手也非常重要，因为感染化学有毒物质的第二大常见方式就是通过皮肤吸收。

战争地带生存策略

自从冷战结束、美国和前苏联两大超级大国之间的政治平衡被打破以来，这个世界已经变得越来越不稳定。位于欧洲心脏部位的前南斯拉夫的情况更明显。在前南斯拉夫，沉寂了几个世纪的仇恨被唤醒，为了最终的生存，友好和睦相处了近半个世纪的邻居卷入了内战。很多人都会认为战争是一个政府发起针对另一个政府的，但是事实往往并非如此，民族或者宗教上的分歧常常

↑ 就像先看到闪电后听到雷声一样，最初的爆炸发生之后立即会有冲击波，因此把身体位置降低，保持镇静，做好准备。

更容易导致战争，很多战争都是内战而不是国家间的战争。

战争地带生存

在战争地带生存，你不仅要避免敌人，而且还要注意抵抗自然的力量，如身边的建筑物倒塌等，主要有以下几种基本原则：

● 你必须具备在身边环境恶化的时候适应环境的能力。

● 你必须学会搭建临时的避难所，让自己和家人能够暂时栖身，待上几天甚至是几周的时间，直到战争结束。

● 你必须储备一定量的能够度过最艰难时间的水、食物和其他的生活基本必备品。

发生在家门口的战争

有些人会有诸如地下室这样很好的避难所，但是对于居住在发达国家城镇的绝大部分人来说，暂避地下室几乎是不可能的。在这种情况下就必须选择房间，最好是外墙比较少窗户也比较少的房间，在这个房间里准备睡觉的地方，储备水及食物等物资。

在房间里距离外墙最远或者靠近楼梯的角落这样结构上比较结实的地方搭建一个窝棚。你还需要在顶上搭建一些临时用以保护的东西，预防附近发生爆炸时从顶上掉下瓦砾等砸伤人。其实楼梯底下（如果空间足够）是最好的栖身之所。这种避难的窝棚应该主要是睡觉的地方，里面还应该储备水和医疗物资等。一旦战事临近，或者自己的房子有发生爆炸或者被炮弹击中的危险，就应该立即撤退到避难所。

↑ 透气性好的暖和的防风和防水的服饰在电力供应被切断的时候非常重要。羽绒被能够提供很好的绝缘和保暖效果。

在用来避难的地方储备足够的不易腐烂的食物，这是基本要求，但是更重要的是准备足够的饮用水。因为人的身体是相当奇特的，在很少或者没有食物的情况下也能存活好几周时间，但是如果没有水，只能坚持几天的时间。

在城镇和市内，最容易受到战争影响的两大弱项就是电力供应和自来水供应，主要是因为电站通常是攻击者的袭击目标，而自来水需要用电来将水输送到各个家庭和企事业单位等。浴室里可以储备一定量的紧急用水，但是需要在浴缸上加盖防水油布或者板子，问题是即使在装水之前已经用硅胶把所有可能漏水的地方都补好，一个浴缸的水也不可能用很长时间。随着时间的推移，你可能还不得不利用宝贵的燃料来把这样的水烧开，保证安全之后才能饮用。因此，最好还是储备桶装水，用 50 升装或者更大容量的塑料容器。

在用以避难的地方储备大量的保质期长的食物也是明智的，尤其是那种蛋白质含量高的肉、鱼或者豆类罐头。不要试图储备大量的体积小的脱水食品，或者像燕麦这样需要大量水来制备的食品，因为这种食品需要利用大量宝贵的饮用水和燃料来进行加工。在平时，可能很少有人会觉得吃冷冰冰的罐头会很有胃口，但是如果已经在避难的地方待上了一段时间之后，你可能就会盼望吃这种冷冰冰的罐头食品了。

应对工作场所中的恐怖袭击

对恐怖分子来说，有时商业中心是比普通民众更好的打击目标。因为如果没有银行和商业，社会生活很难有效运转，所以像政府公务员、银行雇员和商务人士就很容易处于被攻击的峰口浪尖。

如果无政府主义者攻击到了你工作的地方，这极有可能是在社会秩序产生危机的时候，而且这种攻击可能是公开的，以进一步破坏社会秩序为目标。在这种情况下，你个人的安危将不会是太大的问题。你应该脱掉自己的工作服，然后赶紧从侧门安静地离开工作的场所。但是，如果他们把你劫为人质，这种攻击可能就不会这么公开了。

邮件炸弹

信件炸弹、包裹炸弹，或者程度更轻的在邮件里放上化学或生物有毒物质都是攻击常见的基本方式，如果你在属于袭击高风险的商业或政府部门工作，一定要对此保持高度警惕。处理这些信件或包裹的人通常会是邮件部门的人或者秘书助理等，也正是他们容易成为这类袭击的受害者。但是如果你需要亲自打开私人邮件，你也必须注意这种潜在的威胁。

通常针对商业的炸弹或有毒物质攻击都是利用精心准备的包裹来设置骗局，因为袭击者也不希望由于伤害或者杀害无辜的受害者而失去公众对他们的同情。即便如此，打开包裹，如果发现里面有一个假的炸弹或者神秘的粉末状物质，另外还附带一张警告纸条，给自己造成的那种紧张压力和心灵创伤也不会是一个愉快的经历，因为对被袭击的恐惧所产生的心理与真正发生袭击所产生的心理几乎是一样的。

自上个世纪90年代后期，随着互联网的普及，任何人只要愿意并且具备最基本的技术能力都可以利用简单易得的零部件制造廉价有效的简易爆炸装置，因此这种威胁一直都无处不在。无论是反活体解剖者攻击制药公司员工还是无政府主义者企图扰乱政府部门，还是不满的公司员工对公司进行报复，通过邮件邮寄的炸弹都是一种匿名的有效的武器。绝大多数恐怖分子最不愿意被轻易地追踪，因此他们会尽量在包裹上留下最少的线索。

包裹上的地址如果是手写的，将会留下被指控证据，因此在绝大多数情况下，地址都是用计算机打印之后贴上去的，即使手写，他们也会对自己的笔迹进行伪装。但是无论如何，用自己的眼睛和大脑通常会很容易对此加以辨别。预防这种情况的首要任务就是看地址标签。包裹里的爆炸装置应该是固定好的，避免在运输过程中出现晃动，由于运输的长短距离和时间的不确定性，这种邮件爆炸装置基本不会使用定时器控制，因此对于这种邮件不打开就应该是安全的。如果邮件看上去或者感觉上比较可疑，最简单的办法就是把它放在一边，赶紧打电话通知专家。不管怎样，即便尴尬地生存也比死去好。

"9·11"的教训

自从"9·11"以来，商业中心，尤其是那些高层商业中心都已经进行了认真的风险评估，从常规的"重大事故"紧急撤离到消防都已经进行了演练和评估。尽管"9·11"事件由恐怖分子发起，但是危险也有可能来自严重的事故（毕竟在1945年7月28日，一架B-25轰炸机曾经撞上了帝国大厦第78楼）。这种事故其实在最初设计大楼的时候就已经预见到。当时大型飞机已经被上天，设计者错估了飞机的大小，事故最终证明了当初的"远见"。但是即便如此，设计者

↑ 这种包裹炸弹很久以来就一直是分裂分子和动物权利恐怖分子们利用的攻击方式。邮件地址标签不正确、两根绳子交叉绑定或者形状不规则都有可能是一种警示标志。

图中标注：
带子或细线
手写的地址
突出金属丝　油污

↑ 这个在世界贸易中心废墟中被发现的高达6米的铸铁"十字架"被救援人员看成是信念的象征。

↑确保自己的公司在遭到恐怖袭击的时候能全面执行撤退程序。

还是给大楼留出了有效的逃生通道，让受到攻击的楼层以下部分的人员得以逃生。不过从"9·11"事件看出，他们当初设计没有考虑到的问题是，部分人员在看到危险的第一时刻没有离开，因此被最终坍塌下来的大楼埋葬。

在双子大楼已经遭到了炸弹袭击，造成了部分人员伤亡和较低楼层的严重受损的同时，在那里工作的人们应该已经意识到自己可能成为恐怖袭击的目标。但是当第一架飞机撞进大楼，造成了如此具有破坏性的后果并且使得好几个楼层着火后，在另一幢楼和被撞楼层以下没有受到影响的楼层上班的人们依然没有意识到危险，继续留在办公室，而不是根据早就制订好的紧急撤退计划尽快撤出大楼。他们不是在等待个人的安危，而是在等待别人告诉他们该怎么做或者还在幻想紧急救助部门完全能够控制住局势。

办公室安全

记住，在麻烦到来之前只有自己才能进行个人风险评估，并制订一个计划确保在危险出现时能够生存下来。一旦危险的时刻来临（一定要记住，我们谈论的不仅仅是大楼失火或者自然灾害，也包括恐怖袭击），你必须了解如何从最近的路线逃出大楼，而且还要准备一条备用路线，以防最近的路线不可用。在紧急情况下，千万不要依赖电力和照明供应，因为在遭到重创的时候，这些系统都可能被中断，因此要确保自己能够知道如何在黑暗中逃生。

在靠近紧急逃生出口的位置办公是一个明智的选择，如果可能，一定要尽量争取。在紧急情况下，时间就是生命，如果你必须与很多同事一起在一间开放的大办公室中逃生，你就已经没有优势可言了。

大楼失火之后逃生一般都走大楼最结实的部位，不同大楼的建筑结构不一样，最结实的部位可能是大楼中央、角上或者边缘。你可以选择在靠近这些位置的地方办公。如果使用汽车炸弹对大楼进行攻击，这种地方也可能是遭到最小破坏、最不可能坍塌的地方，从而能大大提高自己的生存机会。

要注意爆炸发生之后，炸飞的玻璃是构成伤害的最主要因素。即使炸弹在数百米开外的地方爆炸，其附近的完全与目标不相干的地方的窗户玻璃也可能被震碎，从而带来严重后果。很多人都愿意坐在窗户边上办公，认为良好的视线可能调剂办公室生活的枯燥，但是如果恐怖分子在附近发起攻击，你所看到的也许就是你最后能看到的东西了。

■自由下落

你可能听说过，在电梯坠落之前应该立即起跳，这样在电梯接触到地面的瞬间你会是"漂浮"的。你自己的自由下落有可能被电梯垂直升降机井底部的压缩空气减缓（就像是自行车打气筒的活塞式压缩气体）。而且电梯的下落也会受到压缩空气的影响而减缓。此外，很多缆绳式电梯都会在升降机井底部安装吸收冲击的材料来减小冲击。如图示，可以抓住电梯的某个边缘或者平躺在电梯地面上，这样可以避免让身体的某个部位单独承受电梯撞击地面形成的冲击力。

第7章
其他灾害中的生存

大自然是可怕和令人敬畏的。它能够让我们完全陷入恐慌，例如海啸，由于其极其罕见，因此一旦出现，大家会完全震惊，只剩求生的本能。即使在熟悉的环境下，人们也可能碰到完全出乎意料的而且可能存在破坏性后果的情况。从生存的角度来说，事前准备和积极态度是具有决定性影响的因素。本章中介绍的内容将帮助大家为应对这样的局面而做好准备。

陆上事故逃生技能

公共汽车和火车的事故一般来说要比空中和海上事故造成的极端情况要少，但不幸的是，这种事故也更常见。很多人可能都会碰到一次或者更多的交通事故，尤其是在陆地上旅行的时候。在所有的紧急情况下，关键就是要预先想到并做好应对准备。

计算一下座位距离出口处的座椅排数，熟悉紧急安全门的操作方式，注意发生意外情况时可以用来敲碎玻璃的设备的位置和使用指南。随身携带如手电和手机之类的小物品，从登车就开始考虑逃生的策略等，这些都将让你在发生意外情况的时候能够从容面对。

道路交通事故

在道路交通事故中最好的保护措施就是系好安全带。如果车辆上配备了安全带，从上车开始就系好，哪怕是停车的时候。一旦车辆在发生交通事故停稳之后，立即解开安全带，让自己和车上的其他人尽快下车，然后迅速逃离到尽可能安全的地方。当然，脊椎可能受到严重伤害的人例外。任何受到这种严重伤害的人在医疗救援人员抵达之前都不能被随意移动，除非车辆还会出现其他致命的事故。

如果车上没有安全带，当预感到即将发生事故的时候，立即采取抱头的保护姿势，用双手

↑ 道路上越来越多的交通堵塞现象意味着出现交通事故和车辆机械故障的概率也在持续增加，我们必须做好准备应对各种情况。

保护头部，双肘抵在前排座椅的背部。这将减小受伤害的可能性。

从车辆上逃生

在车辆发生事故需要撤离的时候，你可能不得不自己动手打开车门。紧急出口可能已经向内侧、外侧或者两侧同时打开。在部分公共汽车和火车上，电源被切断之后，紧急出口就只能强制打开了。

如果门不能用来逃生，就只能选择敲碎玻璃从窗户逃生了。很多公共交通工具上，都在车厢接头处配备有在发生紧急情况的时候用来敲碎窗户玻璃的装置。登车之后，一定要注意距离自己最近的这种装置的位置，并熟悉其操作规程。这

□敲碎窗户安全玻璃

1. 根据指示打开装有锤子的盒子，通常是敲碎盒子的玻璃盖，尽量用身边的书或其他物品来敲碎盒子玻璃。

2. 拿出锤子，然后用锤子稳固地敲击窗户玻璃的一个边角，如果是双层玻璃，一定要确保两层玻璃都被击碎。

3. 用背包或者衣服包将洞扩大，为了避免被玻璃划伤，一定要将窗框上的所有玻璃碎屑清理干净。

种装置的型号和操作规程各不相同，如果没有这种装置，你就可能敲不碎车上的强化安全玻璃。

从行进中的车辆上逃生

当意识到自己不得不从一辆行进中的车辆上逃生的时候，一定要谨记下面的规则。跳车之前首先观察移动方向，确保自己不会撞上路边的灯柱或者其他类似的物品。跳车落地之后要保持向前跑的姿势，然后迅速向前滚动，双臂抱住头部。如果以前练习过从移动中的物体如秋千、旋转木马、自行车或者滑雪板上跳下来，那你就会做得更好。车辆速度超过 50 千米可能就不值得冒受伤的风险跳车了，除非确定继续待在车上就只有死路一条。

警告：这是一个极端危险的方式。只有在生命受到严重威胁的时候才可以使用。

火和烟

公共交通工具一旦失火，地毯、座椅泡沫和塑料制品燃烧产生的浓烟会迅速充满整个车厢。如果你根据前面的指导，数好了座位距离出口处的座椅排数并携带了手电，你就可以在手电的帮助下趴在地面上，避开有毒气体向出口处移动。在脸上包一条围巾将帮助你过滤气体，更易呼吸。

电力火车和有轨电车

下火车之后，你需要注意铁轨。有些铁轨是带电的，因此不要碰它们。也要注意地上或者空中的任何导电的东西，以免遭到电击。部分电车从顶上获得电源，因此也要注意，既要预防车顶带电，也要预防电线在事故中被拉下来。

地铁车站

如果从地铁列车上撤离，你只能沿着地道里的铁路线逃生。这时如果还有其他火车，就比较危险了。迅速查看地道里的墙上每隔一段距离是否有供躲避火车的安全洞，很多地道都会有这样的安全洞。即使在安全洞里的时候也要控制好衣服和头发，谨防被过往的火车挂住。

如果不知道最近的车站在哪个方向，查看地道中是否会有一股微风。最近的车站一般都位于微风风向的位置。一旦抵达车站，迅速爬上站台，然后离开。如果失火，一定不要使用电梯或电动扶梯。尽管走楼梯的人可能不会太多，但这通常是最好也是最安全的方式。一旦使用某条线路成习惯的人，在发生紧急情况的时候也很难改变这种习惯。

如果你已经进入电梯，电梯突然停止运作，你可以强制用手把门打开，看电梯是否靠近某个楼层，然后选择是否爬进这个楼层。如果不靠近楼层，你可能就必须通过电梯顶上的天窗爬出去，然后爬进某个楼层。其实这两种情况都非常危险，尤其是电梯又重新开始运作的时候，因此在开始行动之前一定要按下电梯控制面板上的停止键。但是，最好的办法还是冷静地等待救援，除非情况非常危急。绝大多数电梯都有一个电铃或者电话可以发出求救信号。尽管可能在断电的情况下，这种电铃和电话会不好使，但还是值得一试。你还可以通过大声叫喊或者敲击电梯地板上的金属部分，这些声音在电梯升降井中都能传递到很远的距离。

空中事故逃生技能

绝大部分人即使明确地知道乘坐飞机其实是很安全的交通方式，但是在坐飞机时还是比乘坐其他交通工具更害怕。部分原因是不熟悉，人们可能经常乘坐汽车、火车，但是乘坐飞机的机会可能就不会这么多。另一个因素可能就是人们认为坐飞机缺乏对周围环境的控制，再也没有任何一种交通工具比飞机让乘客发挥的能动性更小。你对何时出发或者坐在何处没有选择的权利，每一步都是被别人告知该怎么做。

通过简单地对自己能够控制的东西采取积极的态度就会使自己感觉得好很多，而且这么做也能大大提高自己在紧急情况发生时的生存机会。

飞行中的安全知识介绍和安全卡

如果你本来就对乘坐飞机比较担心，安全知识介绍会让事情更加糟糕，因为你可能就会特别联想到自己碰到飞机严重颠簸、舱内失压、紧急迫降或者掉进海里等情况，其实这些情况发生的可能性都极小。即便如此，你还是应该认真了解并谨记这些安全介绍，这一点非常重要，然后仔细阅读介绍发生事故该如何应付的安全卡。这样不仅能让你在遇到事故的时候不至于感到非常震惊，同时也能够让你理解周围的人在做些什么以及为什么要这么做。

飞行中的安全知识介绍和安全卡将告诉你救生衣储存在什么地方。救生衣通常会放置在自己座椅的下方，一定要确保自己真正理解了，并在发生紧急情况的时候能够顺利将它取出。安全知识介绍和安全卡还会告诉乘客如果出现舱内失压的情况，氧气面罩会从头顶的控制板上自动脱落。

在高度超过3000米的地方，一般的人都需要补充氧气，要么通过给飞机舱加压，要么就是乘客带上氧气面罩。因此客机必须携带通过氧气面罩供应氧气的应急设备，以防机舱氧气加压系统失灵或者机身被意外穿孔。这种氧气供应给飞行员提供了必要的时间来安全降低飞机的高度到一个不需要补充氧气的高度。正如电影里所表现

的一样，由于子弹或者其他穿孔引起的舱内失压并不一定都是灾难性的，甚至是失去一扇门或者窗户也并不一定会毁灭掉整架飞机。

熟悉环境

登机之后，立即熟悉自己周围的所有环境。尽管在出现事故的时候，打开紧急出口和使用灭火器都是乘务人员的工作，但是如果你知道如何操作使用这些东西也不会是坏事。离自己最近的乘务人员有可能在事故中受伤，或者被不冷静的乘客纠缠着脱不开身。

"空中暴怒"

不守规矩的乘客的极端行为通常被称为"空中暴怒"，将可能给乘务人员和其他乘客带来危险。出现这种攻击性行为的原因可能包括过度饮酒（酗酒）、被禁止吸烟、幽闭恐惧症、长途飞行造成的沉闷和厌烦、失去控制的心理感觉和丧失权利等方面的问题等。

乘务人员都接受过应付这种局面的培训。如果你不幸被卷入了这种事情，保持冷静的眼神交流，利用开放的肢体语言，努力让麻烦制造者平静下来。千万不要让事态升级。

大气变化

有时飞机会由于湍流等大气变化而产生剧烈颠簸。通常情况下飞行员会对此进行预警，但是有的时候时间会来不及，因此最好是在飞行中随时做好准备。

确保放在头顶行李箱里的所有行李都安放稳当，而且每次打开行李箱门之后一定要关好。减

↑ 在紧急情况下，每个出口都会配备紧急滑梯，乘客能够利用滑梯迅速从飞机上撤离。

小物品滑落伤人的可能性。

在飞机上不要喝水太多，避免频繁或者在不方便的时候上厕所。坐在座位上的时候随时系好安全带，而不是只在安全带指示灯亮的时候才系上。

做好最坏准备

值得考虑的最坏的场景就是发生事故后从飞机上撤离。其窍门就是了解你的座位与每个紧急出口之间有多少排座位。一旦找到自己的座位后，一定要环顾四周，找到紧急出口的位置，然后数一数每个紧急出口与自己的座位之间的座位排数。这样在发生浓烟、失火或者电源失灵的时候，你就将是少数几个能够在摸索中找到紧急出口的人之一。自己行李中对生命至关重要的基本物品（如救生药物和呼吸器等）应该随时随身放在衣服口袋里。这样的话，一旦发生紧急事故，没有必要在忙乱中还要找行李。

一旦出现浓烟或者失火，你必须在90秒钟之内离开飞机，否则你基本上就已经没有机会逃生了。在脸上包一件衣服来过滤气体能够帮助解决呼吸困难的问题，尤其是在把它弄湿的情况下，效果会更好。

深度静脉血栓

在乘坐客机商务舱的时候你还可能面临患上深度静脉血栓（DVT）的危险，尤其是超重、过胖、饮酒过度或者是有血管疾病史的人。这种病会形成血栓，尤其是在腿部，导致疼痛和肿胀，如果病情恶化，发生血栓易位，堵塞住肺部血管

↑ 消防队员抬着一位伤者离开严重的事故现场。化学灭火设备喷出的泡沫在他们周围还随处可见。

的话，甚至可能会威胁生命。这种情况的发生并不局限在飞机上。在都市生活中，这种情况也并不鲜见。连续坐的时间太长也容易导致深度静脉血栓。为了避免出现这种情况，每隔1个小时站起来到过道里溜达一会，在座位上坐着的时候，也可以做一些适当的腿部放松活动。

当前的医学观点认为，"飞行袜"能够有效降低患深度静脉血栓的风险，这种"飞行袜"能够从航空和旅行商店购买。深度静脉血栓尽管比较少见，但是即使自己不是高危人群也应该采取预防措施，这样就不必过度担心患上这种病了。

在空中紧急情况下逃生

在飞机上发生紧急情况的时候，一定要穿好自己的上衣，并且确保把所有最基本的必需物品放进口袋。从飞机上安全撤离的时候，那些不是必需的随身携带的行李应该留在飞机上。

最好是穿上比较宽松舒适、能够保证自己充分自由活动的衣服，而且把手臂和腿部完全盖住。天然纤维制成的衣服能够提供很好的保护。鞋子应该穿那种带鞋带的，这样可以保证在发生紧急情况的时候鞋子不会从脚上滑落。

系好安全带并调整好，保持双手抱头的姿势。一定要记住自己的座位与每个安全出口之间的座椅排数，看一下身边所有的乘客，争取努力记住谁是谁，并尽可能对他们建立某种印象，例如如果自己要出去，他们会做出什么样的反应等。

水上紧急着陆

如果飞机进行海上迫降，等撤离了飞机之后再对救生衣和救生艇进行充气。要带上救生装备尽快从飞机上撤离。要谨记，在这种生死攸关的情况下，淡水可能是最重要的东西。在救生艇和飞机之间绑上绳索，等飞机上的人都撤离之后，或者飞机已经开始下沉的时候再解开绳索，然后在飞机下沉的同时尽快划救生艇离开。

如果拥有多个救生艇，用8~10米长的绳子将它们串连在一起会更好。如果能够把会游泳的人用这种方法连在一起也会对生存有所帮助。

如果需要搜寻失踪的人员，首先要确定风向，然后顺着风向进行搜寻，飞机和失踪人员都有可能顺着风向漂移。海浪没有关系，因为大家

□空中紧急情况

↑如果舱内失压，氧气面罩会自动脱落。首先戴好自己的氧气面罩之后再帮助那些需要帮助的人。

↑当听到"抱头！抱头！"的通知时，根据图示采取行动，双手抱住头部，双肘抵在前排座椅的后背上。

↑如果紧急迫降之后发生了火灾，立即趴倒在地，避开浓烟和有毒气体然后向此前已经确定的最近的紧急出口爬去。

□使用紧急出口

↑根据指示方向转动门上的把手就可以打开紧急出口。只有当飞机已经停稳之后才能打开紧急出口。

↑紧急出口门可能是双向打开或者从右侧打开。在安装紧急滑梯之前一定要确保门已经完全打开，不会挡住滑梯。

↑上滑梯之前脱掉鞋子，避免鞋子划伤滑梯。跳进滑梯的中央，双臂抱在胸前，双腿并拢。

都在海浪里随波流动，但是风却能以不同方式影响海上漂浮物的移动方向。

小心调整救生艇行进的方向并保持平衡。注意随身携带好必备物资，学会在救生艇倾覆之后如何将它翻转回来，因为救生艇很容易被打翻。

尽量保持身体干燥，越干越好，因为一旦衣服被浸湿之后，就会造成严重的后果。如果天气寒冷，要尽快考虑如何保暖的问题。因为如果你首先考虑的是其他迫切问题，而一旦冷下来就很有可能暖和不起来了。如果天气炎热，你也需要考虑被太阳晒伤或者脱水的后果，尽快给自己制造阴凉的地方或者把身体全部盖住。如果在海里游泳，要避免脸部迎着阳光的方向，或者用衣服将脸部皮肤包起来。很显然，如果有的话，最好戴上遮阳帽或者太阳镜。

尽快启动求救装置发出求救信号。如果有无线电装置，也要打开。记住：搜救飞机或船只很难发现幸存者，尤其是在比较小的救生艇上或

者在海里游泳的时候。因此应该想办法让自己容易被发现。在身边放一面镜子，或利用无线电装置，准备好在看见救援船只和飞机的时候用它们向救援人员发出求救信号。

在紧急迫降中逃生

紧急迫降之后如果发生火灾，一定要趴在地上，避免吸入浓烟和有毒气体，然后按照紧急疏散指示灯（如果还保持工作的话）指示的方向，根据自己此前已经铭记在心的座椅排数，数着座椅向最近的紧急出口处移动。尽量超越和绕过挡在自己前进路上的其他人。这些乘客有可能已经迷路，或者仅仅是行动比较迟缓。这些都不是你的问题，不要排队等候。

如果紧急滑梯已经安装好，不要坐在上面滑动，而是直接跳进去落在滑道的中央，然后迅速下滑。双臂抱在胸前，减少碰到其他物品和其他人的危险，也能避免自己受到伤害。

□ 如果发生紧急迫降

1. 不管局势多么严峻，飞行员都会尽力安全着陆，但是并不一定能够确保着地角度正确。

2. 无论是机头还是机尾首先着地，都有可能发生机身折断的情况，从而威胁到乘客的生命。

3. 机身最容易在中间部位折断，这极有可能引发这个部位乃至飞机其他部位的迅速着火。

一旦从飞机上撤离之后，立即远离飞机，直到发动机已经完全冷却下来，泄漏的燃料已经完全挥发。检查一下受伤的人员，并给他们提供任何力所能及的帮助。首先要寻找某个能临时遮风挡雨的地方。如果需要，可以生一堆火，最好再弄一杯热的东西喝。如果有通讯设备的话把它打开，让它能够正常工作。这些都完成之后，就可以放松一下了，让自己从震惊中恢复过来，至于其他的计划和行动留到下一步再考虑。

等待救援

短暂休息之后，就应该寻找给养物资，并对其进行组织利用。记住水是最重要的东西。尽最大可能确定自己的方位，并通过电台把有关这个位置的信息发布出去，即使是根据推测的信息也不要紧。

如果已经离开飞机，在确定飞机是安全的前提下，尽量返回飞机所在的地方，因为飞机总比自己容易被救援人员发现。如果天气寒冷，还可以在自己另外搭建更好更暖和的住所之前把飞机作为临时住所。但是千万不能在飞机上取火做饭。

如果天气炎热，利用飞机做临时住所就会太热了。相反，应该在飞机外面利用降落伞或者毯子等搭建遮阳篷，让较低的一端距离地面 50 厘米，允许空气流通。

保存任何电器设备的电源。即使已经用电台发布了救援信号，也要用镜子或者手电等每隔一段时间向四周发射光线作为救援信号。

弃船逃生

发生船只失事的时候，做好准备就意味着将增大逃生的机会。了解救生设备的位置很重要，了解如何准备最基本的生存物资也同样重要，水是第一位的，但是食物、衣服和通讯设备也同样重要。如果你发现没有合适的救生艇或者其他救生设备，你就需要寻找较大的可以在水中漂浮的物品，然后将必需的生存物资转移到上面。

遵循船员的任何指导。下水之后，立即远离失事船只。如果船只没有立即下沉或者爆炸的危险，可以先待在船只附近，还可以用绳索把救生艇和船只连在一起，直到更多的物资被搬运上来。要是发现继续待在这个地方将会非常危险，就赶紧离开。

油料燃烧

如果发生火灾，而且水面上也有燃烧的油料，尽量按照风向的反方向行进。燃烧的油料很容易被风吹动，因此火不会向逆风的方向蔓延。你需要在燃烧的油料之间的狭小缝隙里穿行，这样你可能就需要给救生艇放气，然后才能在这种缝隙中穿行。如果必须在火焰中穿行，可以用双手手臂煽风，这样在火焰中煽出空隙，能够保证自己正常呼吸，但是这种情况非常危险，不到万不得已的时候千万不要在火焰中穿行。因为火可能会把周围区域的氧气全部耗光，而且极高的温度可能会烧伤肺部，从而让人丧命。

如果救生设备是用嘴吹的气，你还可以吸入

□临时漂浮辅助设备

↑ 将裤脚打结，握住裤腰摆动，然后套进头部，直到裤腰没入水中，让两条裤腿充满空气。

↑ 椅子坐垫和枕头能够用来作为漂浮物，船上的这类物资都是为此目的专门设计的。

↑ 如果没有任何漂浮辅助设备，不要脱掉裤子，尽量减少蹬水的次数以保存体能。

救生设备中的气体。尽管这种气体是从嘴中呼出的，但是其中的含氧量还是足够利用很多次。但是注意那种自动充气的救生背心，其中的气体通常含有大量的一氧化碳。

水中求生

只要身体不下沉，哪怕会游泳也不要游泳。

如果可能，尽量用背部靠浮力漂浮（借助救生设备、充满空气的衣物或者椅子坐垫等），保存体能。只有在确定能够抵达一个安全的地方的时候才游泳。一直把头部没入水中，呼吸的时候才探出头，这样也能保持体能。即使自己是一名非常好的游泳者，也会发现在海上游泳非常困难。提前在风大浪急的海面上练习游泳对此会有很大的帮助。

□紧急逃生程序

1. 船只上除了一般的救生筏之外，还会配备一种圆柱形的并配有整套救生包的"抛掷型"救生筏。

2. 为了让救生筏下水，必须首先把固定救生筏的绳索解开。

3. 把系艇索（连接救生筏和船只的绳索）系好后，在保证船只外的水面上没有其他物体的情况下，把救生筏扔到水面上。

4. 将系艇索拉到最长，当系艇索拉紧之后再猛一用力，这样救生筏就会自动开始充气。

5. 将救生筏拉到船边，然后让人依次进入救生筏，最好不要把自己弄湿。进入救生筏之前脱掉鞋子，去掉身上任何尖利的物品。

6. 在所有人都登上救生筏之后，剪断系艇索，在海面上搜寻此前可能已经跳海逃生的人员，然后离开正在下沉的船只。

游泳，即使是稍微游一段距离也会迅速散失身体的热量，大大缩短自己生存的时间。如果你能够保持静态，就能够将身体周围的一点海水的温度升高一点点，尤其是衣服内的海水。每次你移动，这点温水就会被凉水替代，然后失去热量，从而消耗体能。鉴于此，尽量多穿衣服。如果你有包（帆布包、塑料救生包，甚至是垃圾袋），钻进里面也能有效阻止身体周围的海水流动，从而大大提高生还的机会。如果几个人穿着黄色救生衣待在一起组成一个圈，会对大海中鲨鱼这种最令人恐怖的生物构成威慑。

海上生存

在只有少量给养物资的情况下生存，你必须照看好自己所拥有的东西，首先照看好救生艇。对于任何船只，如果把重量集中在中间部位会使船只保持平稳，不会进水，而如果把重量分布开来，则船只发生倾斜或者摇摆的概率较小。在风大浪急的情况下，如果将锚从船头抛进海里，会帮助船只保持平稳和抵御来袭的海浪，但是这样也会减缓船只顺风行进的速度。在炎热的气候条件下，早上的时候可以适当给救生艇放气，防止救生艇爆裂。

食物和水

要明智地利用现有的给养物资。在没有食物的情况下也能撑好几周的时间，但是如果没有淡水，只能撑几天的时间。尽量减少喝水，只要保证不脱水就行。如果天气炎热，经常用海水弄湿头发和衣服，减少排汗，但前提是这样做不会刺激皮肤。雨水、多年冰（蓝色）以及海洋生物身体内的液体都可以是海上生存所需的水源。在任何情况下都不要饮用海水。

如果没有食物，你可能需要自己捕获，首选的食物是鱼类、鸟类和浮游生物。可以用衣服过滤海水得到浮游生物，它们一般含有大量的蛋白质和碳水化合物，把它们身上的毛刺和触须去掉之后就可以食用，但是这样你可能会同时吃进大量的海水，而且对于这种浮游生物你还必须首先

□用小划艇作救生筏

1.如果有绳子，从小划艇两侧的边上通过划艇底部绑上绳子，可以用来在小划艇翻转之后将它翻转回来。

2.如果有必要，把自己及所携带的东西都绑在小划艇上，让绑自己和小划艇之间的绳子足够长，以免发生翻转的时候自己脱不开身。

3.可以利用一块油布或者一件衬衣作为临时的船帆，这样会让小划艇移动更快，而且还能提供一小块阴凉的地方。

□用布料做过滤网

1.在锚上套一件衬衫或者类似的布料用做滤网，然后将锚放进海中。

2.这样锚上的临时滤网就会兜住海中的浮游生物及其他的小动物，也可能兜住海藻的碎片。

3.对滤网捕获的东西进行分类，分辨出能够食用的部分。

判断其是否有毒。

　　临时制作捕小鱼的鱼钩和鱼线也非常简单。如果没有线，也可以试着做一个鱼叉，但是不要试图用鱼叉去捕较大的鱼类。鸟类将非常难以捕获，你可以将其引诱到船上，然后用鱼叉或者绳套将其捕获。绝大多数海藻都是可以食用的，但是珊瑚一般都有毒，不可以食用。

↑ 鲨鱼非常细心，会避开那些它们认为有很多肢体的大型目标。如果大家能够围在一起成一圈，面朝外，然后保持冷静，这样就会大大减少鲨鱼来进攻的机会。

↑ 如果你看见来进攻的鲨鱼，而鲨鱼又不是太大，你就有进行防卫的好机会。用脚踢、用胳膊打或者用手掌根部挡开鲨鱼。

鲨鱼

　　如果碰到鲨鱼时你是与很多人在一起，最好的建议就是大家待在一起围成一圈，面朝外。鲨鱼经常会对强大的、有规律的移动和很大的声音感到恐惧，因此如果鲨鱼游近，大家一起把手掌握成杯子状，使劲拍水，发出巨大的声响，可能会吓跑鲨鱼。

　　如果是单独一个人，尽量与鲨鱼保持在水平的位置而不是垂直的位置：这将稍微降低鲨鱼攻击的风险，因为鲨鱼会把你看成是一个活的目标，而不是一个容易受到攻击或者死亡的目标。鲨鱼拥有高度发达的嗅觉，能够在很远的距离感觉到血液和废弃物的味道。黄昏和黎明是最危险

↑ 鲨鱼是大家公认的非常危险的动物。但是也要记住，每年在全世界只有少量鲨鱼攻击人的事件发生，而且并不是所有的鲨鱼攻击事件都是致命的。你无论向哪个地方游都不会比鲨鱼快，但是鲨鱼停住或者转向会非常困难，尤其是大型鲨鱼，因此你可以跳出鲨鱼游动的路线，尤其是向下方游，因为鲨鱼在嘴巴张开的时候看不见前方和下方。如果你受到攻击并且手上有刀的话，用刀去刺鲨鱼的眼睛或者鳃部等最敏感的区域，或者用手指去戳。如果幸运的话，鲨鱼就会被吓跑。

的时间，然后才是黑夜。很少有攻击事件发生在大白天。鲨鱼很少攻击颜色鲜亮的目标，但它们对颜色对比尤其敏感，即使是身上被太阳晒出来的那种印记也能分清。饥饿的鲨鱼容易把闪亮的物体当作小鱼来攻击。

其他有害动物

　　很多种类的鱼都有非常锋利的、防卫性的、能够刺穿人体皮肤的刺，其中还有一小部分鱼的刺带毒。任何鱼的这种刺都应该小心应付。像石鱼这种鱼会隐藏在浅海的海底，如果不小心很容易踩上去。而其他带刺的鱼可能被钓上来，在对其进行处理的时候很有可能把自己刺伤。如果有疑问，直接把这种带刺的鱼扔掉，因为某些毒素是致命的。如果自己不幸被这种刺刺伤，首先把刺拔除掉，然后立即冲洗伤口。先用热水清洗，然后再用热的敷布敷在伤口上，用热量去除毒素。

　　某些鱼如果被碰上会给你一个强大的电击，尽管这没有太大的危险，但也要注意。这种鱼中的一种名叫电鳐，生活在温带和热带海域的海底，另一种名叫电鳗，生活在热带的江河中。如果在水中接近了这种鱼，会有一种触电的麻刺感觉。

■ 水母

　　水母一般都带有像刺一样的触须，特别是其中的僧帽水母和箱水母，如果被它们长时间和多处刺中就会丧命。被水母的触须刺伤可以用醋处理，但是如果被僧帽水母的触须刺伤，用醋处理可能会使情况更糟。因此为了安全起见，不要用醋处理被僧帽水母的触须刺中的伤口。首先拔除所有触须，如果合适的话再使用醋，如果有冰的话，用冰块镇痛。

水中急救

汽车沉入水中

在靠近水域的路边行驶，汽车难免有发生事故掉进水中的情况。作为驾驶员，能否实现自我救助全在于时间的把握和方法是否对路。

时间的把握

● 汽车掉进水里，通常不会立刻下沉，把握这1~2分钟的有限时间争取从车门或车窗逃生。

● 汽车沉入水底，水注满车厢需30分钟左右，利用此段时间打开车门逃生。

● 逃生的方法

● 打开车灯，解开安全带，爬到后座部位。

● 关上车窗和通风管道，防止车内的空气外逸。

● 耐心等待至车厢内水位不再上升，即车内外压力相等时再打开车门。

↑ 汽车引擎部位重，后座部位会翘起形成空气区域，按逃生方法的第一个步骤去做爬到后座部位。

↑ 按逃生方法的第二、第三个步骤操作后游泳出去。注意，上升时要慢慢呼气，否则会伤害肺脏。

↑ 如果车内还有其他人，除按上述步骤操作外，还要手挽手游泳出去，以免使力量较弱者被水冲走，直到上岸为止。

● 深深吸一口气游泳出去。

人落水中

不慎掉进水里应保持镇静以利于呼吸。游泳或踩水时，动作要均匀缓慢。倘若水很冷，保持体温很重要，尽量少动，以减低体热消耗。因为体温太低会丧命。

踩水保持平衡

● 踩水助浮。办法是像骑自行车那样下蹬，一面用双手下划，以增加浮力，保持平衡。看看身边有没有漂浮的物体可以抓住。

● 脱掉鞋子，并卸掉重物，但不要脱掉衣服，因为衣服能保暖，而且困在衣服之间的空气还可起到浮力的作用。

顺水向下游岸边游

不要朝岸径直游去，这样徒然浪费气力。应该顺着水流游往下游岸边。如河流弯曲，应游向内弯，那里可能较浅，水流比较缓慢。

高声呼救

保持镇定并高声呼救。若有人游来相救，自己应尽量放松，以使拯救者合理采取拯救措施。

营救落水者

尽快找一条结实绳子或布条、竿子等送过去。然后俯卧堤边，利用任何可利用之支持物稳住身子，或叫人抱住双脚，让溺水者抓住绳子拖回来。

抛救生圈

向溺水者抛救生圈或轮胎一类的东西，然后去求援。

划船过去

将船划近溺水者，小心别撞伤溺水者，从船

→ 落水后要踩水以保
持身体平衡。双脚像骑
自行车那样有节奏地下
蹬，双手前后划动。

尾把溺水者拖上来。

游泳抽筋

　　游泳中常会抽筋是长时间在水里浸泡使体温
下降的结果。

应对措施

●仰面浮在水面停止游动。

●拉伸抽筋的肌肉。脚背或腿的正面抽筋时要
把腿、踝、趾伸成直线。小腿或大腿背面抽筋则
把脚伸直，跷起脚趾，必要时可把脚掌扳近身体。

●抽过筋后，改用别种泳式游回岸边。如果
不得不用同一泳式时，就要提防再次抽筋。

被激浪所困

　　波浪拍岸之前，要破浪往海中游，或不让浪
头冲回岸去，最容易的方法是跳过、浮过或游过

↑ 用身边可利用之物结成绳子，从岸上抛给溺水者，然
后俯卧堤边，稳住身子，将落水者拖上来。

→ 腿部抽筋时，仰面浮在水面，
将抽筋部位的肌肉伸直，必要时
用手拉直。待症状缓解后改用别
种泳式游回岸边。

浪头。泳术不精者很快就会筋疲力竭，而精于游泳的也有可能出事。如游术平平，经验不多，只宜在风平浪静的水中游泳。

应对措施

● 波涛向海岸滚动，碰到水浅的海底时变形。浪顶升起碎裂，来势汹涌澎湃，难以游过。浪头未到时歇息等候，刚到时可借助波浪的动力奋力游向岸边，同时不断踢腿，尽量浮在浪头上乘势前冲。

● 采用冲浪技术以增加前进速度。浪头一到，马上挺直身体，抬起头，下巴向前，双臂向前平伸或向后平放，身体保持冲浪板状。

● 踩水保持身体平衡以迎接下一个浪头涌来。双脚踩到底时，要顶住浪与浪之间的回流，必要时弯腰蹲在海底。

营救溺水者

营救溺水者最重要的是讲科学态度，绝不能感情用事。即使受过训练的救生员，也只在万不得已的情况下才下水救人。没受过救生训练的人，往往力不从心，救人不成反而赔上性命。所以尽量采用绳拉或划船营救的方法。

下水营救措施

● 下水救人应避开溺水者相缠。否则必须立刻用仰泳迅速后退。

● 将救生圈一类的东西扔过去，让溺水者抓

↑ 观察浪头的形势，采取对策向岸边奋力游。

↑ 为避过碎浪的动力可朝着浪头潜进水中。

↑ 在水中遇上危险，用力踩水使头部浮出水面，直举一臂做大幅度挥动动作。

↑ 看到浪头逼近时可蹲在海底等浪头涌过后才露出水面，但要注意别正好碰上下一个浪头。

↑ 实施营救时，若溺水者有相缠企图，迅速用仰泳游开。一旦一只脚给抓住，用另一只脚把溺水者踹开。

↑ 如被溺水者从前面抱住，可低下头来，抓住其双臂，向上推过头顶，脱身游开。

↑ 如果被溺水者从后抱住，可低下头来并抓住其上面一只手的肘中和手腕子使其松动。然后把溺水者肘部往上推，手腕子向下拉，自己的头则从抬起的肘下钻出来，游到溺水者背后或干脆游开。

↑ 对于不省人事的溺水者，可用手抓住溺水者的下巴，伸直手臂牵引，用侧泳游回岸去。

↓ 对于神志清醒的溺水者可递给毛巾的一端，仰卧水中，营救者自己拉着毛巾的另一端将溺水者拖上岸边。

← 对于张慌失措的溺水者，可在其背后抓住其下巴，使之仰面向上，与自己头靠头，然后用肘挟住其肩膀，仰泳游回岸去。

← 如遇到激浪，营救者须使溺水者头部完全露出水面，然后抱住其下肋，用臂部顶住其腰部，侧泳游回岸去。

→ 如没有穿上救生衣，可仰面浮在水上以保持体力，记住用双手划水比踩水省力。

住一头，自己抓住另一头拖他上岸。

从船上落水

不小心从船上掉进水里，极度紧张会使体力迅速减弱，以致神志混乱、筋疲力尽，身体失去平衡。

自救措施

● 给救生衣充气使自己浮到水面上。如穿着救生衣，把双膝屈到胸前以保持温度。

● 呼救并举起一臂，会较易为船上的人发现。即使自己已看不见船在何方，举起手臂也有助于船上的人寻找。

● 如没穿救生衣，脱去笨重的靴子或鞋子，丢掉口袋里的重物，但勿脱衣，以保存身体的热量，并尽可能仰面浮在水上。

自制浮囊方法

未穿救生衣而要长时间浮在不太冷的水中最有效的方法是采用自制浮囊法。脱下裤子，在裤管末端分别打一个结，并拉开裤头顶端，从背后越过头顶举向前，在游动中使裤管充气，迅速按下水里。把裤管夹在腋下，即可助浮。空气可能

→ 将缆绳抛下，把落水者拖上来。

↓ 将裤管末端打结。

↑ 拉开裤头从头后甩过使之充气并迅速按入水中。

↑ 将两个裤管分别夹在腋下。

慢慢泄出，必要时须再次充气，此法只能在不太冷的水中使用，在冷水里则切勿脱去衣服，才能保存体温。此法适用于会游泳的落水者及离岸边400米以外的水中。

掉入冰窟

在冰面上活动，万一掉进冰窟中，即使泳术不错，也会在几分钟内遇溺，即使头仍浮在水面上，也会因惊慌而呼吸困难，因寒冷而四肢麻木，陷入极度危险中。

营救措施

• 小心地从冰上向遇险者滑过去。将绳子、棍子一类的东西递给他。若无法靠近，可延长甩过去。

• 叫遇险者把双手平伸在冰面上，向后踢脚，

身体保持水平。然后抓住棍子或绳子，另一手打破前面的薄冰，直至到达足以支承体重的厚冰。

• 如自己的位置不稳固，就不要抓住他或让他抓住，否则可能被他拉下水。滑到冰上后，叫遇险者趴下来，然后把他拉到岸上。

• 在两岸间拉一根绳子，叫遇险者自己用双手抓住绳子，自行攀回岸边。

→ 可在河面较窄的两岸间拉一根结实的绳子，让遇险者自行攀回岸边。

↓ 用长树枝之类的东西，把一根绳子送到遇险者面前，然后伏在岸边把遇险者逐步牵引上来。

→ 对于已经无力的遇险者，可在绳端结一个圈在其腋下，放平身体，将之拖上岸。

踏破冰层落水

冬季冰面常常冻得不很结实，一旦有人从上面行走或溜冰，很容易掉下去。如不及时援救，体温会迅速下降导致死亡。

自救措施

● 尽力爬上冰面。

● 像踏自行车那样踩水助浮，同时用双手不断划水。慢慢呼吸，切勿慌张。

● 破冰向岸边移动，直至找到看来足以支持体重的冰面。将双手伸到较结实的冰面上，双脚往后踢，使身体浮起，而且尽可能成水平。如果冰破裂，身体保持水平位置，继续向前推进。到达足以承受体重的冰面时，趴在冰上，滚向岸边。

↑ 破碎四周的薄冰，慢慢向岸边移动，直到找到可支持体重的坚冰。

← 用脚踩水，使头部伸出水面，以免困在冰下迅速散失体温。

↓ 手撑到较厚的冰层时，双脚向后踢水，使身体尽量浮起，保持接近水平的姿势，然后爬上冰面。

↑ 慢慢往前挪动，避免再度落水，滚动向岸边靠近。

93

海岸生存

很多事故和紧急情况都发生在水域边缘，熟悉一些基本的技巧也许能够得以生还。

你可以采取很多行动来帮助自己：你应该能在穿着内衣的情况下游至少 50 米远，你应该在不浪费体能的情况下保持漂浮状态。你还应该了解有关波动作用、激流以及潮汐的基本知识。

□对游泳者的救援

1. 救援人员或其他强壮的游泳者如果确信自己不会陷入同样的困境可以通过游泳来进行救援。

2. 救援人员会尽快游到遇险者身边；救援人员会携带不会影响自己行动的牵引着的漂浮物。

3. 漂浮物已经套在了遇险者的腰部，帮助其保持漂浮状态，也为了帮助救援人员进行施救。

□搬动遇险者

1. 实施心肺复苏术固然是第一要务，但是如果考虑到遇险者脊椎可能受伤，救援人员会在支撑其颈部和头部的情况下非常小心地把遇险者带回岸边。

2. 抵达海岸之后，将遇险者迅速放在地面上，然后用心肺复苏术进行急救。

3. 一旦遇险者恢复呼吸，救援人员会立即对其进行固定，防止造成进一步的伤害，然后等待专业的医护人员抵达。

激流

1. 当海浪往岸上涌的时候，大量的海水会被推上海滩，而这些水返回的时候，可能会在海滩上逐渐形成沙洲。

2. 当返回的海水的压力在沙洲中打开一个缺口之后，所有的水都从这个缺口流出。这种强大的水流被称为"离岸流"。

3. 一个与其他海浪截然不同的平静的海浪往往就意味着有离岸流。直接游过这种离岸流，不要试图从这个地方登岸。

□救援人员救援

1.救援人员可能利用较大的轻快的冲浪板进行救援，这样可以保证速度，同时保证他们能够清楚地看见遇险者。

2.遇险者可以利用冲浪板作为支撑，救援人员会对遇险者的状态进行评估，然后决定谁停留在冲浪板上以保持稳定。

3.遇险者可能被救援人员扶上冲浪板，然后救援人员推着冲浪板返回岸边，这种方式会更快操作起来更容易。

4.遇险者可能已经精疲力竭，这时候有更多救援人员来帮助他回到岸上。

5.救援人员会全面检查遇险者的身体，看其状况是否稳定，有没有恶化。

6.让遇险者处于最有利于恢复和施救的姿势，检查其重要的生命特征，等待医疗救助人员的到来。

动物和昆虫的袭击

狗的攻击

被人袭击是一种情况，但这并非是我们在外可能遇到的唯一危险。我们还可能被狗攻击，而被狗攻击是非常可怕的，因为你没办法和一条狗讲道理。

狗会试图用爪子扒下它身前的任何障碍物后发起攻击，所以，用结实的棍子挡住它会有所帮助。狗发起攻击后会试图咬住你身体的一部分，通常是四肢。如果情况确实如此并且自己有时间，那就脱下自己的外套并用它包住自己的前臂，然后将这只保护好的手臂迎向狗。狗一旦咬住你手臂上的外套，你就抓住它的项圈，或者用石头或棍子打它的头。无论你对狗做什么，目的是确保使它失去攻击能力，否则只会让事情更糟。

如果有狗向你冲过来，要尽量阻止它的冲击势头，因为狗是想将你撞倒在地的。靠墙角站立可以避免狗将你撞倒，等到狗离自己一两米时再

在最后一刻迅速绕过墙角，在移动时要面对狗来的方向。这样狗会被迫放慢速度以转过身来，此时你就可以好好利用这点优势了。

如果狗的主人不在场，而且自己没有其他的武器，可以试着张开双手并尖叫着直接向狗冲去。鉴于人体与狗的身体的大小比较，加上出乎意料的突然反击，狗可能也会因害怕而跑掉。

蚊子叮咬

虽然在北极和气候温和地区的蚊子不是特别危险，但它们在热带地区却是致命的。它们可能带有疟疾、黄热病等的病毒。要尽一切可能防止被它们叮咬。

●如果有条件，就使用蚊帐或频繁地涂抹驱蚊剂。如果条件不允许，就用手帕盖住裸露的皮肤，即使是用大的叶子也有用。

●穿上长衣长裤，特别是在夜间。把裤管塞进袜筒里，袖口塞在手套或其他简易的能裹住手的东西里。

• 在特殊情况下，睡觉之前在脸上和其他裸露的皮肤上涂抹泥浆。

• 在选择休息地点和宿营地点时不要靠近沼泽地、死水或水流缓慢的水源。因为这些地方是蚊子的滋生地。

• 在营地的上风处生起一堆燃烧缓慢又多烟的火，让它一直烧着驱除昆虫。

• 在自己睡觉的地方周围撒上一圈已冷的灰烬可以阻拦大多数爬虫。

• 疟疾是没有免疫疫苗的，所以必须根据说明在有效期内使用防疟疾药物。

水中的危险

鲨鱼

鲨鱼除非受到惊扰，否则一般不会攻击人。然而，它们具有很强的好奇心，因而会探究在它们附近的任何物体。如果你发现自己正在穿过的水域有大量的鲨鱼，尽量遵循以下建议，以避免激起它们的好奇心。

• 尽可能保持安静。

• 除去身上任何发光发亮的物品，如珠宝或者手表（在鲨鱼看来它们可能像小鱼）。

• 平静地游动，尽可能减少会惊扰它们的动作，不要溅起水花。在这种情况下，采用平稳的蛙泳要比自由泳安全得多。

• 千万不要让自己出血，因为这会导致鲨鱼发起攻击。

其他鱼类

有许多长刺的鱼是有毒的，它们的刺主要长在体外。石鱼和蟾鱼是其中的两种，它们生活在珊瑚丛中和浅水区。在欧洲，值得一提的是织网鱼。通常，我们建议大家注意不要触摸或者食用任何长刺的、形状古怪的或者长得像盒子的鱼。在确认它们无害之前，要小心地对待在暗礁旁或者热带水域里发现的任何东西。被任何有刺的水生动物刺上一下都应该像被蛇咬后一样处理。

中篇

自我防卫

第1章
健壮的体魄

保护自己和其他人是你的基本权利，但是无论你用来保护自己的武力多么合理，都必须是合法的。在冲突中使用任何暴力都是不正当的。除非你和其他人直接受到暴力的威胁。你的身体要足够强壮，要对自己负责，才能自我防卫得当。

积极的思考

人们常说，"生活的路就在你自己的脚下"，这一点儿没错，每个人都能激励自己达到自己想要到达的境界。不管你年龄多大，积极思考永远是养成好的生活方式的关键，而健壮的体魄则很大程度上依赖于你的主观态度。决心是主要的因素。对于一个普通的急救人员来说，通过选拔的决心和他能走多远都与他体魄健壮与否有着直接的关系。那些通过选拔的队员所拥有的健壮体魄很少能在世上其他地方发现。另外，一旦入伍，急救人员的生活方式将继续锻炼他的身体。这样，他就能保持头脑敏锐、身体健康，并且对生活充满乐观情绪。积极的主观意识和健康体魄通常会让人感到能掌握自己的命运，而这正是形成自信心的一个重要因素。

自我生活方式分析

生活方式是你对身体健康的期望中一个主要的部分。你知道自己的身体有多结实吗？普通的急救人员都知道这点：他通过与战友的比较将自己归入某个级别，你也应该这样做。这意味着你应该检查自己的家庭生活、日常工作和饮食等各方面。回答以下几个问题。

- 你每天是否喝超过1000毫升的啤酒或酒精饮料？
- 你有高血压吗？
- 你的饮食中是否经常含有高脂肪的食品？
- 你的体重与你的身高相匹配吗？
- 你吸烟吗？
- 你做身体锻炼吗？
- 你吸食毒品吗？
- 你是否在危险的环境中工作？
- 你的邻居中是否有人有暴力倾向？
- 你是否每天开车？

如果你发现自己的答案不能令自己满意，那就采取一些行动吧。计划慢慢做一些改变，可以一次只解决一个问题。可以选择从饮食、吸烟、喝酒或身体锻炼中的任何一个开始，然后在开始时给自己制定一个容易达到的目标。当你选择身体锻炼项目时，要注意自己的年龄、性别和目前健康状况所允许的范围，以及所有对你应该做什么和如何做产生影响的因素。

不同年龄的生活方式指南

18 ~ 25 岁：在这个年龄段，人的身体处于巅峰状态。此时，你会体验社会生活，处理社会关系并开始理解社会的各个方面的联系。对于男性来说，这是一个危险的年龄段。他无论在家里、工作中，还是在休闲时，都会冒险。事实上，对于这个年龄段的男性来说，第一杀手是车祸。处于这个年龄段的女性往往对自己要负责得多、对社会关系更重视，并且会更迅速地做出个人生涯的决断。

26～36岁：处于这个年龄段的男性心理成熟度开始赶上女性。随着成家立业、娶妻生子以及稳定的工作节奏和对家庭的负责，年轻男性的急躁、激进日渐被平凡的日常生活和家庭琐碎事务所代替。而对于女性来说，这个阶段却是一个危险期，生孩子、生病和家庭危机可能给她们带来沉重的压力。

37～45岁：处于这个年龄段的男性大多数已经成熟，并且生活比较安逸，饮酒量通常会因为社会地位而增长，患心脏病的概率开始增高，身体对热量的需求开始减少。处于这个年龄段的女性大都不会有再要一个孩子的想法，因而这是回顾一下自己整体的生活方式的重要时期。你应该养成一个良好的、有益于身体健康的锻炼习惯，不管是跑步、游泳，还是像高尔夫或壁球一类更具社交意义的活动。

46～60岁：此时，心脏病成为最大的威胁。但是，如果你能经常锻炼，并不再像自己还是21岁那样行动，那么仍然可以改善自己的生活方式。像长距离散步、侍弄花草一类的活动，以及保持合理的饮食，都有助于保持健康。要保持健康的心情，享受生活。对于女性，更年期可能会带来生理和心理上的问题。

60岁以上：尽情享受生活。保持合理的饮食并每天锻炼，花时间和伴侣交谈、回忆一起生活的细节、计划访问老朋友，扮演好祖父母的角色，教育年轻一代。重要的是要心情愉快以及保持年轻的心态。不要逞强：如果需要帮助，那就说出来，毕竟每个人都有老的一天。

健康的体魄和自我防卫

从许多方面来看，保持身体健康有助于保护自己的生命，而且这两者与你如何应付压力有着直接的联系。

压力

当我们处于一些需要用体力和脑力的情况下，如一些已经预见到要发生的事情（不一定就是不好的事情），或者像不合脚的新鞋伤脚之类的微不足道的麻烦事，就会产生紧张情绪。我们的性格就是在紧张情绪以及对它的处理中形成的。

压力并非完全不好，特别是当我们受到威胁时，压力能使身体出现"战或逃"的应激状态。

身体的应激状态：

● 肌肉紧张，而且我们的条件反射动作会对攻击者起到阻挡作用。

● 呼吸频率加快，为肌肉注入更多氧分。

● 血液中的糖分分解以提供能量。

● 心跳加速，从而为肌肉提供更多血液。

● 皮肤出汗，以便迅速为因为动起来而过分升温的身体降温。

在危险消除之前，身体会保持紧张状态。长时间的紧张可能会导致身体中的生化状态，产生令人讨厌的变化，而健康结实的身体是避免这些的必要条件。

速度和出其不意的价值

任何一个急救人员都会告诉你，部队里时时采用的两大武器就是速度和出其不意。坚持身体强度训练以及各种自我防卫技巧的练习直到精通，会极大地提高你的速度并缩短反应时间。

另一方面，发自内心的自信以及健壮的外表将赋予你出其不意的最重要的要素。任何一个攻击者通常只挑比自己瘦弱或个子比自己小的对象攻击，认为这样自己取胜的概率会很大。以自信的态度面对他可以让他感到吃惊，做好保护自己的准备也会让他感到吃惊。如果搏斗在所难免，最好的就是出其不意地首先发起攻击，这会让他感到吃惊，并思考是否要继续袭击你。

呼吸

如果你卷入冲突事件中，不管是争吵还是搏斗，你会发现自己的脉搏加快，并且呼吸变得不稳定。这是因为你的身体防御系统正在为突然行动做准备——我们通常称之为恐惧。使呼吸保持稳定是在紧张情况下保持镇静的好办法，以下是控制呼吸的一个很好的技巧。

①长呼一口气，然后慢慢吸气，数到10。

②用同样的方法数到10，呼气。

③重复3次。

此练习有神奇的效果，特别是针对那些感到恐慌的人。

经常锻炼有助于延长身体的呼吸极限。如果

↑ 经常锻炼有助于延长呼吸极限。

说人们发现了一些与身体健康有关的东西的话，那就是身体需要新鲜空气。没有一个急救人员能比完成选拔那天更结实——他真的是容光焕发，其原因就是急救人员们在翻山越岭时被迫增大了呼吸量。新鲜空气滋养了血液，而血液又滋养了肌肉和大脑。

因此，应该挤出时间，至少1周在户外锻炼4次。要根据自己的年龄和身体状况选择合适的运动强度，不过要将时间控制在1个小时之内。一旦达到了标准运动量，就可以每次稍微强迫自己多运动一会儿以达到轻微的改善。可以先步行上坡，然后慢跑下坡，但不要真的跑起来。尽量保留一点儿体力。每周1次，譬如星期天上午，把散步或跑步的路程延长1倍。如果走路时关节会疼痛，那就试试骑自行车。

如果天气不好，不能去户外，那就在家里做一些锻炼。如果你想要保持身体健康，并且喜欢自我防卫术，那就买个拳击沙袋和一副拳击手套，把自我防卫术和拳击结合起来，帮助自己控制呼吸。然后练上半小时的自我防卫术，而不只是打沙袋出气。

- 5分钟跳绳热身。
- 10分钟拳击练习。别着急，先踱踱步。
- 5分钟跳绳。
- 5分钟快速拳击。
- 用脚尖快速跳绳5分钟。
- 每做完一段身体锻炼后放松几分钟。

保持身体健康

我们都希望保持身体健康并长寿。假设你没有遇到什么大的事故，而且如果你决心正确对待自己的身体健康状况，就没有理由达不到目标。养成有利于身体健康的生活方式和习惯必须成为你生活的一部分，而你开始得越早，身体反应就越好。健康的身体就如同保养得很好的汽车：它运转更正常、性能更可靠，而且更经久耐用。

身体健康不仅有助于你控制体重，而且有充分证据证明，身体健康者患当今折磨我们的致命疾病（如心脏病）的可能性较小。保持身体健康有助于使你更长久地享受生活、感觉更好、体力更加充沛，而且你个人的整体形象要好得多。

第2章
自我防卫的基础知识

在现代都市生活中避免危险有两个关键的因素。其中之一就是加强对环境的认识，在日常生活中养成良好的习惯，利用常识将风险最小化，例如避免在没有路灯的情况下穿越行人稀少的地下通道。第二个因素就是如果必须依赖自我防卫，要做好正确的事先准备，争取最好的防卫。换言之，成功依赖于良好的心理素质和适当的体能训练。

判断受攻击的风险

在都市环境中，很多地方在某些时段明显需要避免前往。但是如果不得不单独到一个没有人的地方，也必须要带上一个警报器，或者能够临时用来防身的武器，如雨伞。鞋子也是非常关键的，不要穿那种在跑步过程中容易滑倒或者被绊倒的鞋子。

预防远比补救重要。但是如果必须进行自卫，一定要记住，潜在的暴力局势造成的压力会

□需要保持警惕的地方

↑ 在大型停车场，无数的柱子和光线昏暗的区域为袭击者提供了很好的藏身之所，因此在这种地方要随时保持高度警惕，尤其是在没有同伴的情况下。

↑ 站在取款机前很难顾及到背后，因此应当随时环顾四周，取钱之后，立即将钱放进里衣服口袋或者手袋中。

↑ 在公共交通工具上，常常会遭遇扒手和猥亵者。为防扒手，应将值钱的物品放进贴身的口袋，最好还要拉上拉链。对于猥亵者，最好的方法就是大声喊叫，引起人们对这种人的注意。

↑ 在排队的时候，陌生人往往会站得比平时更近。这时候最好在手上拿点东西，如一份卷好的报纸，以备自我防卫。这种情况下，最应该注意的是醉汉。

↑ 光线不好、行人稀少的地下通道由于逃跑的出口较少可能会是危险的。如果必须过这种通道，靠近一侧走，并且在拐弯之前一定要环顾四周。充分利用眼睛和耳朵，保持高度警惕。

↑ 如果在一个不安全的地方遇到红灯必须停车，一定要将车门锁好，摇上车窗。警惕任何靠近车子的人，并注意观察他们有没有携带可能被用来砸坏车窗玻璃的东西。

■针对男性的常见攻击方式

　　研究表明，当攻击者和受害者均为男性的时候，10种最常见的攻击方式如下，按照出现的频率排序：

　　推胸部，然后拳击头部。

　　大幅度拳击头部。

　　单手抓住胸前衣服，然后拳击头部。

　　双手抓住衣服，然后用头猛撞。

　　双手抓住衣服，然后用膝盖顶小腹。

　　用瓶子、玻璃或者烟灰缸打脸。

　　猛踢下身或者小腿。

　　用碎瓶子或者玻璃刺脸。

　　用刀砍，通常是短刀（团伙攻击和性骚扰过程中也会使用猎刀和格斗型刀具）。

　　卡住头部。

□对男性受害者的典型攻击

1. 攻击者走近，企图用挑衅的侮辱性言语大声恐吓受害者，同时在这些威胁性言语和动作的同时还往往伴有用白眼瞪人。

2. 攻击者用双手抓住受害者的胸部，让受害者失去平衡。攻击者往往会将受害者推倒并绊倒椅子或者其他物体，增加其袭击的有效性。

3. 攻击者下一步会抓住受害者的衣领，将受害者再次拉近。通过这种方式控制受害者的平衡，让受害者更容易遭到下一步的攻击。

4. 攻击者这时候已经完全控制住了受害者的平衡，将会用瓶子等敲打受害者的头部发起下一轮的攻击。

让身体释放肾上腺激素，让你准备好逃跑或是进行反击。但是，这也可能会导致你行动的准确性降低。只有通过实践训练，才能学会如何在面对危险的情况下做出有效的反应。

　　最好的方式就是进入武术学校学习有效的技能。这种武术学校应该是致力于教授自卫的方法，而不是为了体育事业而培养武术运动员。你应该在对实际作战要求正确理解的基础上进行实战训练，而不是展示我们通常所看到的令人印象深刻的以体育竞赛为目的的技巧。

攻击性行为

　　人在紧张情况下会出现习惯性的动作和行为。这一点无论进攻者还是防卫者都是如此。对攻击的研究表明，各种各样的攻击性行为是可以进行鉴别和预测的。

　　人类袭击者与其他任何袭击者并没有什么不一样。袭击者所用的战术，如偷袭和奇袭也是为了制服受害者，这一点往往与野生动物的捕猎习惯一致。

针对女性的攻击

　　很多原因导致女性容易成为被攻击者。除了明显的性别差异外，女性由于携带诸如手机和钱包等值钱的物品也会成为小偷袭击的目标。在这种情况下，没有必要以身体受到伤害为代价，最好让小偷拿走他所需的东西，然后尽快逃离。只有当袭击是针对人身而不是财产的时候才进行反击。

↑ 不断用眼睛环顾四周，注意潜在攻击者和可能遭到攻击的区域。远离黑暗的入口，那种地方可能藏有攻击者。

□对女性受害者的典型攻击

1. 攻击者用左手抓住女性的右臂。这种初步侵犯往往伴有威胁性暗示，恐吓受害者顺从。

2. 如图示，攻击者挥舞刀具增加威胁性。

3. 刀具可能由于与攻击者小臂平行而不太明显，但是受害者完全可以清楚看见，尤其是当攻击者将受害者拉拢靠近刀刃的时候。

■针对女性的常见攻击方式

根据公安局档案，这些是男性经常用来攻击女性的方式：

攻击者接近受害者，展示某种武器作为威胁。然后立即将武器隐藏起来，最后攻击者拉住受害者的上臂将受害者带走。

攻击者从背后突袭受害者，卡住受害者的头部或者颈部，将受害者拖到安静的地方，常常是树丛中或者偏僻的小路上。

与前两种方式一样，但是受害者被抱住腰部扛走或者拖走。

攻击者卡住受害者的喉部（通常用左手），把受害者逼到墙角，然后与第一种方式一样进行威胁，将受害者带走。

攻击者从背后接近受害者，用左手抓住受害者的头发，然后将受害者带到安静的地方。

性侵犯

尽管陌生人往往被看成是性侵犯最大的威胁，但是数据显示，事实并非如此。绝大多数强奸案件都发生在家中：32% 的强奸受害者是受到同伴的攻击，另外 22% 是受到认识的男性的侵犯。

从自我防卫的角度看，这是因为在与陌生人之间会自然而然保持着警惕性，而与朋友在一起的时候这种警惕性就会放松，从而减少了做出快速而果断的反应的机会。当情况从正常的交往或者社会活动中发生转变的时候，做出积极的反应也是非常重要的。强奸是一种为了让受害者感到羞辱和堕落的暴力行为。在警察的审讯中，强奸犯通常表示

他们进行这样的行动是为了通过性来享受一种力量和暴力的感觉。

对强奸犯性要求的屈从经常被认为是减小攻击强度的一种方式，但是事实上，这种屈从可能会鼓励攻击者，让他们错误地认为受害者实际上可能是在"享受"着这种行为，事实上是在"要求这么做"。

强奸造成的心理影响可能包括饮食紊乱、睡眠紊乱、恐惧症、忧郁症、自杀倾向以及性困难等。

家庭暴力

家庭暴力几乎占到了所有记录在案的暴力案件 1/4 的比例。其受害者主要是女性和儿童。家庭暴力中不太可能出现武器，受害者更容易受到连续的拳脚相加以及被撞墙或者撞家具的伤害，也可能被卡住脖子窒息。

这种攻击并不是个案。女性一般平均在受到其伴侣 35 次以上攻击才会向警察报告这种暴力案件。家庭暴力犯罪是报案率最低的暴力案件，大约有 2/3 的家庭暴力案件没有得到应有的关注。

学会一些基本的生存策略可以最大限度地减少受家庭暴力攻击的机会。从身体层面来讲，回击的能力将减小袭击的后果，并可能阻止攻击者使用暴力。通过培训还可以改变受害者看待世界的角度，培养自尊心。

学习自我防卫

你不仅需要进行体能方面的训练，也要进行心理和精神上的训练，才能在自我防卫情况下占有优势。

效果训练

经过正确的负重练习，你的力量和耐力都可以得到提高，击打的准确性和效果也能通过击打目标练习得到提高。在进行击打效果练习的时候最好不要戴手套，因为在受到攻击的时候手上可能不会戴有任何的防护措施。刚开始的时候轻轻地击打目标，确保准确性，但是在熟悉了击打的感觉之后，就可以增加出手的力度，学习全力击

■武术训练

柔道 这是一种非常流行的格斗型运动。训练以广泛运用使别人跌倒的技巧和进行地面搏击为基础。自从该运动被引入奥运会以来，训练的重点就已经转向了竞技技巧，但是其激烈程度决定了这些技巧在自我防卫中也非常有效。例如将攻击者重重地扔向墙，将会让他们感到震慑。

空手道 首先是一种击打艺术，主要集中于发展有力的拳击、撞击和踢的技能。某些招式也会教你利用近距离的膝盖和肘部进行击打、抛掷和揪扭等。跆拳道是空手道在韩国的叫法，尤其注重利用踢的方式。

合气道 这是一种日本武术。它利用迂回运动对攻击者进行干扰，并最终让攻击者跌倒。合气道更高级的训练包括使用棍子等武器。在现实中的自我防卫情况下，能够通过手杖或者雨伞来利用这种训练中的技能。

跆拳道 这是拳击场上全面接触对抗的一套动作，但是在自卫情况下也非常有效。跆拳道在搏斗中也会使用踢的方式（同时用手阻挡和进攻）。

功夫 它包含了大量的中国武术。其中一些如太极拳主要是为了强身健休，但是像咏春拳和少林功夫等也可以作为格斗术。

打。在不得不与比自己 更强壮的对手进行搏击以保命的情况下，可能就只有一次机会发出决定性的一击。所以学习如何正确地进行决定性一击很重要。

进行力量练习能够帮助你提高应付身体对抗带来的打击的能力。不要把在体育馆里受到的碰撞和淤伤看成是被虐待，而应该看成是一种良好的生存投资。

与同伴一起训练

如果单独训练，沙袋是一个提高击打技巧非常有用的工具，但是如果有一个同伴，你会使训练更有成效，而且更有趣味。如果参加武术学校，将会有很多现成的训练伙伴，但是也可以邀请一个同样也愿意训练自我防卫技巧的朋友或者家人一起练习。

如果要使用两个特制的套在手上的通常被称为焦点垫或者钩拳垫的垫子（手垫）进行训练，训练同伴就非常重要。同伴可以任意移动带动手垫位置的变化来模仿攻击者。在与同伴进行训练的时候，减小击打、揪扭或者捉握的力度非常重要。因为在训练的时候，如果不注意，很可能会

由于用力过度而伤害到别人。刚开始的时候一定要慢，随着协调能力和时机掌握能力的提高再逐步增加力量和速度。

用于自我防卫的武术

学习有效的自我防卫技能的方式就是加入武术俱乐部。寻找一家以培训自我防卫能力为主要目标的俱乐部而不是培养参加比赛技能的俱乐部。武术的传统和习惯是创造一个安全的训练结构，培养针对训练的正确态度。每一种训练都要强调自己的技巧和方法。

寻找一个好的俱乐部需要坚定的信念和耐心。如果你认识武术家，你可以向他们咨询，但要向他们清楚地说明自己想要学习的东西。然后再去俱乐部看看，并注意他们的训练过程，仔细观察训练方法和教练与成员之间互动的方式。那种横行霸道的、武力性质的而且不欢迎提问的俱乐部不应该去。如果在这种俱乐部进行训练，你会发现不是为了学习自我防卫技能，而是更像在进行自我惩罚。

武术俱乐部的训练方法和传统经常有着东方背景，作为初学者，你可能会发现会有像鞠躬和

□学习击拳

□肘击

1. 利用手垫练习准确性和有效性。用大关节击打，保持手腕伸直，拳头呈直线出击，就像在试图打破攻击者的鼻子或者下巴一样。保持身体平衡，并用腰部和臀部增加出击的力度，击打手垫的中心部位。

2. 在实际情况中，你企图击打的部位应该是攻击者的肉而不是骨头，否则可能会导致手严重受伤。对攻击者喉部进行较轻的拳击就会让他呼吸困难，但是在训练的时候一定要慎重，因为喉部和颈部很容易在击打中受到伤害。

1. 在靠得很近的情况下，肘击能够导致非常剧烈的疼痛。在练习中，肘部应环形出击，击中手垫中央，掌握肘尖击中的位置。另一只手向后拉回到腰际，模拟将袭击者拉进有效打击范围内的情境。

2. 这种肘击会让攻击者无暇顾及下身，这样有利于进一步踢或者用膝盖顶。千万不能只依赖于一种自我防卫技巧，时刻准备着发现攻击者的弱点或者劣势。顺利逃生可能就依赖于此，尤其是当攻击者体格比自己大的时候。

□手拍

□膝盖顶

1. 用手掌猛拍能够带来令人意想不到的疼痛和震撼效果。在训练中，注意像使用鞭子一样使用手掌，从上往下扇或者从侧面扇，用手掌接触而不是手指。让手腕保持一定的放松状态能够产生鞭子抽的效果。

2. 如果是要拍脖子，一定要稍往下以打到咽喉。其实这种打击方式最好的袭击目标是眼睛。当攻击者眼睛受到严重袭击之后，他一般会将手举到脸部的位置。利用这时候的有利条件，踢攻击者的下身或者膝盖。

1. 膝盖是非常有效的武器，经常在被攻击者抓住并拖近的时候使用。在用手垫进行膝盖训练的时候，掌握好同伴位置，模拟出正确的范围，感受与攻击者之间适当的距离。

2. 下身理所当然是一个很好的攻击目标，但是很多男性在感受到可能袭击的情况下会条件反射似的向后弯腰。这时候如果将膝盖上挑，可能就能袭击到心窝的位置。其他的袭击目标包括肾脏和大腿上的大块肌肉。同时努力通过抠对方的眼睛或者咬耳朵来增加对袭击者的打击。

□大横踢

1. 大横踢利用的是臀部和腿部的运动，用脚背踢下身、膝盖或者大腿。经过大量练习之后还可以用来踢头部。但是一般来说为了更安全，还是选择踢腰部以下的部位。

2. 利用大横踢的一个有效方式是从后面踢攻击者的膝盖。除了能够引起剧烈疼痛和速度减缓之外，还非常有可能导致攻击者站立不稳甚至倒下。如果攻击者倒下，随后立即猛踩其下身或者脚踝。

□踢下身

↑ 直接踢攻击者的下身能够弱化攻击者的力量。首先将膝盖弯曲，然后伸出小腿，用脚背踢下身。在练习这个动作的时候，用最大的力度从下往上踢手垫。男性攻击者一旦被击中下身通常会向前弯腰，双手护住下身，从而无暇顾及眼睛、喉部和颈部，便于受害者对这些目标进行有力击打。

穿着奇异的白色棉质训练服这样的特点，这也许会使你感到亲切。

身体平衡

武术，不管其形式是什么，都依赖于一个简单的因素：身体平衡。我们必须学会征服任何敌手所必需的技巧。

关于这点，有一条重要的原则。

● 身体失去平衡就没办法发力。

保持身体平衡

要发挥身体的力量，就必须保持身体平衡。因为如果身体的姿势不对，并且因此而失去平衡，那么徒手搏斗靠的就纯粹是肌肉力量了，因而赢的就是身体强壮的一方。

要战胜比自己身体强壮的人就必须采取积极的态度，它将使你摆好预先训练过的"防御"站立姿势。这种姿势会让你的身体自动地处于平衡状态，从而可以充分发挥身体的力量。"防御"姿势将在后面谈到。

使攻击者的身体失去平衡

你的另一个主要目标就是使攻击者的身体失去平衡。他可能会被推得向后倾、拉得向前倾、左右摇摆，但是髋关节和膝关节的构造让他只要简单地随着身体的移动而移动脚步，就可以恢复身体平衡。

然而，如果他受到斜向的推拉，身体就会立刻失去平衡（这是因为膝关节不能承受斜向的力）。因而攻击者的双腿会立刻变得僵硬，其中一条腿不得不走交叉步以保持身体的站立姿势。要阻止攻击者的攻击并牢牢把握自己的优势，就必须使攻击者身体失去平衡，同时自己却能保持身体平衡姿势。

"防御"姿势

下图中的"防御"姿势是所有多数自我防卫课上教的第一个格斗动作。这不是个复杂动作，只是像拳击手一样站立和移动。

按以下要领采取"防御"姿势。

● 面向对手站立。

● 双脚分开，与肩同宽。

● 一条腿稍微靠前，双膝弯曲。

● 双肘收拢，抬起双手保护面部和颈部。

最好对着一面大

↑ "防御"姿势。

镜子来练习这个动作：站立时放松，然后轻轻一跳，落地时成"防御"姿势。身体不要僵硬，尽量保持放松状态。告诉自己这是轻松的一跳。

"防御"姿势之后的动作

首先使用自己的双手：挥起自己惯用的那只手做格挡动作，同时自动地将另一只手放在自己眼睛下方的前方。这样能保护自己的嘴和鼻子，却又不会影响自己的视线。

↑ 利用"防御"姿势躲避击打（图中左侧为防御者）：左前臂向上抬起挡开对方击打的手臂，同时右手保护面部免受随后的击打，或者回击没有防卫动作的攻击者。自始至终保持身体的平衡。

接着，假设有人将用拳头击打你的肚子。保持姿势，收紧肘部并从腰部发力扭肩，转动身体避开对方的击打动作。你会发现这让你的前臂处于保护你免受击打的状态，而无需移动脚步或失去身体平衡。

要练习自己的身体平衡，需要在地上移动，首先一脚向后滑动，然后另一只脚迅速后撤。要练到不管自己如何移动，都能立刻停下来并且保持身体平衡。脚步移动不能拖沓，动作要干净利落。

双脚的动作要流畅。脚不要抬得过高，除非你想踢腿。双腿不要交叉，否则身体就不能保持平衡。朝着攻击相反的方向移动。和同伴一起练习"防御"姿势以及随后的动作，或者对着沙袋练习。

对身体的保护

人体完全可以承受击打，甚至是可怕的攻击。在遭到攻击时，我们必须保护身体最容易受伤的部位。相反，当你被迫面对攻击者并必须还击时，了解哪些部位是人体最容易受伤的部位是有用的。

身体容易受伤的部位

人体有许多容易受伤的部位，这些部位可以成为你正当防卫时合适的攻击目标。下图中显示的是你击打时应该选择的一些主要部位。

眼睛

人如果没了眼睛，将会十分无助。对攻击者眼睛的攻击，会导致他暂时甚至永远失明，可以为自己创造逃走的机会。注意：这种自我防卫方式只有在迫不得已的情况下才可以使用。例如，当你受到致命的危险时，或者阻止如强奸一类的严重事件时。

耳朵

攻击者的耳朵是很好的攻击目标，你可以狠狠地去咬。如果你受到攻击，用牙齿狠咬攻击者的耳垂可能会使他因为痛楚而放弃对你的攻击。尖利

对攻击者的眼睛进行攻击，会使他暂时甚至永久失明（上面两图）。

的长指甲插进攻击者的耳朵内也会造成剧烈的疼痛。开掌合击攻击者的双耳会使他的头部出现麻木感，并且众所周知，这会使被打的人失去知觉。

鼻子

像耳朵一样，鼻子是一个突出的部位，所以它也就成了你牙咬或拳击的好目标。使用足够的力量击打可以使攻击者中断对你的攻击。任何向上的击打都会使攻击者抬头，暴露出颈部让你攻击。像耳朵一样，尖利的指甲插进鼻孔是会令人感到非常疼痛的。

↑ 使用足够的力量击打攻击者的鼻子可以使他中断对你的攻击。

↑ 用掌缘击打攻击者颈部能使攻击者丧失攻击能力。

颈部和咽喉

颈部和咽喉是非常容易受伤的区域，因为大多数维系我们生命的血管和气管都在这个位置。供应大脑的两条主动脉就在颈部两侧的浅表皮肤之下，损伤任何一条血管都会导致死亡。咽喉部位下的气管同样容易受损，轻轻一击就能使攻击者丧失攻击能力，让你有时间逃跑。对攻击者后颈部的用力一击也会导致他暂时昏厥。

腹部

瞄准胸骨末端的兜心击出一拳将会对任何攻击者造成毁灭性的效果。同样，对准攻击者胃部用力一击几乎会让他喘不过气来。

睾丸

对腹股沟的拳打脚踢会让女性受伤，而它给男性带来的疼痛更会成倍增加。另一种可能性是抓住男性攻击者的睾丸，然后一扭。虽然这个过程让人觉得很恶心，但它能对攻击者造成最有力的一击。

↑ 抓住男性攻击者的睾丸，然后一扭，是最有效的自我防卫方式之一。

大腿以下部位

对准腘窝的击打保证能阻止攻击者追赶你。当你被熊抱或从后面抓牢时，大腿也是脚踢的一个好目标。用力踩攻击者的脚趾也会收到很好的效果。

肢体武器

在没有任何武器的情况下，你必须将肢体作为武器来自我防卫。根据情况选择合适的速度和力度，当你决定击打时，用上自己所能集聚的所有力量。记住：首先采取"防御"姿势，并想好自己的动作。

毁灭性的一击

如果你已经使攻击者身体失去平衡，并且通过这样做让他无法防范你的攻击，最好立即采取后续行动。你的首次防卫会让攻击者重新考虑攻击你的动作，一定要好好利用这点，然后用狠狠一击收场。先评估一下他的状况，推测一下他的下一步行动，然后在他恢复之前行动。

成功的秘诀

如果运用得当，"毁灭性的一击"能让你脱离大多数的困境。以下几条提示有助于你提高自己的防卫能力。

• 准确地计算自己出击的有利时机，在攻击者身体失去平衡时，给他又快、又狠、又准的一击。这个动作在没有对手时也可以练习（可以使用拳击沙袋）。

• 学会将对手一拳击倒。也许这并不是对每个人都管用，但是它能让攻击者停顿一下。正如我之前所说的，大多数的街头袭击只持续几秒钟，所以，击中攻击者一次可能会让他停止攻击你，然后寻找更容易得手的对象下手。击中攻击者一次并不需要你有很大的力气，而仅仅依靠灵活、速度和节奏而已。

• 短促的猛击：紧握拳头，在伸展肘部之前先自肩部转臂。瞄准实际接触点后方一点用最大的力量击出。不要用摆拳，出拳要快、猛、狠。

击打

• 如果对手倒在地上，就用脚踢他的膝盖或踩他的睾丸。你的目的应该是让攻击者丧失进攻能力并阻止他追赶自己。

• 如果他还处于站立姿势，而且你稍微有点背向着他，你可能正好处于非常有利的位置，给他的胃部一记狠命的肘击。

• 如果他正对着你，而且面部距离你不远，就用掌缘击打他的颈侧。动作要猛，手要伸直，手臂自肘部弯曲成直角。这样，你的手臂和手就能像镰刀一样挥动。这一动作同样可以瞄准攻击者的太阳穴，不过这时要使用拳背来击打。

尖叫

声音作为你的"兵器库"里的一种武器，其威力常常会被忽视。最起码，对着攻击者尖叫可以使他吃惊或失去勇气（还可能引起周围人的注意，带来帮助）。而且，如果与你的攻击相配

↑ 尖叫是女性受到威胁时的一个有力武器。

合，尖叫还能给你的击打动作增加额外的动力，有助于你集中自己所有的能量。对于女性来说，这是在受到威胁情况下特别有效的一个武器。

拳

警告：当某人受到攻击时，他的本能反应就是用拳回击。尽量避免使用这种技巧。如果你打到的是硬的目标，如攻击者的头部，你的指关节或手指的骨头可能就会骨折，这很容易使你受伤。如果你一定要用拳击打攻击者，要确保你瞄准的是柔软的目标，如胃部。而且，运用手掌击打的技巧，如掌缘击打，效果更好且更安全。

如果你必须用拳，那就学一下如何正确使用拳头吧。如果你的握拳姿势不对，你自己受伤的可能性会比击伤攻击者的可能性更大。正确的握拳方法是，四根手指向手掌蜷拢，大拇指紧贴在它们上面。不要将手指蜷拢在大拇指上或伸着小指。拳头打出去的时候，手腕要"锁住"，并且前臂与掌指关节呈一条直线。不要收臂后再出拳，因为这个动作会暴露你的意图，使你的击打动作失去作用。出拳

↑ 正确握拳姿势。

↑ 正确出拳姿势。

的力量应当来自腿部和扭腰发力。

开掌

不管是从前面还是从后面用张开的手掌同时抽击耳部，都会对攻击者造成伤害。砍击颈侧或后颈部也非常有效。如果攻击者年龄很小或已经

↑ 掌击下巴。

上了年纪，可改为猛抽一记耳光。

掌根

可以用掌根猛击攻击者的下巴，此时应该身体前倾，全身发力。如果是正面进攻攻击者，要张开手指，瞄准他的眼睛。如果是背后进攻攻击者，可瞄准他发际下面一点的后颈部使劲猛推，当攻击者头部猛地向前一低时，抓住他的头发，然后猛地向后拉。只要你用的是掌根，自己的手受伤的可能性就较小。

掌缘

↑ 掌缘击打。

掌缘击打使用的是手掌的外缘，即小指一侧。四指伸直，大拇指与其他手指并拢。手臂在击打时始终保持弯曲。自肘部发出砍击动作，借助身体重量发力。无论用哪只手下切或斜击，手掌挥出时手背始终向下。

肘

↑ 用膝盖顶攻击者的腹股沟。

当你侧对或背对攻击者时，肘是一个威力强大的武器。用肘顶攻击者的胃部几乎一定可以将攻击者击倒在地。如果你被击

倒在地，那就试试用肘顶他的睾丸。用肘连击攻击者可以让你脱身，并有时间逃跑。

膝盖

虽然膝盖是人体最有威力的武器之一，但它的动作受到限制，局限于人体的下半部分。然而，如果针对的是睾丸，它所产生的极大的冲击力可以造成重伤，如果瞄准的是攻击者的大腿外侧，就会使他的大腿麻木。

↑ 用脚尖踢膝盖下方能有效地阻止攻击者的进攻。

脚

脚踢和拳击的效果是相同的，而且运用起来难度也差不多。脚踢的部位最好是攻击者的腰部以下，除非你受过特殊训练。另外，要记住，在你抬脚的一刹那，你也失去了身体平衡。虽然有一些例外，但一般情况下穿着鞋时应该使用侧踢。这样做的原因是可以使打击力更大，而且如果需要的话，可以踢得更远。

↑ 用力踩攻击者的脚背。

脚后跟

如果有人从后面抓住你，脚后跟就是一个不错的武器。用力踩攻击者的脚背或连续踩他的脚。另一个有效的方法是用脚后跟踢他的脚踝骨。

→ 用牙咬攻击者的耳朵能给他带来巨大的疼痛感。

牙齿

用牙齿咬攻击者身体的任何部位都能给他带来巨大的疼痛和不适。能咬到耳朵和鼻子最好，咬不到的话，他身体任何暴露在外的皮肤都行。如果咬的是敌人的皮肤，最好只用牙齿咬住一丁点儿，这样他的疼痛感就会大大加剧。

警告：在咬攻击者的时候不要让他的血液流入你嘴里，以防止 HIV 病毒感染（可能性很小）。

头

如果有人从正面抓住你，那就向前猛然低头，用前额上部撞击攻击者的鼻子或嘴唇。如果有人从后面抓住你，那就用后脑做同样的动作。

↑ 用头顶攻击者的面部是非常有效的。如果攻击者比你高得多，那就试试顶他的腹部。

用日常物品作武器

烟灰缸

在公共建筑物内通常有大量的烟灰缸，其中有些会装满烟灰。可以把烟灰撒向攻击者的脸上，然后再将烟灰缸砸过去。大多数的烟灰缸是圆形的，因而除了重量的差别，还可以被当作飞盘来投掷。

棒球棒

家里有根棒球棒是一回事，带着它上街是另

一回事。多年以来，许多暴徒都喜欢用球棒做武器。在任何事件当中，瞄准的时候都要小心一点，因为用球棒很容易将攻击者打死。如果你发现自己受到歹徒袭击，而你手上正好有根球棒，最好用球棒打他的手和脚，不要打他的头。

浴巾

浴巾作为武器有许多种使用方式。最好是湿的浴巾，因为这样能使击打的力更强。浴巾的使用方法之一是当鞭子，这在抽击攻击者的眼睛和面部时特别有效。把浴巾对折拧成短棒也是一件用来击打的好武器。小毛巾可以裹块肥皂来增加重量。

皮带

任何带金属扣的皮带都能成为一件防卫的好武器。把皮带的一头在手上绕几圈，然后把它当鞭子甩。集中攻击攻击者暴露在外的部位，如脸部、颈部。

自行车

如果你是在骑自行车时受到攻击，且无法逃跑，就把自行车当作盾牌，就像用椅子一样（见下文）。自行车的打气筒用起来也像手杖一样称手。如果可能的话，可以将自行车链条卸下，作为武器。

开水

这是当你在自己家里受到攻击时的一件很好的防卫武器。将烫的或烧开的液体泼到攻击者的面部可以给你争取到足够的逃跑时间。这种液体可能是一杯热咖啡或茶，甚至是热汤。

鞋

你所有的鞋都应该穿着很舒服，同时也很结实。脚踢是你的基本防卫动作之一，但穿着凉鞋可别想能踢伤攻击者。只要穿的靴子或其他鞋是结实的，那么踢哪儿都能对攻击者造成伤害。把攻击的目标集中在攻击者的大腿上。

瓶子

危急时刻瓶子可以有多种用法。不要把瓶底砸掉，因为这通常可能会把整个瓶子完全砸烂。

↑ 高跟鞋是非常好的自我防卫武器。

可以把它当棍子使，击打攻击者的头部或太阳穴。用瓶子击打他身体的关节部位，如肘部和膝部，也特别有效。

扫帚

在家里遇到攻击者时可以使用任何种类的扫帚来自我防卫。头部是木头的大扫帚可以当马球棒来用，也可以用扫帚刷捅攻击者的脸部。

椅子

家用椅子也是非常有用的武器。一只手抓住椅背，另一只手抓住椅子的前部。如果在家里遭到攻击，就用椅子把攻击者逼入死角，直到你处于离逃脱路线最近的位置。如果攻击者有刀，就用椅子来还击。椅子的椅座部分可以当盾牌，椅子腿可以用来戳攻击者的头部和胸部。

打火机

如果你发现自己被身体强壮的攻击者按住不能动弹，或被他从后面抓住，但有个打火机触手可及，那就用它吧。即使他把你抓得牢牢的，看见火苗也会放开你。一旦你脱身了，就攥住打火机，手握成拳击打攻击者的太阳穴。

↑ 打火机的火苗会使攻击者放开你。

外套

外套与其说是武器，不如说是盾牌。如果你在街上受到攻击，那就脱下外套，然后像斗牛士一样使用它。把外套甩到攻击者的头上可能只能给自己争取几秒钟的时间，而且不穿外套跑起来肯定能快一些。

硬币

手里握着盛有硬币的口袋并攥紧拳头可以使击打的力大大增强。另外，把几枚硬币扎在手帕或围巾的角上就能做成一根非常有效的短棒。用它来甩击攻击者的太阳穴或整个头部。

↑ 把几枚硬币扎在手帕或围巾的角上做成短棒。

梳子

用梳子或毛刷快速地在攻击者的眼睛上刷一下会使他感到不舒服。同样，刮擦攻击者的皮肤也能让他把你松开。有些梳子的把又尖又长，像老鼠尾巴，可以用来刺攻击者。

除臭剂或喷发胶

许多妇女的手提包里会带着喷雾罐。遇到危险时可以把它直接喷到攻击者的脸部。用喷发胶喷攻击者的眼睛非常有效，或者直接喷进他的嘴里或鼻孔里也行。

警告：有些介绍自我防卫的书籍提倡用打火机点燃从喷雾罐里喷出的东西。这很有效，但也非常危险，因为喷雾罐有50%的可能会在你手上爆炸。

书桌上的东西

家里或办公室里用来开信封的东西是完全合法的东西。选一把坚固、握把结实、已经开刃儿的小刀来用。危急关头可以把它当刀来用。同样，

用分量重的玻璃镇纸砸攻击者也能让他受重伤。

灭火器

大多数家庭或办公室里现在都有几个灭火器。可以将里面的压缩物喷到攻击者的脸上，弄瞎他的眼。一旦攻击者睁不开眼，你就有机会逃跑了，或者，如果条件成熟的话，就紧接着用金属瓶砸他的头。

高尔夫球杆

虽然不大可能有人在高尔夫球场上受到袭击，但在车上或家里放着的高尔夫球杆会是一件非常有用的武器。可以握住球杆的握把甩击攻击者的头部或手。球杆的击打距离较长，因而也就可以避开刀的攻击。只要应用得当，高尔夫球杆可以抵挡除了枪以外的大多数武器的攻击。

电源线

家里的大多数水壶或咖啡机都有根1米长的电源线。在危急情况下，可以拔下电源线当武器。抓住插电器的那头，然后用插头甩击攻击者，用它砸攻击者的头部特别有效。这招在办公室同样可以用，如电脑和打印机的连线。

↑ 危急时刻，可以拔下电源线当作武器。

钥匙

大多数人都带有一串钥匙。把钥匙链握在手掌里，让钥匙在指缝间凸出。这就成了一个非常有效的指关节套，可直接击打攻击者头部或颈部的致命处。

杂志或报纸

把杂志卷成短棒，然后抓住中部，可以用它

↑ 将杂志卷起来，用它刺攻击者的颈部。

向前刺或向后刺。如果打算击打攻击者的头部，就握住"短棒"的尾端。卷起来的报纸也是对付持刀攻击的一件很好的防卫武器。

笔

大多数种类的笔都有尖头，这就意味着如果用它戳人的话，能刺穿皮肤。遇到危险时，可以把笔当刀使，对准攻击者暴露在外的身体部位，如颈部、手腕和太阳穴。戳得越狠，效果就越好。

胡椒粉和咖喱粉

在家里受到袭击时，胡椒粉和咖喱粉都是很好的武器。在紧急情况下，可把干粉直接撒向攻击者的面部。有一个更好的主意，就是在浇花的喷壶里灌上这两种成分的水溶液。两样东西各取 50 克，加入 250 毫升的热水就行了。把它放上几天，每天早晨使劲摇几下（用洗衣粉也行）。将此液体放在一个安全但又触手可及的地方。但一定要放在孩子拿不到的地方。

火钳

火钳是一件好武器，历史上它就曾经是对付普通飞贼的武器。将火钳挥动起来，对准攻击者身体上没有肌肉的部位（如手腕和肘部）实施击打。但在击打头部时要小心，因为铁铸的火钳可能会打死人。

石头和泥土

如果你是在户外受到袭击，朝攻击者扔石头有助于使他和你保持距离。如果他接近了，可以抓把土或沙子扔到攻击者的脸上，这能让他暂时睁不开眼睛。

剪刀和螺丝刀

大多数家庭中都能找到这类东西。即使是在手提包里带上一把剪刀也是合法的，而任何车上一般都会有把螺丝刀。使用它们自我防卫非常方便，就像用刀一样。

袜子

虽然听起来似乎有点儿荒唐，但是实际上袜子可以做成非常有用的"短棍"。在袜子里装满沙子、碎石或泥土即可，如果是在家里或街上，就将硬币装入其中。把它甩起来，就像使用短棍一样猛击攻击者的头部。

手电筒

夜里走路带上一支手电筒或手电棒是一个生活常识。另外，在家里不同地方也应该放上手电筒以备不时之需。虽然磁力手电筒价格昂贵，但非常好用，而且还是一件方便的武器（SAS 队员已经用了好多年了）。在受到攻击时，可以把手电筒当锤子或棍棒来用。

手杖

虽然并非所有年龄的徒步旅行者都会带根手杖，但它是上了年纪的人自我防卫的好武器。手杖最好有一个重的装饰把，金属包头，实木杖身。可以把手杖当剑使，砍、戳攻击者的头部或腹部，狠狠地砍击他的手腕。这在对付持刀或瓶子的攻击者时非常有效。如果能狠狠地打到攻击者的膝盖，就足以阻止他追赶你。在手杖上装个皮带扣套在手腕上是个好主意。

↑ 遭人攻击时，可以把手电筒当作锤子来用。

第3章
防卫技能

　　假设你是一个中年商人，你受到几个歹徒的攻击，那么你打败他们的机会甚微。因为他们可能比你更强壮、动作更快，相反，你可能坐在办公桌后面的时间太长了。即使你是个精通自我防卫技巧的专家，如果你不能逃走或找到帮手，他们仍然有可能因为人多势众而击败你。要打败他们，你必须身体健壮，并且对自己的行动有自信，不然就会被打倒在地。所以，保持健康的身体和健壮的体魄将有助于保护自己的生命。

对付正面攻击

　　大多数攻击一开始都是来自正面的。如果你动作敏捷，并且看出自己将要受到攻击，那就采取以下行动。

　　①摆好"防御"姿势。

　　②用一只手挡开攻击者的击打动作，用另一只手击他的下颏。

　　③紧接着向后推攻击者的头部使他身体失去平衡。

　　④保持自己的身体平衡，然后抬膝顶他的腹股沟。

　　⑤尽量避免被攻击者抓住自己或自己的衣服。

　　⑥一旦挣脱了，就踢他，使自己与他分开，然后逃跑。

　　如果攻击者抓住你的手腕并试图将你拉向他，

如下图所示，你需要采取以下行动。

　　①狠踢他膝盖以下的胫骨。

　　②用自己未被抓住的手将他的手锁在自己被他抓住的手腕上，同时，向后翻转自己被抓住的那只手，掌缘向下切击他的手腕。这个动作可以扭转锁住他的手腕，并给他造成剧烈的疼痛。

　　③向前将攻击者拉倒在地。

↑ 攻击者可能试图将你拉向他。

↑ 一只手挡开攻击者的击打动作，另一只手击打攻击者的下颏。

↑ 保持身体平衡，用膝盖顶攻击者的腹股沟。

↑ 狠踢攻击者的胫骨。

咽喉被攻击时如何反击

在许多情况下，攻击者会用双手抓住某人的咽喉，掐脖子。然后掐住不松手，直到将对方慢慢摁到地上。如果预见到攻击者将对你的咽喉下手，可以低头，直至下巴碰到胸部，从而防止他掐住你的脖子。如果不可能做到这样，那就尽量放松，掐脖子不一定很有效。如果发现自己处于这种威胁之下，那就采取以下行动。

①在刚开始时，如果他刚刚抓住你，右手握拳，向上抬起至自己的左肩。

②向后挥臂，用反手拳击打攻击者的太阳穴。

③如果上面的方法没起作用，将自己的双手交叉，摆在自己和攻击者之间。

④竖起自己紧握着的双手，使双臂成"A"型，保持这个形状，举过头顶，使肘部低于自己的双手，然后向下猛压他的前臂。这个动作即使不能使攻击者将你松开，至少也可以使他头部前倾。

⑤在自己双臂下压的同时，前额猛向前倾，撞击攻击者的鼻子。

⑥这套动作可以在站立时使用，也可以在倒地时用。

当自己被人用双手掐住咽喉时另一个简单实用的挣脱技巧如下：

①左脚后退一步。

②右脚紧跟，成自然姿态。

③抬起右臂，绕过他的双手并向自己身体的左侧扭转。

④在此同时，左手应该抓住离自己最近的点，如他的右手腕，有助于拉动他而使他失去身体平衡。

↑ 双手交叉，摆在自己与攻击者之间。

↑ 双臂下压，用前额撞攻击者的鼻子。

对付身后攻击

对付熊抱

在受到来自身后的攻击时，如果够得到攻击者的双臂或双手，就试着咬它们。如果能用牙齿咬住他的部分皮肤，就只咬住一点点。这样做可以让你咬得牢一些，而且对攻击者造成的疼痛感也强烈得多。但是，要记住，如果你把攻击者咬出血来，就可能有（也许只有很小的机会）感染上 HIV 病毒的危险。

对付低位熊抱

如果攻击者对你采用低位的熊抱，双手更多地搂住你的腰部而不是胸部，让你难以挣脱，那就试试头的后顶动作。

①踮起脚尖，弯腰向前。

②头部猛地向后撞击，尽量撞到攻击者的鼻子。

③与之相结合的动作是握拳向后击打他的腹股沟。

如果攻击者从背后用单手抓住你，那就采取以下行动：

①身体前倾，并朝他抓住你的手臂的反方向扭动。

②同时，尽量将自己的左肘在身体前方向上抬起并向外伸展。

③攻击者肯定会试图将你向后拽（朝着你扭动的相反方向），此时利用自己和他的共同作用力，用肘部向后击打他的脸部。

④同时用自己另一只手握拳向后击打他的睾丸。

← 弯腰向前。

← 头向后撞，
同时拳打攻
击者腹股沟。

对付双手被固定在体侧的熊抱

如果有人从身后抱住你，并将你的双手固定在体侧，试着按以下步骤挣脱：

① 弯腰，用自己的背部顶住攻击者，同时自己的双手相握。

② 屈膝，使自己的重心下沉，尝试向下滑脱熊抱。

③ 双手保持相握，摆动肘部。

④ 扭臀，以肘部击打攻击者的胃部。

⑤ 接着用后脑撞击他的脸或用脚向后踩踏。

⑥ 一旦脱身，就踢他使其与自己分开，然后逃跑。

↑ 双手相握，重心下沉，摆动肘部。

↑ 肘顶攻击者的胃部。

头发被抓住时如何反击

如果攻击者从你身后抓住你的头发，并将你向后拽，那就采取以下行动。

① 跟随他向后退。

② 用双手抓住他的手腕。

③ 向内转身，面对攻击者。

④ 尽量向后退，并用力将他的手扯离自己的头发（此举可能会导致自己的头发被拔掉，但可能直到事后你才会注意到这点）。

⑤ 继续抓住攻击者的手腕，将他向前拉，然后抬膝顶他的腹股沟。

被迫靠墙时如何自我防卫

攻击者有时候可能会将你逼得靠墙，然后等上几秒钟再开始对你发起攻击。只要发现攻击者侧身对你，或你能巧妙地使自己处于这样的位置，那就采取以下行动：

① 抓住他头顶上的头发，然后猛地将他的头向后拉。这不但可以使攻击者身体失去平衡，而且可以让他露出咽喉。

② 使劲击打他的喉部。

③ 如果你还在向后拽攻击者，他应该会倒地。

④ 如果攻击者是个光头，则手成爪型，抓他的鼻子和眼睛，迫使他头部后仰。

⑤ 一旦脱身就踢他使其与自己分开、然后逃跑。

↑ 抓住攻击者头发向后拉，另一只手击打他的喉部。

倒地后如何自我防卫

在冲突当中，你非常有可能会被击倒在地。这时候你处于非常容易被攻击的境地，但千万不

↑ 一旦倒在地上，可以用脚踢攻击者的腹股沟。

要投降。如果你的头部受到了重击，特别是下巴上，那么你就会感到头昏眼花。这时候要集中你的注意力忍耐，这样就可以让你熬住疼痛。

学会如何摔倒同学会如何站立几乎是同等重要的。这需要一定的训练，而摔倒在体操馆的垫子上同被别人摔倒在路面上或硬地上则完全是两码事。

假设攻击你的人有能力将你四脚朝天击倒在地，然后趴在你身上，掐住你的脖子。这时候你应该采取如下行动：

①用左手抓住他的右手腕。

②屈起右腿，用胫骨顶住他的右腋窝。

③用力拽他的右臂。同时抬起左腿，从他的脑后绕到前方，使你的小腿顶住他的咽喉。

④挺直身体，用胯部作为支点锁住他的手臂。

⑤将他的手臂紧紧地卡在你的两腿之间，用力压他的肘部。

⑥一旦成功地形成这样的锁定姿势，那么无论你的敌人如何强壮或经验丰富都将无法逃脱。这个姿势能让他手臂骨折。

⑦双脚对准攻击者，准备躺在地上进行搏斗。双腿轮流蹬踢进行自我防卫或攻击。尽可能快地从地上站起来。

从地上爬起来

一旦倒地，你就变得容易被攻击，虽然你并非无依无靠，但最好尽快爬起来。

以下介绍的是从地上爬起来的一种简单方法。所有的动作应当在身体的一次连续翻滚或扭动中完成：

①向身体左侧快速翻转，腹部着地。

②双手手掌撑地，同时蜷起右膝至身体下方。

③左腿前移至身体下方，足部平踩地面。

④跳起身来，面对攻击者。

⑤摆出"防御"姿势。

另外一种方法类似我们在许多电影中所看到的，但需要一些训练。

↑ 双手撑地，右膝蜷至身体下方。

↑ 右腿前移至身体下方，双脚踩地。

①滚动至背部着地。

②双膝抬起，尽量靠近胸部和头部上方。

③做前滚翻。

④根据自己的习惯采用左手或右手，手掌撑地，跳起，站立。

⑤面对攻击者。

⑥摆出"防御"姿势。

踢打

大多数人认为搏斗时主要依靠拳头，其实，双腿是有力得多的武器。用鞋子或靴子的边缘踢攻击者的大腿能给他造成巨大的痛楚。

踢打和拳击一样需要练习。如果你已经有了一个拳击沙袋，把它放低一点，大约离地10厘米，就可以练习以下几种踢打技巧了。

↑ 向前直踢的最佳取点是膝盖下方一点点的位置。

需要练习的技巧

向前直踢

①离沙袋约1米处站立，采取"防御"姿势。

②向前直踢，假设瞄准的是攻击者的膝盖。

③将注意力集中在自己的速度、出其不意、身体平衡以及复位上。

④利用双臂帮助自己保持身体平衡，然后退后。

重复该动作直到自己觉得已经掌握该技巧。如果发现自己身体失去平衡，这意味着你踢得太高了。

侧蹬

①靠近沙袋站立，抬脚，然后用力向下蹬踏沙袋的侧面。

②以用力踩脚作为完成动作，就好像是踩攻击者的脚。

这个侧蹬动作如果与猛踩攻击者的脚趾结合起来使用，可以使对手产生强烈的疼痛感。在被攻击者抓住时，这是一个值得一试的技巧。

↑ 猛踩攻击者的脚。

→ 侧蹬。

膝顶

身体向前靠近沙袋，试着用膝盖顶沙袋的顶部。同样，速度和出其不意是至关重要的因素。抬起膝部，就像自己是在奔跑。因为双脚相距较近，此时的身体平衡比较难以掌握。用双手推开攻击者。

被逼上楼梯时

你可能会在楼梯上或靠近楼梯的地方受到攻击。如果被追着上楼梯，或者强奸犯在将你逼入楼上的卧室时，采取以下行动。

①抢在歹徒的前面。

②等到靠近楼梯顶端时，弯腰扶住最后一级台阶或抓住扶手。

③在俯身向前做这个动作时，用脚后踢。尽量把歹徒踢下楼梯。

④如果是在家里，就奔进一个房间，将门反锁，然后大声呼救。

↑ 抓住楼梯扶手，脚向后踢。　↑ 弯腰扶住最后一级台阶，脚用力后踢。

用短棒的技巧

警告：类似警方所使用的警棍是不合法的。下面提到的是一些可以合法携带的物品，如粗或细的金属手电筒。它们可以用类似的方法使用。

短棒指的是直径约为1厘米，长10～15厘米的棒状物。外表可以是光滑的，也可以是有凹槽或棱以便于抓握的。有些短棒尾部有孔，便于装在钥匙圈上。短棒可能看上去毫无用处，但是如果使用得当，它可以使你在许多危险的情况下脱身。尽管它尺寸小，但是使用正确的话，它可以造成疼痛和压迫感。如果使用得当，短棒对攻击者可以产生一定的控制作用，同时又不会导致重伤。它最有效的用途就是用来击打贴近皮肤下的骨头部位，如头盖骨、膝盖。

握棒

以下是几种不同的握棒方法。

①握住尾端，作刀用。

②握住中部，挥动短棒的两端。

③大拇指握法，像用锤子一样砸击。

握住尾端　握住中部　大拇指握法

短棒的基本格挡动作

高位格挡

如果攻击者用摆拳击打你的头部，那么就可以使用高位格挡。实际动作为：用大拇指握法握住短棒，以你的前额到攻击者袭来的手臂内侧的距离为半径呈圆弧形向外挥动。

由于短棒击打的结果必定会让攻击者痛得停手，因而几乎不会对自己产生什么不良的后果。

↑ 中位格挡，用短棒刺攻击者背部。

↑ 低位格挡，用空着的手格挡攻击者的腿，另一手用大拇指握法握棒戳他的腿。

低位格挡

低位格挡可以用来对付攻击者的脚踢。用自己空着的手格挡他踢过来的腿，另一手用大拇指握法握棒戳攻击者大腿从胯部到脚的任何部位。膝盖内侧是最佳的攻击部位。

短棒脱困法

摆脱正面控制

如果攻击者从正面抓住你，最好的脱困方法就是用短棒向上击打他的咽喉，或者向下击打他颈部和肩部的连接部位。

↑ 高位格挡，用短棒刺攻击者的上臂。

↑ 高位格挡，用短棒刺攻击者的太阳穴。

中位格挡

当攻击者攻击你的躯干时就使用中位格挡。可以运用几种不同的刺击。从体前或身后刺攻击者腹部可以将其击倒在地。还可以击打他的咽喉或睾丸。

↑ 双手握棒向下击打攻击者的手腕，同时用大拇指掐他手腕的内侧可以保证让你从任何正面控制中逃脱。

摆脱身后控制

如果被人从身后抓住，就用短棒击打攻击者手背的掌骨，对准它们的位置猛戳几下保证可以让你逃脱。

社交场合的自我防卫

抚摸

女性发现她们在某些拥挤的场合，如舞厅里，会受到骚扰。一般说句"把你的手拿开"就能解决问题，但是当有人不理会你的反抗，同时你又有可能抓住他手的时候，试试以下行动：

①抓住他的一只手，双手分别攥住他的两根手指，用力向两边掰。

②与此同时，使劲掰他的手腕，并将他向后推，使他失去身体平衡。

③抓着他的手将他扭翻在地。

④将他扭翻在地后，仍然抓住他的手指，然后猛踩他的腹股沟。

↑ 向两边掰攻击者的手指。　↑ 将攻击者扭翻在地。

← 将攻击者扭翻在地，猛踩他的腹股沟。

对付挑衅的醉鬼

在聚会上和舞厅里还有可能遇到一些讨厌的醉鬼，采用以下步骤可以轻易地将他们甩开：

①如果有醉鬼把手搭在你的肩膀上，就把自己靠近他的腿从他的身后放在他两腿之间。

②用肘部顶住他的胸部，然后向后压。

③在他向后倒地时走开，或者，在必要时踢他的睾丸。

↑ 用肘顶他的胸部并向　　↑ 必要时，在他倒地后踢后压。　　　　　　　　　他的睾丸。

抱头

摆脱醉鬼纠缠的另外一个方法就是抓住他的头部。只要顺着他的脖子扭他的头部，就能让他晕头转向。

①双手向上伸出，用手指抠住他的头部并尽力抓住，譬如，抓住他的耳朵或鼻子。

②绕圈摇晃、扭动他的头部。

③把他的头拧向一边就能使他倒地。如果

↑ 用手扭醉鬼的头。

↑ 使他倒地后，必要的话再踩他一下。

← 用自己的腿绊住他的腿，就能迫使图谋不轨的醉鬼放开你。

↑ 用瓶颈顶击他的腋窝。

有必要的话，就再踩他一下。

瓶子的用法

经常有人直接拿着瓶子喝酒，当你在聚会上或小酒馆里被骚扰时，啤酒瓶也是一件有用的东西。

①只要一有机会，就抓住对方的手腕，然后将他的手臂往上抬。

②抓住瓶子的中部，然后用瓶颈向上顶击他的腋窝。这样做能让他的手臂麻木，使他暂时无力再骚扰你。

将攻击者绑住

如果你已经制住了攻击者，并且在旁人的帮助下已经将他控制住了，你的首要任务就是确保他对你不能再造成任何伤害了。用鞋带或其他触手可及的绳子捆住他的双手，并用他的腰带绑住他的双脚。如果手头没有这些东西，就迫使他双手掌心向上，让他坐在他自己的手掌上。解开他的裤子，向下拉到脚踝。如果是在家里，就用手边任何容易拿到的东西将他绑住，譬如食品保鲜膜就很好。用保鲜膜将他的手腕紧紧绕上几圈就能阻止他对你造成任何伤害，同时又不会对他造成任何伤害。

↑ 抓住瓶子的中部。

↑ 制服攻击者后，可以用保鲜膜将他绑起来。

第4章
女性自我保护

从暴力强奸和严重袭击事件中逃生的女性日后生活受到的影响会非常大，尤其是在未做任何反击努力的时候。每个女性在受到男性攻击时，都不要耗费时间去揣测他是出于什么样的心理攻击她，他不会有一丝的自责。出其不意的反击是最好的防卫措施，而且，只要得到正确的指导，女性也能主动地进行自我防卫。

女性及自我防卫

通常看来，女性躲开攻击者的能力比男性要差，这一部分是因为大多数人认为，男性的体格比女性强壮，体力比女性要强，而且男性是传统上的保护者。事实上，体格和体力并不一定是个人能力的决定性因素——女性成功击退比自己强大的攻击者并不是什么新鲜事。

许多女性比她们的男性对手更结实、更聪明、更敏捷。她们不会喝太多的酒，因此在任何冲突中所采取的行为也更有节制。两性之间最明显的区别就是，自他们降到这个世界开始，孩子的"心理程序设定"。对男孩的期望是意志坚强、对恃强凌弱者进行回击，而对女孩的期望则是不要反击。这种心理作用是女性被人们看作是受害者的主要原因。

相信自己

女性必须克服自己对打斗的恐惧感。她们体内蕴藏着大量的愤怒和积极主动的能量，而她们应该准备好在遭遇暴力对待的情况下运用自己的力量保护自己和孩子的安全。这只是一个关于自信心的问题，要明白，反击不会失去什么，却可能获得一切。

立刻做出反应

要让攻击者吃惊并让他失去自信，女性应该迅速、果断地采取行动。要相信自己在这种情况下的本能反应并根据本能采取行动，但至关重要的是不能延迟自己的反应，因为如果你所采取的行动出乎攻击者的预料，就能削弱他的气势。

● 表现自信。不要让攻击者因为明显察觉到你的软弱而使用暴力。软弱只是一种感觉，而你的心理力量会对攻击者产生影响。

● 如果有人扑上来，就反击。大声叫喊、奔跑、出拳、脚踢，都是防卫的有效手段。

家庭暴力

任何在家庭中发生的暴力攻击都触犯了法律。男女双方都无权从身体上或感情上侮辱对方。不幸的是，许多女性多年来受着她们伴侣的侮辱。这种侮辱可能会持续多年，通常直到女性离去才终止。女性和暴虐的伴侣待在一起的原因可能有许多种，如缺钱、受到威胁、认为他会改变等。重要的是女性应该认识到，她们还是有地方可去的，在受到不公平对待时，女性应该寻求相关机构的帮助，以维护自己的合法权益。

经受家庭暴力的女性在初期可能没有认识到她们受到了侵犯。然而，从某种程度上来说，她们应该考虑做一些离开的准备了。这不是一个容易做出的决定，特别是当牵涉到孩子时。如果你已经下定决心，就把自己的麻烦告诉一个女友，然后告诉她自己可能需要和她待在一起。把过夜的东西装个小包放在她那儿，存好一笔足够付一段时间住宿费和饭费的钱。如果可能的话，请邻居在他们听见任何骚乱时打电话报警。

遇到团伙攻击的情况

对于女性来说，单身一人遭遇男性团伙攻击可能是可以想象得到的最坏的场景之一。充分的自信应该是你在这种情形下采取防卫的第一步，由于这种团伙一般是期望女性不做反抗的，因此你的反击可能会促使他们放弃对你的攻击。你对胜利的决心越大，就越能使攻击者失去勇气。

对付团伙

应付这种情况的关键要素就是迅速认清哪个是团伙头目，然后将注意力集中在他身上。团伙头目不是个头最大的就是包揽所有对话的那个人。

• 你应当使自己与团伙头目视线相对，并保持这种相对。

• 要表现得自信，并且不停步地向前移动，同时平静但坚决地要求他们不要挡路，你也许能完全让该头目信服地退却。

• 如果他避开你的目光，你应该继续向前移动，从人群中走出去。

• 如果他仍然挡住你的路，那就接近他，但要与他保持一定的距离，在这过程中始终保持与他对视。

• 尽量避免自己被包围。

此时，他非常有可能会装作他只是和你开了一个玩笑，然后笑笑或说几句话，让你过去。

如果这个办法不起作用，那就考虑用自己的声音吸引别人的注意。犯罪团伙不可能希望女性对他们尖叫，而且大声叫喊可能会促使他们攻击你。

如果团伙开始攻击你，你的最后一招就是动手。用上自己所有的技巧，如声音、拳打脚踢，然后，如果有跑开的空间，一有机会就赶快逃跑。

下面是几个需要牢记的要点。

• 保持目光对视。

• 不要对自己选择的逃跑路线三心二意。

• 除了发令之外，不要和攻击者对话。

↑ 大声叫喊是在遇上任何攻击时都可采用的一个重要武器。

• 保护自己的后背，攻击者从你身后发动攻击比正面发动攻击要容易。

遇到尾随情况

近年来，尾随事件呈上升趋势。这一术语通常用来指某人迷恋他人或对他人存有恶意，然后一直跟着他们。然而，尾随者经常不满足于单纯地尾随他们的目标，他们会对目标进行身体袭击、书面或口头的侮辱，以及做出各种经常是显示威力的举动，乃至对目标进行胁迫和使用暴力。

向警方求助

如果你认为自己被尾随了，就可以报警。但是，应该了解的是，如今仍然没有任何立法针对尾随这一特殊犯罪。所以，不可避免的，除非尾随者对你进行了身体袭击，否则警方可能不会立刻对尾随者进行处罚。

当你认为自己被尾随时

寻找"安全避难所"

如果你离开了自己熟悉的环境，并且感到自己被尾随了，无论原因是什么，赶快找一个安全的"避难所"。你可能只是看到了影子，但保持警惕永远比留下遗憾要好。当自己在街上行走时要尽量找出可能的"安全避难所"，例如，警察局、公寓大楼、医院、银行、酒店或商场。当你感受到直接威胁时，赶紧往最近的亮着灯的房子走，然后打电话求救。

↑ 对可能的危险区域提高警惕。

在人行道上行走的时候要走在人行道的中央，并且要对小巷口或"凹"进去的商店门口提高警惕。如果认为自己被人尾随了，要马上转身查看。穿过街道（如果有必要的话就穿两次）以便确定自己是否被尾随。如果自己不确定，那就进入大商场或类似的场所，然后打电话叫辆出租车送你回家或目的地。如果尾随者跟着你进来，就告诉店员或者打电话给朋友。如果你真的独自一人遭遇上了尾随者，要做的第一件事就是面对尾随者，这样你就能看见他以及他在做什么。

• 尽量不要为了抄近路而穿过自己不熟悉或人迹稀少的地区。

• 携带私人警报装置并准备好使用它。

• 如果可能的话，在深夜回家时让家里人来接你。

• 请送你回家的朋友等你进了楼门后再离开。

• 把自己的钥匙拿在手上。不要等到站在家门口时再在手提包里或口袋里找钥匙。

遭遇强奸

强奸是非常常见的一项犯罪，而且可能会毁掉女性的一生。85%以上的强奸案件中强奸犯与受害者原本是认识的，而且受害者并非全是单身女性。许多受害者在被强奸后没有报案，因为受害者感到肮脏和难堪，或者因为她们感到警方或法庭不会相信自己。重要的是要记住，被强奸从来不是女性的责任或错误。

有预谋的强奸案件很少，大多数都是偶然的。

从施暴者手下逃脱

如何从施暴者手下逃脱可能取决于你自己与施暴者之间的关系以及自己的性格。你可能会毫不犹豫地用拳头猛击一个陌生人，但却可能会对认识的人下不了手（也许是害怕对将来的影响）。你也许可以通过对话来摆脱这一状况，但要准备好在必要的时候使用身体的力量。有资料显示，同施暴者展开搏斗的女性比不进行反抗的女性安全逃脱的机会要大。

• 评估一下施暴者：他的个子有多大？他是否喝多了？他是不是在拦路抢劫的过程中对你产生了歹意？

• 保持冷静，做好同他进行搏斗的准备。

• 运用自己的声音：大声叫喊并求救。

• 保持与对方对视。

• 尽量不要让他碰你。

反击

在采取了上面所说的方式之后，施暴者也许仍然会企图强奸你。处于这种情况时，就要准备好用行动来制止他了。施暴者在施暴时会易于受到攻击（譬如，当他在拉开拉链时），而受害者在必要的时候，应该判断何时是反击的最佳时机。

除非施暴者用武器顶着你的喉咙，否则就应该使用一切方法与他搏斗，你不论做什么都对

↑ 如果施暴者将你按倒在地，就用自己的双手抓住他的头部。

↑ 用力向一边拉和拧他的头会让他身体失去平衡并可能为自己提供逃脱的机会。

改变局势有所帮助。你可以采取挠、咬、踢等方式，扯他的头发、抓他的睾丸、抠他的皮肤。即使这些不能制止他，至少保证可以在他身上留下痕迹，以后可以指证他。

防止约会对象或熟人起歹意

"约会强奸"通常指男女双方第一次约会，或在发展相互关系的初期，由于男方未能正确理解有关暗示，而对女方实施性侵犯。

男性必须明白，虽然初次约会取得进展可以很好地确立自己在对方心目中的地位，但如果没有得到女方的同意，这样的举动就构成了强奸。同时，女性也必须明白，在深夜或是喝了一点酒后，把一个自己不太了解的男人邀请到自己家里可能给对方以错误的暗示。这就是说，请男性喝咖啡、喝酒或有些亲密的表示，并不意味着女方同意接受强加给她的性行为。

男女相约出行通常是因为相互喜欢。问题是，我们相互有多少信任？女性在和不够了解的男性约会时要谨慎、自重，不要给出容易让人误解的暗示。

- 第一次约会时间不要太长。
- 自己解决赴约和回来的交通。
- 注意自己的衣着打扮。
- 在给出自己的有关信息时要谨慎，如地址、电话号码、工作地点等。
- 明确地表明自己的意见。
- 如果不希望发生性关系，就断然拒绝对方的要求，并准备好在必要的时候以行动来证明。

如果已被侵犯

如果受害者已经被侵犯了，那就立刻报案；如果你不想报警，可以向相关机构寻求帮助、支持和建议。

受到侵犯后的自我恢复

只要一有机会，就要在第一时间向有关组织寻求帮助。比如前往最近的警察局，寻求直接的医疗救助，但在接受检查之前不要自我清洗。你可能非常想进行自我清洗和换衣服，但警方会需要他们所能得到的全部证据，以逮捕施暴者并证明他有罪。你可以让朋友或亲戚来陪你。

受害者要明白，检查是为了你好，不仅是为了医治身体上的创伤，也是为了检查是否有怀孕或被传染上性传播疾病的可能。也许警方的询问会让你觉得好像是自己犯了罪，但你应该明白，警方必须依法行事。他们可能会问你一些你不想回答的问题，但你要尽自己所能回答。你可以在任何询问时请人陪你。

如果受害者是被自己的朋友或亲戚强奸了，法庭可能会禁止此人（包括受害者的丈夫）再次和受害者接触。如果诉诸法庭，受害者的匿名权也应该受到保护。

男性能帮什么忙

男性必须理解，许多女性在孤独时，特别是在陌生的环境里，会变得精神紧张。

- 尽量不要在黑夜或偏僻的地方紧跟在一位女性身后。
- 在深夜的公交车上不要坐得离她太近。
- 如果看见有女性陷入困境，要前去帮忙或找人来帮忙。

恶意电话

电话通常是对人有帮助作用的，尤其是当我们有麻烦的时候，但有时它也会被别有用心的人利用。避免在家里接到不想接的电话的最简单方法就是不要将自己的电话号码登在有可能被公开的号码簿上，然而，这仍然不足以保证你不会接到恶意电话，因为有人会乱打电话。

有些电话纯粹是骚扰电话：这种情况往往是因为你的电话号码正好和某些出租车叫车电话或订餐电话差不多。当然，有些人会故意拨打恶意电话，而正是这些电话才有潜在的危险。它们可能会给你带来麻烦，使你感到焦虑。恶意电话可能是你认识的人打来的，也可能是和你有纠纷的人打来的。

预防恶意电话的措施

为了最大限度地减少自己可能面对的问题。

● 不要在电话中说自己的名字或私人电话号码。

● 不要在电话的自动回话录音中录入自己的名字、电话号码或类似"我现在不在家"之类的信息。

对付恶意电话

如果接到自己认为的恶意电话，那就采取以下行动。

● 如果对方不出声，不要试图哄他开口，干脆挂上电话。

● 保持镇静：真有事打电话来的人，或者想跟你开个小玩笑的朋友，通常会先开口说话的。

● 情绪不要过于激动，他们要的就是这种反应。

● 除非你相信来电者，否则不要在电话中说出有关你的任何具体信息。

如果来电者纠缠不休，就与电话公司联系，以采取相应措施，若事情的性质严重，可以报警。

私人防护装置

私人警报器

市场上有许多不同种类的私人警报器，其中有些很实用有些则毫无用处。这主要取决于其声音的尖利程度，声音越是让人难以忍受就越好。私人警报器通常是用电池或小的气缸来驱动的，用气缸驱动的发出的声音较大，但持续时间较短，而用电池驱动的可能效果更好一些。有些私人警报器现在有的几项功能，全部都是为帮助你

对付攻击者而设计的。例如，手电筒和警报器合而为一。还有更好的，有些警报器可以装在手提包上或者门背后，当有人试图偷你的手提包或破门而入时警报器就会启动。私人警报器在大多数DIY（自己动手制作）店铺，或者电子产品批发商店里都能找到。

如果你有一个私人警报器，最好随身携带，并保证在出现紧急情况时自己能迅速拿到：任何警报器，无论它有多少功能，如果被埋在包底，也是没有用的。然而，你不能完全依赖于自己的私人警报器，它可能确实会让攻击者大吃一惊，但普通大众可能不为所动，因为我们对警报声已经习以为常了。在警报器响起的同时要大声呼救，同时准备好自我防卫。

其他

有许多日常用品（如梳子、香水等）是可以合法携带的，你也可以用它们来对付攻击者以保护自己。如果你在自我防卫中确实使用了这些东西，在事后要向警方证明自己的行为是合法的。

■**运用武器自救**

女性因为生理上处于弱势，更易成为被侵害的对象。敢于侵犯青年女性的歹徒一般都比较强壮，除非受过专业训练，徒手反击是很危险的。所以女性最好在出门前用"武器"将自己武装起来。

要注意选择在法律许可范围内的"武器"，如小学生削铅笔用的小刀，这样既能使自己逃脱，又不会将歹徒杀死。万一受到攻击时，可以按如下方法自救。

如果歹徒用右手抓住了你的左手腕，就刺他的右手腕内侧。受伤的歹徒只能用手按住伤口去看医生，你就可以逃脱了。

如果歹徒从侧面抱住你，而你拿刀的手靠近他的身体，可以刺他的大腿内侧。这是神经敏感区，他肯定会疼得放开你。

如果歹徒抓住了你的肩头、衣领、头发，或者扼住了你的脖子，就刺他的手臂、身体。

如果歹徒从背后抱住你，你的手可以活动，可以刺他的手背。

如果歹徒从前面把你抱起来，可以刺或划向他的颈部。

第5章
常见的防卫方式

了解常见的攻击方式与相应的防卫方式在极端条件下非常关键，因为这不仅可以使你有效摆脱困境，甚至能挽救生命。当确定自己受到攻击或骚扰时，采取有效的防卫措施是必要的。你应该掌握在面临武器进攻或性骚扰时应采取的有效防卫方式。

骚乱

骚乱基本上就是对和平的破坏，而如果它得不到控制，就会成为更严重的暴力行为的前奏。小酒馆里的争吵所发出的噪音和闹剧只能打破和平的气氛，但是，一旦动起手来，就可能触犯法律了。往往在这时候，人们才发现自己卷入了一个本可以避免的麻烦事件之中。

设想自己是在小酒馆里，有人侮辱你的同伴。虽然你可以进行口头报复，但却无权打这个"大嘴巴"。同样，如果在由语言侮辱引起的冲突当中，你决定英勇地反抗"大嘴巴"并动手，那么你会因为打架而违法。

在大多数情况下，如果你没有直接介入争吵，骚乱是可以避免的。尽量不要和一个喝醉后在酒吧里大声嚷嚷的人一起喝酒，邻里纠纷也要尽可能地避免，除非你认为自己的生命受到威胁，否则在这些情况下最好走开。

抢钱包者和无赖

抢钱包的现象现在越来越多。抢钱包者采取这种简单办法来抢你的钱、信用卡和住处的钥匙。大多数抢钱包者作案时成群结伙，他们看准了准备下手的对象后就紧跟他们，由团伙中的一人转移受害者的注意力，然后另一个抢夺装有钱包的包，这并不是什么稀罕的事。

- 带上一个旧的钱包或皮夹子，里面只放很少的钱。没有一个抢包者会在附近停上很长时间来查看他从你那儿抢到了多少钱。
- 永远把这个旧钱包放在显眼的地方，里面放上过期的信用卡，并剪几张纸币形状的纸，上面放一张面值较小的钞票。
- 小心藏好自己的真钱包。
- 永远不要让任何无赖拿到你的住址以及你住处的钥匙，因为他们可能会企图"拜访"你。

暴力犯罪

刀、枪都是非常危险的，而且在大多数近身攻击中会造成重伤，甚至死亡。碰上抢劫时，不要大惊小怪，赶快放弃自己的东西。如果遇上的是强奸或报复，你逃开的机会可能很小，在这种情况下，就只好自我防卫了。事实上，除非你接受过专门的训练并自信能应付这类情况，否则你得胜的机会也不会太大。对待持刀或持枪的袭击，唯一有能力对付袭击者的是有枪的职业人士，如警方。

用刀和其他武器的攻击

尽管拳脚能造成致命的伤害，但是毋庸置疑，当攻击者使用武器的时候，被攻击者受到严重伤害甚至丧命的危险更会大大增加。很多物体都可能被用做武器，但是经验表明，最常用的武器还是刀。

近年来，利用刀进行攻击的案件数量有所上升，部分专家认为刀文化正在形成，尤其是在年轻人当中。

带刀者经常宣称带刀是为了自我防卫，但是非常明显，刀也可能被那些"危险"人物利用来攻击人，或者更普遍的现象是被用来辅助盗窃或者性暴力。

抵抗利器的自我防卫

刀、敲碎的瓶子、玻璃以及烟灰缸都能造成可怕的伤口。动脉与身体的其他部位相比更容易受到伤害，因为它们离皮肤更近，特别是没有受到衣服或装备保护时。因此保护好这些部位免受攻击很重要，比如颈部，由于里面有颈静脉和颈动脉血管，因此应该特别保护好。

用刀攻击最令人害怕的事情就是知道自己可能被砍伤、刺伤甚至被杀害。这种担心就可能让人手脚瘫软。为了重新获得对局面的一定程度的控制，你必须接受你可能会受到伤害这一现实。

企图让攻击者缴械是一件非常困难的事情。但是表现出自己并不是一个由于害怕就会任凭摆布的人就足以有效地让部分攻击者意外，从而有机会逃脱。如果被迫进行反击，也不用担心，该怎么做就怎么做，但是不要冲撞带刀的人。记住你最可能受到伤害的部位就是脸部或者腹部。与攻击者进行周旋，并保持一个足够安全的距离避免被刀碰到，还要保持收腹。如果身边有东西，如椅子等，可以抓过来当自卫武器。可以拿衣服或者腰带当鞭子进行抽打或者缠绕，还可以将口袋里的零钱抓出来竭尽全力扔向攻击者的眼睛。

使用刀具

在你为了让自己或者另外的受害者保命而不得不挺身迎向挥刀的攻击者时，记住心脏或者胃部如果没有得到有效保护的话，可能是最容易下手的目标。

如果在自己家中被攻击，比如夜间携带棒球棒的盗贼，这时候千万不要试图拿厨房的刀具来威胁攻击者，那样只会提醒攻击者从你手中将刀争夺过去，然后反过来用刀对付你。

钝器

像棍棒、短棒、铁条、锤子或者类似的物品都能够造成很大的伤害。用锤子敲击手臂可以很轻松地导致手臂骨折，而用同样的力度敲击头部则可能导致头盖骨破碎，从而造成对大脑的严重伤害。一定要努力通过摇摆、下蹲、躲闪等避免受到这种伤害。如果被击倒在地，可以在地上滚动，用双手护住头盖骨，手腕护住双耳。

枪

在被抢劫当中，如果遭遇到持枪的歹徒，生存的黄金法则就是按照歹徒的命令行事。如果他们让你不要动就不要动。从严格意义上说，很多抢劫者携带武器可能完全就是为了恐吓受害者，而他们自己或许并不知道如何正确使用这些武器。你其实也并不是他们的主要目标，他们的主要目标也许是抢夺财物而不是杀人。尽可能地让自己不显眼，这样歹徒就不可能把你看成是威胁，他们也没有太多理由让犯罪案件升级，同时也不敢确定到底他们的射击会不会准确，因此不到万不得已的时候，千万不要刺激攻击者开枪。

但是如果歹徒没有其他目的而完全只是针对人，你该怎么办呢？如果攻击者已经悄悄接近你，并用枪顶着你让你上车，你又该怎么办呢？

有的人会说，如果进行合作能够劝诫让歹徒回心转意的话，你可以服从。另外一部分人则认为应该抓住机会，因为在攻击发生的前几秒钟完全能够给自己提供逃跑并得以生存的机会。

无论怎么样，只要决定了逃跑以保命，就一定要尽快拉开你与攻击者之间的距离。身体放低，然后呈"Z"字形线路逃跑，让攻击者没有办法进行瞄准。如果能够在你与攻击者之间制造障碍最好，如利用一排车子、一排树或者栅栏等进行躲避。

□受到持刀攻击

1. 如果攻击者带有武器，最好的防卫方式当然是尽快逃离，但是在某些情况下，逃跑是不可能的。

2. 当攻击者用刀砍的时候，身体后仰躲过刀子，手臂尽量靠近身体。不要把手臂张开，因为那样很容易被伤到。

3. 当攻击者准备用刀砍你脸的时候，双臂上举，保护好脸部和颈部。但是不要把手腕内侧暴露在外。

4. 当你抬手臂护脸的时候，不要只被动地抬手臂，而是用它们撞击攻击者持刀的手臂，对其造成伤害或者可能让他握刀的手松开。

5. 刀没有砍到目标的时候，用手紧紧抓住攻击者握刀的手臂控制住武器，然后用肘部撞击攻击者的肋骨部位或者脸部。一旦控制住攻击者握刀的手臂，无论在什么情况下都不要放手。这是避免被砍到的最有效的防护措施。

6. 将攻击者的肘部上挑，竭尽全力推攻击者使其失去身体平衡。将刀调转直指他的肋骨部位，竭尽全力将刀刺进他的身体。如果攻击者跌倒，马上尽快后退，然后逃跑。

□躲避刀刺攻击

1. 攻击者用左手抓住受害者，试图将刀举起向下猛刺受害者头部或者颈部。

2. 应向攻击者走近，抓住攻击者持刀的手臂，用前臂使刀刃偏移。

3. 一只手握住攻击者持刀的手腕将他握刀的手往外拉，用另一只手挖他眼睛。往后推攻击者，使其身体失去平衡。

4. 向后推攻击者的时候，用脚从后往前扫攻击者的小腿，迫使其跌倒。尽量不要松掉握住攻击者持刀的手腕的手。

5. 用双手控制攻击者持刀的手腕，将刀尖转向直指攻击者自身。

6. 将身体的全部重量转移到刀柄上，用刀刺攻击者的胸部，然后尽快逃离。

□受到枪械威胁

1.在面对持枪的攻击者的时候，我们的建议是按照攻击者的指示做。如果是劫匪，给他任何想要的东西。你的生命远比一块表、一些钱或者一辆车更值钱。

2.如果你确定无论你做什么，攻击者都可能开枪的话，那么除了自卫，你将别无选择。将枪推到一边，让自己避开枪口的方向。

3.如果这时候子弹射出，你可能会被产生的声音吓倒，但是你必须继续握住枪或者握住攻击者持枪的手腕。

4.击打攻击者持枪手臂的肘部。

5.你的目标是双手控制攻击者持枪的手臂。用脚尽最大力量猛踢攻击者的膝盖分散其注意力，然后用手尽量夺取枪。一直保持向前的力量控制整个局势。

6.从攻击者手中夺过枪，并尽快退开。

应对脖子被勒

　　颈部内有脊髓、主要的血管和气管，但却缺乏任何形式的骨质保护结构，因此很容易由于受到挤压等而被伤害。受害者首先感到极度疼痛，然后失去知觉，最后脑死亡。压迫喉咙将影响到大脑供血，甚至导致心脏停止跳动。只需要用15千克的力量就可以让气管闭合，然后受害者在几秒钟内就有可能休克。这种形式的攻击往往被男性利用来针对女性，而且勒脖子也是一种常见的家庭暴力的形式。

□应对脖子被勒方法一

3. 向攻击者的眼睛吐口水会导致他眨眼睛，让他更容易受到进一步的攻击。

1. 攻击者试图用左手抓住你的喉咙，企图让你窒息。

2. 用最大力量向下推攻击者的肘关节处，用另一只手袭击他的喉部。

4. 右手向上移动抓住攻击者的头发，左手卡在攻击者脖子处向后推，猛烈扭动攻击者的脖子。

5. 从后侧使劲踢攻击者的腿部，使其膝盖着地。集中全身重量踩住，对攻击者造成尽可能大的伤害。

6. 用手掌将攻击者的头撞向地面。如果他试图站立起来，踢他的下身或者踩他的脚踝。然后迅速逃离。

□应对脖子被勒方法二

1. 攻击者伸出右手准备抓住你的喉咙。

2. 躲避攻击者的手，对其肘部施加向上的推力。

3. 推动攻击者的手臂使其身体失去平衡。

□应对脖子被勒方法三

1. 攻击者伸出右手试图抓住你的喉咙。

2. 攻击者握住喉咙开始用劲猛捏。

4. 移动到攻击者身体侧面，将左小臂从攻击者喉咙前绕过，并向后拉，迫使其身体失去平衡。身体迅速后退，将攻击者放倒在地上。一旦攻击者被放倒在地，你就可以踩住攻击者，阻止其进行新的攻击。

3. 将头向一侧适度偏移，向下点下巴，然后前推，同时利用各种方式攻击其下身，迫使攻击者逐渐后退。

□应对攻击者从背后勒脖子

1. 攻击者有时会从背后接近你，企图勒住你的脖子。

2. 攻击者用右小臂勒住你的喉咙后会开始加力。

3. 你应该身体前倾，用最大的力量将攻击者的手臂向下拉，减少其对喉咙压迫的力量。

4. 继续控制住攻击者的手臂，握住其手臂，呈顺时针方向扭，离开攻击者的身体，用最大的力量将攻击者的手臂向外扭。

5. 将一只脚伸进攻击者靠你最近的腿的后侧，并用右手攻击其脸部。用手掌根部击打其下巴或者喉咙都非常有效，随后立即用手指去抠攻击者的眼睛。

6. 向后推攻击者，用你的腿让其失去平衡，并最终将他推倒在地。之后继续用脚踩踏其身体或者下身。千万不要以为攻击者倒地之后就已经不构成威胁，应该迅速离开，防止攻击者将你也拉倒在地。

应对用头撞击

□应对攻击者用头撞击

用头撞击是一种破坏性很强的攻击形式，尤其是如果撞击的部位正好是鼻子、眼睛或者颧骨。如果在用头撞击的同时，攻击者用双手将受害者拉过来迎上撞击的头或者用双手抓住受害者以稳定其撞击目标，这种撞击的后果会更严重。如果用头撞击的部位适当，很容易将被攻击者击倒在地、造成脑震荡或者脸部软组织受伤。用头部撞击还可能导致眼睛永久失明，甚至脑受伤。对用头撞击进行防卫需要对攻击者最初的行动做出快速的反应。

1. 攻击者有时会采用头部撞击的方式来对付你，他的动作非常有力，经常会让受害者的头颈部感到某种程度的疼痛。因此很有必要对颈部肌肉进行锻炼，以减小攻击者对你做出的各种动作造成伤害。

2. 当攻击者将其头部撞向你脸部的时候，你应迅速抬起肘部，让肘尖撞击攻击者的脸部。这不仅能够阻止攻击者用头撞击的动作而且还能对攻击者脸部的软组织构成伤害。

3. 用右手手掌的根部击打攻击者的下巴或者喉咙，将其头部向后推。随后立即用手抓攻击者的眼睛将进一步减弱他对你的攻击性，并使攻击者不知所措。

4. 用身体的全部重量向下压攻击者的手臂，以破坏其肘关节为目标。如果空间允许，应该稍微后退或者往旁边移动，使杠杆作用发挥最大威力。

5. 将攻击者的手臂向上向后扭，扳击者的肩膀使攻击者的头部朝下，这样的话，你的膝盖或者脚就可以对其进行攻击。如果攻击者试图挣脱保持身体平衡，可以把他撞到墙上。

6. 双手抓住攻击者的手指，并用力向两侧掰开，伤害其指关节。这种方式并不需要使很大的劲。之后攻击者将不能再用手来对你进行攻击。

应对性侵犯

尽管任何人都可能成为强奸犯攻击的目标，但是大多数受害者都是年龄未满18周岁的青少年，而且绝大多数强奸犯都会使用身体暴力胁迫受害者让其屈服。尽管很多人相信强奸案件大部分都是陌生人在没有经过周密计划的情况下作案的，但是事实上，绝大多数的强奸犯都是受害者所认识的人，而且强奸案件也是强奸犯在事前周密计划好的。

团伙攻击可能是你会碰到的最危险的情况。最重要的事情就是保持尽可能大的距离。最好的办法是尽快跑到光线更好、人更密集的地方。

对付强奸犯

潜在的强奸犯经常会使用下列的方法：

• 获取受害者的信任。通常情况下，强奸犯会公开接近受害者，并以某种方式寻求受害者的帮助。一旦距离适当，他立即变得具有攻击性和威胁性。利用这种方法进行攻击的强奸犯可能伪装成警察、挨家挨户的兜售人员或者允许你搭便车的司机。强奸犯是陌生人的时候，以上都是最常见的策略。

• 突袭。强奸犯隐藏在某种掩护下，在没有任何警示的情况下对受害者下手。

□应对正面攻击

• 偷袭。强奸犯闯入受害者睡觉的地方。

强奸犯会努力通过身体胁迫、口头威胁、展示武器（通常是用刀）或者身体暴力控制住受害者。通常情况下，受害者会感到害怕，因此强奸犯只需要很小的力量就能让受害者屈服。强奸犯也正是依靠这一点得手，因此受害者可以通过大声喊叫或者进行积极反抗引起别人的注意来破坏攻击者的计划。

酗酒很容易让受害者成为攻击目标。他们的身体已经被酒精麻痹，不可能进行有效的反抗或者逃跑。而且其记忆力也受到严重影响，很难记住攻击者的相貌特征。

性骚扰

通常情况下，性骚扰并没有强奸严重，但是工作中的性骚扰是对自尊的一种威胁，你应当正面回击，法律保护雇员不受这种事情的伤害。性骚扰有很多形式，包括对你外貌的不恰当的评论以及同事间不友好的直接接触。你应该非常明确地表示自己不欢迎这样的评论或者行为。不要为自己的反应进行道歉或者努力展示友好的微笑。从一开始就要表明态度，最好是在目击证人在场的情况下，表明自己不接受这样的骚扰。

如果这些都不奏效，把发生的所有的这类事情记录在案并向领导汇报。在迫不得已的情况下，你可以对这种持续的骚扰行为采取必要的手段，但是你必须能够证明你所采取的行动是在问题未得到解决的情况下的正当行为。

1. 走上前去抓住攻击者的衣服，或者如果他们头发比较长或者戴有耳环，用力拉扯这些东西。

2. 如果攻击者的头部向下，将膝盖提起用力撞其上身。

3. 随着攻击者向前倒，向后推他的头部。然后继续进行反抗，比如用手抠他的眼睛。

□反抗路上的性侵犯

1. 如果你走在偏僻小路上，攻击者可能从背后接近，然后迅速追上并抓住你。

2. 攻击者利用身体的重量和力量将你推倒在地面上，骑跨在你身上，双手按住你的肩膀或者手臂。

3. 攻击者没有控制住你的双腿。用你的脚勾住袭击者的一条腿。

4. 如图示，用脚踝勾能够让你滚到一侧，用手使劲推，并用腿使劲往里扭攻击者的脚踝。

5. 一旦从攻击者身体底下逃脱，如果可能，用手使劲将攻击者推向墙，以增加逃跑的机会。

6. 用膝盖猛击攻击者的下身，然后迅速挣脱，跑到一个安全的地方，并尽快报案。

□对抗团伙攻击

1. 如果遭遇到一个有威胁性的团伙，尽可能大声地呼叫以吸引其他路人注意，并且明确表示自己不会轻易就范。

2. 如果该团伙坚持对你进行攻击，并向你走近，此时诸如重型搭扣的皮带、狗链等东西都是非常有用的自卫武器。

3. 快速挥舞皮带，保持与攻击者之间最大的距离。如果攻击者继续上前，你就应该尽可能快地后退。

□应对靠墙攻击

1. 攻击者会躲在角落里观察，等你走近。

2. 攻击者迅速向你移动，把你推到后背靠在墙上的位置。

3. 迅速做出反应，用膝盖猛击攻击者的下身、胃部或者大腿。

...

4.将头部偏向一侧，用全身的力气将攻击者的脸拉过去撞向墙。

5.将攻击者用力从身上推开，让其背部着地。大声呼救，并注意观察攻击者。

6.用脚用力踩攻击者的下身，然后迅速逃离，前往人多的地方。

□应对骚扰方法一

1.你应该对骚扰者最初的接触立即做出反应，抓住攻击者的手以防攻击者进一步的行动，抬起肘部准备反击。

2.将肘部直接击向骚扰者的脸部，以鼻子、嘴唇或者眼睛为击打目标。大声喊叫并增加击打的力度。

3.将另一只手掌伸直砍向骚扰者的下身。站起来准备离开，同时将骚扰者往反方向使劲推。

□应对骚扰方法二

1.在你坐着的时候，骚扰者通常会从背后接近你。

2.骚扰者会将双手放在你的肩部。骚扰者身体前倾，仿佛要对你说悄悄话。

3.此时你应立即用手抓住骚扰者的一根或者多根手指。

4.扭动并向前拉骚扰者的手指，迫使其头部下沉。同时准备用另一只手进行反击。

5.使劲用手掌根部直接猛击骚扰者的下颌，使其头部后仰。这样将给自己留出足够的空间站立起来，然后离开。

第6章
家庭事故中的逃生

你最后一次对家庭及家庭财产进行安全评估是什么时候？你如何防范入侵者进入你的房子？你可能会成为煤气泄漏或者一氧化碳中毒的受害者吗？你家会发生火灾吗？如果着火了，你知道如何让每个人安全离开吗？你应该了解如何应付这些发生在家中的危险。这些也将是你在战争、社会动乱或者恐怖袭击中逃生需要的技能。

防范入侵者

评估自己的房子被入侵的风险的最好方式就是假设丢了钥匙，然后在造成最小破坏和噪音的前提下找到进入房子的方式。

窗户锁

对很多窃贼来说，窗户是他们入室盗窃首选的入口。窗户即便锁上了，也没有门安全。钢化玻璃或者双层玻璃可能会止住窃贼，因为他们最不愿意打碎玻璃制造噪音，以免惊动邻居。但是，如果你嫌麻烦而不关好并锁好所有的窗户，窃贼绝对会毫不犹豫地从窗户进入房子。

现在几乎所有的双层玻璃窗都只中间有一个钩子锁窗户。这种情况下，只要用铲子从窗户的一角插入将窗户弄变形，窗户就被撬开了。

为了避免这种情况，完全可以在窗户的角上添一把便宜的简单固定在表面的锁，安装的方法很简单，只要会使用改锥就可以。

门的安全

通常来讲正门都是最安全的，因此不会是窃贼轻易选择的入室路径。但是如果正门只有一把单一的弹簧锁，它就有可能成为窃贼的目标，因为弹簧锁从外面用一块软刀片甚至信用卡往往就能够打开。如果门上还装有榫眼锁或者死锁，那窃贼可能就不得不三思了。因为这样的话不仅仅

门更难打开或者噪音更大，而且就算他通过窗户进入室内之后也无法带着盗窃到手的东西从正门出来。

后门或者旁门往往由于不容易从大街上看见而比结实的正门更容易成为窃贼入室的目标。而且后门和旁门往往都是有部分玻璃的门。很多家庭往往将这种辅助门作为前往花园或者车库的通道，因此经常不会上锁，或者把钥匙留在钥匙孔上。门上可能在上下两个地方都装上了门闩，但是又有多少人会把门闩插上呢？

有很多种方法可以取得插在门内侧钥匙孔上的钥匙。但是如果门上有猫洞，这就更容易了。如果洞比较大，比如为了让狗出入，那么年幼的或者个子瘦小的窃贼完全可以通过这个洞悄无声息地进入室内，除非洞是开在厚厚的墙上而不是薄薄的门板上。尽管门上的猫洞连接的可能只是一个门廊或者温室，但是只要进入里面，他们就不太容易被邻居或者路人看见，然后就可以从那个地方放松地打开门或者窗进入主屋了。

外屋和梯子

就算你已经将地面楼层的门窗全部关好并锁好，但将一些工具放在了没有锁好的杂物间，或者将梯子放在花园没有锁好，那你的房子还是很容易受到窃贼的光顾。你觉得你的邻居会对在你院子里进行工作的"工人"或者"窗户清洁工"产生怀疑吗？所以，给杂物间和外屋上锁并装上

□提高家的安全性

↑ 如果不得不把梯子放在家外面，必须将其固定在架子上并锁好。防止盗贼利用它通过楼上的窗户进入室内。

↑ 家里没人的时候，要将楼上的所有窗户关好并锁好。因为即便自己锁好了梯子，也可能有邻居没有锁好梯子。

↑ 如果门上有猫洞，千万不要将钥匙遗忘在钥匙孔上。为了增加安全性，给门加一把锁。

↑ 窃贼最先检查的两个地方分别是正门前的地垫底下和最近的花盆，看是否会留有备用钥匙。

↑ 如果窃贼入室，而你把所有值钱的物品和文件放在一起，你将使他们的盗窃工作简单容易得多。

↑ 如果你要出差，可以在部分房间利用定时开关自动打开和关闭电灯和收音机等，这样会让房子看上去有人。

警报器，将梯子锁在适当的架子上。这些东西都可以从五金商店购买到，而且价格便宜。

吓退窃贼

窃贼们一般希望在受到最小抵抗的情况下窃取财物。因此，如果在显眼的地方装一个防窃警报器，将侧门和后门都锁好，而院墙上也装有易碎的东西，那么窃贼一般不会浪费时间，而会寻找另外的目标下手。窃贼也不喜欢那种沙砾车道，因为在这种地方不弄出声音比较困难。但是如果你傻到直接将钥匙放在地垫下面或者明显的花盆里，窃贼还是会直接进入房间盗窃。

不要把房子或者车钥匙放在从外面就能看见的显眼的地方，那样的话窃贼只需要花少量时间就能够用像钓鱼那样的方式拿到钥匙。

房屋防盗

虽然结实的锁头可能会让窃贼望而却步，但是也不能高枕无忧，应该时刻注意那些可能让我们的房屋成为窃贼攻击目标的细节。你还可以采取进一步的措施保护自己的财产，尤其是在夜间这种入室盗窃者可能对自己或者家人构成人身伤害的时候。

安全照明

在房屋外仔细设置安全照明灯，最好是由活

动传感器控制的灯，这在夜间对窃贼是一个很好的威慑。为了发挥最大功效，安全照明灯应该设置在能够照亮几乎整个可能是入侵位置的地方。这种灯不能只照到邻居或者路人，而让入侵者躲在背光的地方"作业"。

如果房前有花园，花园中能够挡住正门或者窗户视线的矮树丛也经常被窃贼利用。所以应将它们砍掉。（相反的，如果在矮树丛周围加一圈带刺的篱笆对盗窃者会是一个威慑。）

做好应对最坏情况的准备

尽管已经做好了各方面的安全措施，万一窃贼还是进入了房间，卧室门上的门闩能够给你提供一点时间来打电话求助。因此应该在睡觉的时候把手机带进卧室而不是放在别的房间充电，谨防入侵者切断电话线。

你还应该考虑在卧室里放手电，最好是较大的多功能的电池警用手电，这样还能将手电作为防身武器。注意，各个国家对针对入侵者的暴力抵抗手段的认可度是不一样的，因此要注意这方面的法律规定。

夜间使用警报器

最后，预先警告就是预先武装。如果你有一个防盗贼警报器，每天晚上上床睡觉之前把它调试好。警报器不仅能吓住入侵者，也能让你察觉到有人在楼下活动，让你有时间打电话求助、穿衣服并做好准备对付正在上楼的入侵者。

如果家里没有安装警报系统，单独的使用电池的房间警报器可以作为很好的替代，只需要将它安放在楼梯上就行。

↑ 不要让陌生人进门：在门上安装猫眼，或者使用门链，在开门之前首先看看来访者是谁。

□ 容易受到入侵的情况

↑ 如果你将大门开着就返回汽车取购物袋，就为窃贼提供了入室的机会。

↑ 如果将花园大门开着，当你转身的时候，盗贼就可能入室行窃。

↑ 不要将钥匙挂在窃贼能拿到的地方，更糟的情况是其中还有邻居家的备用钥匙。

↑ 长得靠房屋太近的树叶茂盛的灌木丛能够给窃贼提供藏身之所，让其能够寻找机会通过门或者窗进入室内。

绝大多数盗窃案件都是窃贼在偶然的情况下犯下的，如家中没有人的时候，尤其是傍晚或者夜间。最好的安全措施首先是不要吸引窃贼的注意，然后才是采取一些措施防止其进入家中。

⊙房子周围
安装安全照明。
将梯子锁好，工具放好，将车库和杂物间的门锁好。
不要让窃贼很容易溜进花园，在侧门挂锁、放置易断的架子和铺沙砾车道等对窃贼都有威慑作用。
修剪那些靠房子太近能够被窃贼用来藏身的植物和树篱。
不要将备用钥匙放在室外方便的地方，窃贼知道在什么地方寻找备用钥匙。

⊙在家中
让专业人员安装防窃贼警报器，并定期检查。
给楼下所有的窗户和容易够到的地方装上锁。随时锁好，并把钥匙拔下来放在从外面看不见的地方。
给所有外门装上榫眼死锁，并在门的上下方各装上榫眼门闩。
在门上安装猫眼，或者使用门链，每次有人来访都要先看看是谁。如果住在公寓里，可以考虑在大楼正门处安装电话呼叫进入系统。
确保窗框和门框够结实，不能被窃贼强行撬开。
将房子钥匙放在安全的地方，远离门窗。
在卧室门上采取点安全措施能让你在晚上更好地休息，并且将移动电话和防卫性武器等放在手边。

⊙家中无人的时候
白天的时候拉开窗帘。
使用自动定时开关在天黑的时候打开部分灯。
休假的时候，取消报纸和其他物品的配送。
离开之前修剪好草坪。
请求邻居帮忙照看一下。

⊙如果被盗
如果回家发现或者听见有入侵者的动静，不要进入，立即打电话报警。
如果在房子里听见有窃贼的动静，立即打电话报警。应该使用合理的自卫手段保护自己或者家人。

对付入室者

一般的窃贼都会在主人上班或者休假不在家的情况下溜进房间进行盗窃，因为一旦双方发生正面冲突，窃贼就可能被认出来，这是任何窃贼最不愿意发生的事情。也就是说，如果你中途回家意外碰到入室盗窃者，他不大可能会向你道歉，然后举起双手静待警察的到来。如果发现窗户被打开，或者大门被破坏，千万不要单独或者在没有准备的情况下进入室内。将这一切都留给警察，给警察打电话让他们过来处理也就是几分钟的事情。因为你不知道入室盗窃者是否还在室内，或者他们一共有多少人。

入室者的类型

无论如何，你更可能碰到的是顺手牵羊的小偷，而不是专业的窃贼。顺手牵羊最有可能是寻找容易偷的物品来支付毒资的吸毒者，这类小偷比职业窃贼更危险，因为他们可能孤注一掷，也更可能抓住一切机会逃脱。如果屋主妨碍他们的偷盗行为，他们就可能使用暴力。

当然，也有那种肆无忌惮的盗贼会准备通过欺骗或者恐吓的方式进入房间作案，这种状况下，受害者通常都是弱势群体，如年老者和弱小者。对付这种盗贼最简单的防范措施就是认真检查那些号称来自社会生活服务公司的上门服务者的身份证件，在开门的时候充分利用门上结实的门链，这样就能够有效防范这类窃贼，让他（她）的阴谋不能得逞。如果这类窃贼难以对付或者使用暴力，放在口袋里或者安装在门上的

↑ 如果发现了入室盗窃者没有带武器，不要使事态升级。给盗窃者逃跑的机会，同时找好位置，表明自己已经做好准备进行反抗。

■夜间闯入者

家是人们感到最放松的地方，因此也是最可能受到攻击，最没有做应对冲突准备的地方。在夜间，人们更容易受到攻击，尤其是当窃贼在人们睡觉的时候进入房子。即便是你穿着睡衣，当你面对头戴面具、身穿黑衣、手握武器的窃贼的时候，你也会有裸露感。如果入室盗窃者进入你卧室的时候持枪或者持刀，他就占有了绝对优势。当这种状况发生在完全的黑暗中时，你的恐惧感可能会加倍。

警报器可以用来吸引路人的注意，也能震慑住窃贼。窃贼一般以男性居多，但是靠骗取受害者信任的骗子男女都有，他们一般两个一起作案，获得受害者的信任之后进入房间。

如何反抗

在这种情况下，很多人认为采取任何可以利用的方式来捍卫自己、家人和财产安全都是正当的，但是在许多国家，法律通常规定自我防卫要得当。

当发现有盗贼在家中的时候，尽管本能反应可能是与窃贼进行对抗然后将他们赶跑，但是最好的办法还是避免与入侵者发生暴力冲突。如果你决定亲自抓住窃贼，必须有信心赢过他们，并且确保不会以自己的自由（被捕）为代价。

合理的反抗

如果入室盗窃者在你家中对你进行攻击，你可能有权利操起家中任何可用的东西，如煎锅、雨伞或者高尔夫球杆等进行反抗。同样地，如果盗贼手中拿了一把锋利的刀子，你操起厨房的菜刀进行反击也是可以的。但是如果你使用了超出法庭认为必要手段的武力，你就可能得不到法庭的同情。

要确保这两项（有信心取胜和不以自己的自由为代价）的一个有效途径就是加入一个自我防卫技能培训班，准备好应付可能出现的局面。这

1. 记住，尽可能避免冲突，因为金钱不值得用生命去换。但是如果你确认你或者你的家人的生命有危险，就需要进行反抗。

2. 橄榄球式的扭倒是一种有效的方式，这样可以让正在离开的人跪倒在地。

4. 入室者被击倒在地上之后，一定要让他不能动弹，同时大声叫喊寻求帮助。

3. 将肩部伸进入室者的两腿间，抓住其膝盖，将其击倒在地上。受到这种决定性的攻击，入室者可能会完全不知所措。

5. 只有在万不得已的情况下，才用武器对付入室者。

样你不仅能学会必要的技能，还能对自己的体能建立信心。有时参加武术培训班是有用的，但是这些专门的技能可能是致命的，因此要谨记，如果你以这种方式杀害或者严重伤害了入室盗窃者，你可能会被指控过度使用武力而受到惩罚。

如果你决定采取顺从路线，尤其是当你是女性的时候，入室者可能就会利用自己的力量优势，不过这时候如果你展示出勇敢和信心的话，就极有可能让入室者迅速逃离。只有根据你对当时环境的解读，才能立即做出决定。还要记住，入室者不知道家里都存放着些什么东西，也不知道屋主在发现了他们之后会做出什么样的反应，因此他们的神经都是高度紧张的。一个突然的巨大声响，如个人警报器的声音，可能远远出乎他们的预料。同样，如果盗贼夜间进入房间，突然用高亮度的手电射到他的眼睛上，会让他短暂失明，不知所措。

就算发生冲突已经不可避免，你积极的心理态度和自信的身体姿势也可能足以让你重新控制整个局面，但是你必须记住，如果窃贼向你挑衅，他就不大可能容易对付。另一方面，对于女性来说，如果你控制着整个局面，你的尖声惊叫就可能吓退入室盗窃者。在很多情况下，小偷或者攻击者被"当场捉住"都只是简单地想逃脱，那就让其逃脱。钱可以再赚，而人的生命是不可以重来的。

↑ 夜间家庭失火可能置人于死地，通常是火灾产生的浓烟使人丧命而不是火焰。

能够及时控制住火灾。在夜间，烟雾警报器还能挽救生命，因为火灾产生的烟和毒气能够在人睡着时还没有意识到家已经着火的情况下置人于死地。装在天花板上的烟雾警报器非常便宜，而且安装简单，但是如果不定期查电池状况，它也就只能是个无用的摆设而已。

家庭防火技能及火灾逃生

绝大多数家庭火灾只要采取简单的基本的防范措施就可以轻易避免。厨房是最危险的房间，绝大多数白天的火灾发生于此。如果家庭成员中有吸烟者，将大大增加晚上爆发火灾的可能性。没有防备的蜡烛、房间照明不科学、为了举办晚会而添加的一些设置、家里电器太多等都会增加火灾的可能性。正确认识潜在火灾的风险就已经完成了火灾防卫战的一半工作，下面介绍的大多数建议其实都是一些最基本的常识。

烟雾警报

如果确实发生火灾，有效的烟雾警报器能够让屋主有时间组织撤离、打电话报火警，甚至

避免火灾

预防总比事后挽救好。因此，在炸制食物的时候，不要将油装满超过整个锅 1/3 的位置，人也不要离开锅。热油锅是厨房火灾最大的一种诱因。遇到油锅起火，首先关闭火源，然后盖上防火的毯子或者湿毛巾就可以扑灭明火。千万不要在油上面洒水，因为在油上面浇水可以使火焰燃烧更猛烈，并且让热油飞溅，会引燃旁边的易燃物品。一块小的防火毯子可以应付厨房里绝大多数的意外失火，但这也是一种极易被忽略的厨房必备品。独自应付厨房失火的时候，一定要记住，烧热的油温度会持续很长一段时间，过早地拿开防火毯子可能导致其复燃。还要记住，一定要移开周围的易燃物品并关闭所有的用火设备。

↑ 堵住门缝将能够有效挡住有毒烟雾进入你所在的房间，并可能让火由于缺氧而熄灭。

↑ 如果衣服着火，立即躺在地上打滚，或用毯子盖住火焰让其熄灭。一直待在较低的位置，这样有助于呼吸，移动到窗户，等待消防梯营救。

最简单的对吸烟所致火灾的防范措施就是禁止在房间内吸烟。与厨房火灾迅速燃烧不一样，绝大多数吸烟导致的火灾都是逐渐燃烧起来的，有的时候带火星的烟蒂不小心掉进家庭装饰品或者床上用品里几个小时之后才能燃烧起来。

预防由用电引起的火灾就要简单得多：在不用电器的时候切断电源，并将插头从插座上拔下来，而且所用电器绝对不要超过插座负荷。即使将电器开关关闭，它也可能继续从插座上接收能源，因此要拔掉插头。处于休眠状态的电视、录像机或者数据盒都有可能发生电路短路或者电源电压出现剧烈波动，因此它们都是潜在的定时炸弹。电源线接触不好，或者插座超负荷使用的表现就是过热，很容易发现，必须立即处理。不使用电器时，一定要将其插头从插座上拔掉。如果听见了"噼叭"的声响、闻到了塑料烧焦的味道或者看见了火花，一定要找出原因。要确保地面上的电线没有受到家具的挤压，也要确保负荷较大的电线没有卷曲，因为这两种情况都有可能导致电线过热，从而引发火灾。

火灾逃生

如果发生火灾，首要任务是尽快转移所有人员。不要停下来穿好衣服或者找值钱的物品。绝大多数火灾死亡事故都是由于吸入了大量烟和有毒气体，而不是被烧死。家具一旦着火就会烧得很旺，迅速产生大量的有毒气体。为了防止吸入有毒气体，必须尽快离开，同时还应该尽量靠近地面，因为靠近地面的地方有更多的氧气。

不要想当然地认为头附近的空气只要没有烟

↑ 一场小的火灾也能在 60 秒之内让整个屋子充满浓烟。消防队员会有呼吸设备，而你没有，所以失火之后立即离开房子。如果关闭的门摸上去是热的，千万不要打开，说明火已经蔓延到了门外。这时候应该从窗户逃生。

→ 烟雾警报器是现代家庭中最基本的生存工具，能够给你提供宝贵的时间以逃生。电池烟雾警报器至少在每个楼层的天花板上安装一个，这是最基本的。

← 拉、瞄、压、灭是一个需要记住的有效过程。瞄准得低一些，让灭火器对准火的基部，从一侧开始往另一侧逐步灭火。

↑ 如果必须从楼上逃生，应该努力找到那些能够让自己距离地面更近的地方，减小自己降落的高度，而不是直接从楼上跳下来。

就可以呼吸，因为很多火灾产生的有毒气体是无色的。首先你需要知道的是，你在呼吸有毒气体的时候喉部和肺部就会有灼烧感。塑料和家具装饰品的燃烧能够迅速产生大量的辛辣浓烟，即使趴在地上，你也会感到呼吸困难。在口鼻处捂一块湿布可以暂时当作口罩，即使干的手绢或者衣服也能滤除较大的有毒微粒。你必须清楚房间的布局，寻找逃生的路线，因为即使不是天黑的情况下，你也可能会被烟熏得看不见东西。

一旦脱离危险，立即通知邻居保持警惕，并打电话报火警。不要返回室内，财产都是可以重新挣回来的，但是生命不可以。

煤气泄漏事故中逃生

发生在家中的损失、受伤甚至死亡事件最常见的原因毫无疑问是火灾。煤气事故虽然不如火灾常见，但也同样是致命的。在绝大多数的西方国家里，罐装或者管道提供的煤气是取暖和供热系统的主要能源，因为煤气比煤炭和石油燃烧更高效环保。以前，家用煤气都是用煤炭加工而成的，有异味，但是现在的天然气无味，因此必须添加一种物质，其气味能在发生煤气泄漏的时候对我们发出警告。

煤气与水一样，总是能够在管道的裂缝、接头等地方泄漏出来。与水不一样的是，煤气具有高爆炸性。因此，你必须对煤气的味道非常熟悉，而且一旦闻到这种味道，就应该立即意识到发生了煤气泄漏事故。不要试图自己动手修复煤气泄漏的地方，因为这是一个非常精细的专业工作，新手对其进行处置会非常危险。

如果闻到了煤气味，应该立即打开所有窗户，让屋子通风，并尽快离开屋子到外边去。无论你是使用罐装煤气还是管道煤气，主供气阀通常都在室外，如果使用的是管道煤气，主供气阀通常会在煤气表旁边。这时候应尽一切努力关闭供气阀。如果不知道供气阀在什么地方，现在就去找。

离开房屋之前，最好是先打开门窗让房屋通风，立即与服务供应商或者紧急服务部门联系。煤气泄漏可能造成巨大破坏。如果可能发生煤气爆炸，一定要在爆炸之前，及时把所有的人疏散出来，即便这是一个善意的、错误的警告，也比面对爆炸事故的严重后果要好。

一氧化碳中毒

家庭环境中，不仅仅煤气供应是潜在的危险，有些燃气产品也有危害。如热水器等设备中燃气不能完全燃烧，而且又不能正确通风的情况下，就可能产生危及生命的一氧化碳。

□煤气泄漏的处置

1. 如果闻到煤气味，立即关闭煤气表附近的总阀切断煤气供应。

2. 打开所有窗户让屋子保持通风，并让泄漏的煤气散出去。

3. 不要开灯，因为这可能会造成火花，进而点燃煤气。

4. 立即向煤气供应商或者紧急服务部门报告泄漏事故。

↑ 一氧化碳是无声的杀手。煤气取暖器和热水器应该定期进行检查。

一氧化碳是一个无声的杀手，在使身体中毒之前首先让人感到想睡觉。即使中毒没有致命，也可能对神经系统造成永久性伤害。这种气体无色无味，因此需要特殊的探测器来检测其是否存在。

为了保证家庭的安全，每年至少对煤气设备进行一次检查和维护保养，尤其是在较长一段时间没有使用之后。通气管道绝对不能被阻塞或者被遮挡。鸟窝甚至是常春藤或者长在屋外墙上的其他蔓生植物容易在夏季阻塞通风管道，而在秋天开始使用取暖设备的时候让家庭成为"死亡陷阱"。

一氧化碳中毒的初步症状就是突然袭来的睡意和头痛。对已经失去知觉的受害者，首要的紧急救助就是把他移到有新鲜空气的地方进行人工呼吸。

水灾中逃生

家中漏水的原因可能是水管上冻之后融化造成的爆管、洗澡水外溢和洗衣机故障等。水会以惊人的速度蔓延，并很快渗进建筑材料当中。主水管爆裂可能会带来灾难性的后果，因为这种高强度的水流有可能破坏到房屋基础。但是即使仅仅是在楼上洗澡，漏水只有 5 分钟也可能会造成电路短路或者楼下天花板的破坏，而且其破坏程度将有可能让你不得不重新进行装修。

自然水灾

如果你居住在容易发生自然水灾的地区，受水灾影响的风险就不是自己能够控制的了。你应该对水灾警报保持警惕，并熟悉当地为应付水灾制订的计划。像准备好装满沙的沙袋和重载塑料这样简单的防范措施还是有必要的，可以在发洪水的时候用来堵门。但是如果房子可能遭受大型洪灾，还是应该听取当地有关部门的建议。

如果必须离开房子，不要冒险趟过流动的水流。即使水看上去并不太深，底下也可能有急速的暗流，导致你站立不稳，而且水底下还可能有造成严重伤害的危险的杂物。

溺水之后，被电击身亡是水灾导致死亡的第二大常见因素。因此要远离输电线路，也不要试图使用已经被水弄湿的电器。你还应该检查是否有煤气泄漏的现象，谨防煤气管道被破坏。水灾极有可能会污染水源，因此存在水灾危险的时候，准备一些瓶装水以应急是一种明智的举动。

↑ 低洼的地区最容易受到水灾侵袭。

↑ 如果你家容易受到水灾侵袭，准备一定量的装好沙的沙袋，在水灾的时候堵在门前防水。

紧急逃生

在火灾和煤气泄漏事故中，你必须尽快让自己及他人离开房子。你应该清楚逃生路线，如果火已经挡住了这条首选逃生线路，你必须立即寻找另外的逃生路线。楼梯通常是经过加固的，能够在家庭失火的早期用来逃生。但是在很多情况下，尤其是防火门已经被打开，利用楼梯逃生基本已经不可能，这时候就不得不利用窗户逃生了。

利用窗户逃生

如果安装有窗户锁，应该把钥匙放在容易找到的地方，尤其是在黑夜或者危急的情况下。但是，如果处在不熟悉的地方，也打不开窗户锁，你可能需要敲碎玻璃。（如果你有这样的窗户，最好在窗框边上挂一把锤子，以防紧急情况下找不到钥匙。）

注意玻璃碎片，用厚衣服把胳膊包上防止被划伤。如果没有锤子来敲碎玻璃，可以用其他较小的比较沉的物品来代替，如床头台灯或者金属装饰品等。如果能够将这些东西放进枕套里，先举过头顶，然后再用劲敲玻璃，这样的话击打的力度更大。

从一楼的房间窗户逃生比较简单，没有生命危险，但是即使从几层楼上的窗户逃生，跳下落地也不一定会让你丧命，除非头部着地或者掉在地面尖利的物体上，如带尖的栅栏上。

从楼上逃生

不要仅仅只是站在窗户上就开始向下跳，而是应该试图找到一种方式来降低自己距离地面的高度。为了减少落地之后的冲击，如果可以，先将床垫通过窗户扔下去，然后再扔床上用品和其他任何能够起到缓冲作用的物品。当发现待在室内将比冒险跳楼逃生的危险性更大的时候，首先让孩子和老人先逃生。将他们的脚伸出窗外，抓住他们的手腕，尽量放低他们的身体，然后再放手让他们掉进刚才准备好的缓冲物上。如果你此

□楼内逃生方法一

1. 如果被锁在了房里，又不能打开窗户，就要想到打破玻璃逃生。将一个重物放进枕套或者一只袜子中，像用锤子一样用它来敲碎玻璃。

2. 为了减少受伤的程度，强壮者应该先让弱小者下去，双手抓牢弱小者的手，尽可能地让他接近地面，而不是直接从窗户上往下跳。

3. 最后一个离开的人也应该双手攀住窗沿，放低自己的位置，减少下落的距离。落地之前记得屈膝，然后滚翻。

□楼内逃生方法二

1. 如果利用临时制成的绳索逃生，如床单或者衣服，一定要将绳索牢固地绑在能够支撑自己体重的固定的物体上。

2. 如果室内找不到这样的物体，结实的床架也是可以利用的，因为它足够大，不能穿过窗框。

3. 用双脚脚背夹紧绳索，双手交替下移迅速下滑。即使绳子很短，也能减少自己下落的距离。

前制造了足够大的声音，这时你的邻居可能就已经过来了，能够帮忙接住或者安抚已经从窗户逃生的家人。

理论上，如果窗户位于二楼甚至更高的楼层，应该随时准备一根逃生用的打结绳索或者绳梯，但是很多屋主都不会考虑到这个问题。一个有效的替代品就是利用床单和其他任何适用的东西连接在一起制作一根临时的绳索，从窗户延伸到地面上，但是这并不是一个能够很快完成的工作。如果确实有时间完成这项工作，一定要将绳索一端牢固地绑定在能够支撑身体重量的物体上。如果必要，可以将床推到窗户的位置，因为床比窗框大，会卡在窗框上，也可以用来绑牢绳索。

□伞兵式滚动

1. 这种滚动是用来防止高速猛烈撞击到坚硬地面时受到伤害。这种方法简单易学。腿在膝盖和臀部处应该适当弯曲，手臂蜷缩。

2. 接触地面的时候，用弯曲的双腿吸收最初的撞击力量，然后沿大腿和肩部滚动，让腿摆动到空中。

3. 夹紧双腿和脚后跟，蜷缩的手臂将迅速把撞击的力量分散到全身，能够保护住脚踝和腿。

□背向滚动

1. 如果没有横向的速度，你就不得不用双腿承受全部的撞击力量。必须在这种力量冲击到脊椎之前立即将它分散开。因此触地之前，弯曲双腿。

2. 双脚触地之后立即后仰，双臂尽最大力量拍击地面，这样将减少撞击力对脊椎的影响，同时让身体分散撞击力。

3. 一定要确保是在向后滚动，而不是简单地平躺到地面上。保持继续向后滚动，这是吸收下落撞击最安全也是产生冲击最小的方式。

楼梯逃生

如果从窗户逃生并不可行，那即使是充满浓烟的楼梯也只能是唯一的选择了。用水完全浸湿夹克，将袖子从袖口扎好将能够保存一些可以呼吸的空气。楼道和楼梯中仅存的氧气只会在接近地面和台阶的地方，因此放低身体，缓慢移动。快速跑动和站直身体只能让你吸入更多的有毒有害气体。

家中紧急避难

如果自然灾害突然袭击了你所在的地区，或者你所在的地区突然成了战争前线，或者国际恐怖分子在你的家门口放置了大规模杀伤性武器，你能在社会秩序恢复前为自己和家人找到避难的地方并提供安全的饮食保障吗？

一所普通的房子能够让你平安地度过严冬，但是当子弹和炸弹在周围炸开的时候，或者恐怖分子扔下"脏"弹污染你所在的地区的时候，这种房子就不一定能够提供很好的保护了。但是，如果你能够知道房子结构中最结实的部位，你就可以在那个地方储备食物和水，然后在发生紧急情况的时候撤退到那个地方。这样，你和你所爱的人将可能平安渡过难关。除非发动战争的人希望进行消耗战，否则战争可能迅速结束，恐怖袭击带来的污染也可能不会存在太长时间，因此，建一个避难的地方，然后准备好能够持续几周时间的足够的紧急必备品将给自己提供生存的机会。

选择紧急避难所

在那种二层或者三层复式楼房中，一般来说楼梯底下能

□临时避难所

↑ 很多房子最结实的地方就是楼梯底下的空间。尽管它比较狭小，不适合长期居住使用，但是在紧急情况下却可以救命。

↑ 没有窗户的浴室在危急情况下是安全的撤退地方，尤其是在遭到毒气攻击的时候容易对其进行密封。给浴缸放满水，谨防水源被切断。

↑ 如果没有其他的避难场所，在结实的桌子上放上门板和垫子也能提供一定的抵御爆炸和弹片的保护。

够提供结构性的保护。在抵御炮击的时候，还可以卸下房子内部的门然后固定在楼梯台阶上，这样也能起到加固的作用。虽然楼梯底下的空间一般比较狭小，也比较封闭，但这个空间还是能够提供足够的保护，除非房子受到直接炮击。用垫子把地面和墙面都铺好，这样你就能有一个暖和的避难的地方。

住在公寓的人可能就不会有楼梯底下这样的避难空间了。他们必须寻找一间至少看上去最坚固的房间，最好是没有窗户，然后再搭建避难的地方。将桌子放在房间的一个角落，把门和垫子放在桌子上和桌子没有靠墙的两侧，这样就搭建好了一个简易的避难的地方，但要确保桌子腿能够承受住这些重量。如果桌子腿不够结实，可以将门板靠在墙上，使其与墙的夹角超过45°，这样也能构成一个三角形的避难的地方，然后再在门板上铺垫子加强保护。

紧急必备品

要在家中搭建紧急避难所，也得确保家里有一定的必备品能够维持至少几天的生活，就算不是几周的话。在准备必备品的时候最大的限制因素可能就是没有存储的地方。如果你有幸拥有很大的地下室作为避难所，那么存放好几周的生活必备品不会是问题。

水是首要关注的问题，因为在没有水的情况下，人在3～4天的时间里就会死亡，但是如果水受到了污染，那又另当别论。随时在避难所里用密封的容器保存至少几天使用量的水储备是比较明智的，同时准备一些空的容器在危机爆发时水源被切断之前灌满水。也应该准备水过滤器

和净水药片，以防危机持续的时间超过预期。准备一把烧水的水壶，还有一些蜡烛。蜡烛不仅能照明，提供一定的热量，还可以用来加热罐头食品。不需要使用电池的手摇式收音机和手电筒也是很有用的。在民防情况下，政府用广播作为首要手段来播发有关局势的最新情况。

在避难所内或者附近储备适量的不易变质的食物也是非常必要的。肉罐头、鱼罐头和豆类罐头等罐头类食品不需要加工就可以直接食用，因此远比干燥食品受欢迎。干燥食品需要烧火加水再加工之后才能食用，但是干汤粉却是很好的选择，既便宜又不占地方，冲好之后饮用，在你感到寒冷和垂头丧气的时候能够给你提供温暖和营养，让你重新振作精神。

如果当地存在核污染或者生化污染的威胁，要暂时把避难所所在房间的门、窗和通风口用胶带封上，但是要记住，这样一来房间里的空气很快就会耗尽。因此，如果发现蜡烛火焰开始熄灭，你就不得不冒险把胶带撕开。

■家庭生存基本必备品
- ⊙ 饮用水
- ⊙ 罐头食品或者其他不需要加工和冷藏的食品
- ⊙ 罐头开瓶器
- ⊙ 蜡烛
- ⊙ 火柴
- ⊙ 炊具或者水壶
- ⊙ 手摇式收音机
- ⊙ 手摇式手电
- ⊙ 急救包和其他基本药品
- ⊙ 有盖的水桶
- ⊙ 衣服和毯子

下篇

野外生存

第1章
基本的野外生存技能

　　学习野外生存技能能让我们轻便地旅行，能让我们在缺乏或者完全没有装备的情况下在绝大多数地形条件下生存。即使我们并没有处于生死攸关的境况，野外生存技能也能够为我们提供一种方式，加深我们对祖先的情感，再现我们与地球之间最原始的联系。野外生存技能是在没有现代化工具的情况下的生存技能。要掌握这些技能，需要坚持不懈地练习，一旦掌握，它们将为你打开一扇无限可能的大门。最重要的是，这种技能属于每个人，它们是在前人不断实践的基础上传承下来的，应该得到完整的保存并代代相传下去。

心理和情感生存

　　当我们陷入生死攸关的境况时，我们面临的最大问题不是如何寻找水和食物，而是如何从心理上准备好应付这种局面。我们不得不依赖自己的本能，在那一瞬间可能冒出一系列强烈的相互冲突的心理活动。心理学家普遍认为，当碰到紧急事件的时候，人们往往会出现一系列典型的心理反应：震惊、否认、恐惧和气愤、谴责、沮丧、接受、继续前行或者在这些心理活动间相互变换。

情感反应

　　●震惊　你对刚发生在自己身上的事情完全没有准备，处理这些信息有一定的困难。

　　●否认　这是一种生存机制，你现在可能已经意识到了你所处的形势，但是你却拒绝承认其真实性，你欺骗自己说："不，这种事情不可能发生在我身上。"

　　●气愤　你对你所处的形势感到非常气愤。你对所有事情没有按照预期的发展而感到忐忑不安，你担心它们永远也不能恢复到正常。

　　●谴责　谴责别人让你陷入到这样的形势中来，这会让你好受些，但是从理性上说毫无意义。

　　●沮丧　这是一种内在的气愤。你在寻找某种方式让压力更容易排解。

　　●接受　现在你回到了"现实"。你面对的是现实，尽管它仿佛很遥远，但它确实存在。

　　●继续前行　从心理上，你开始找到平衡，开始考虑你所处的形势及如何生存，不仅仅是在接下来的几个小时，有可能是接下来的几天甚至是几周时间的生存。

不要恐慌

　　当处于生死攸关的情形下，无助的感觉能够迅速地转化为沮丧和孤独。不过最严重最难以应付的心理是恐慌。恐慌会让你做出一些非常理的反应，导致局面恶化。在一些极端恶劣的情况下，不能保持冷静甚至可能威胁到你的生命，因为此时你已经失去了理智，不能做出正确的决定。在很多时候，你甚至意识不到自己已经陷入了恐慌。

　　战胜恐慌的第一步就是认识到一个事实：如果你不采取预防措施就可能会陷入恐慌之中。在你还没有到神经紧张的状态时，逐步地分析所有事情，给自己一个正确评估所处局势的机会，这一点非常重要。

一次完成一个步骤

　　不要把所有问题叠加到一起，那样的话将会是一个大问题。坐下来安静几分钟，深吸几口气，考虑一下什么才是你最迫切需要解决的问题，然后全力以赴地着手解决这个问题。在这个问题解决之后，你才能够继续解决接下来的问

↑ 出现一个问题就解决一个。一旦一个问题得到全面的解决，你就能够全身心地投入到下一个问题中去。

题。记住，一次进行一个步骤。

举一个非常恰当的例子。一个人在海上划着小皮艇，在暴风雨中准备返回海岸。如果当时他考虑了可能碰到的所有海浪的话，他可能早就被淹死了。但相反的是，他每次只关心当前的海浪，在这个海浪来临时小心地掌舵，在这个海浪的问题还没有解决前从来不去想下一个海浪。就这样，他在海浪中拼搏了好几个小时，最后战胜了所有的风浪，并成功返回了海岸。

保持乐观也是一种生存技能

很多人认为保持乐观心理只是书里的语言，只要当确实需要的时候能够记着就行。其实不然，学会控制自己的精神状态与摩擦生火一样也是一种重要的技能。你能够通过在日常生活中的各种场合保持冷静积极的态度来练习这种心理技能。无论什么时候，就算事情变得艰难，请切记每次只做一件事情，做完后才开始下一件。这样不仅仅能让你从容面对各种生死攸关的局面，还能让你觉得日常生活更加令人愉快，生活压力也会减轻。

当你确保能为自己及他人提供各种技能，你自己会有一个乐观的心态。受人赞誉的技能将增强你的信心，并帮助你战胜恐慌。

团队生存

人多确实更安全，而且当你受伤或者身体虚弱的时候，有人在身边会有很多明显的优势。当生死攸关时，团队还有很多其他的优势。最大的优势就是在一个团队里有很多人能够负责日常的生活所需。不仅仅是因为人多力量大，也因为不同的个人肯定具备不同的强项和弱项。比如说，在一个团队里，如果你特别擅长搭建营地，但是不擅长在野外寻找食物，那么你完全可以全身心地投入到搭建一个坚实帐篷的工作中，而不用担心别的，因为团队中的其他队员会提供其他生活所需，如水、食物和火种等。

但是团队也有团队的劣势。在团队中，你不仅要对自己负责，还要对整个团队负责。如果其他所有的队员都具备相当高的野外生存技能，而且你们身边有大量的资源，这样还构不成困难。但是如果你是团队中唯一具备一定生存技能的成员，或者当地没有足够的资源可供利用，那么就很难保证整个团队有足够的饮用水和食物，也很难令所有人感到舒适。另外，团队中某个队员有可能受伤，需要别人的照顾。毕竟，这种团队队员之间的联系是一种最脆弱的关系。

■团队的首要任务

按照如下步骤做，这样可以确保你的团队时刻准备着迎接可能遇到的各项挑战：

⊙ 选择一名领队。领队应该由技能最好的人担任，必须能够担负起责任，以"主席"的身份行事，而不是"独裁者"。作为领队，你必须对整个形势负责，组织开展需要完成的各项任务。听取所有队员提出的各种意见和建议，如果需要，帮助他们做出决定。有些时候，听取大家的建议是不可能的，比如说你的团队只有你一个人具备一定的相关知识，这时你就不得不做出总的决定，并分配任务。

⊙ 列举出为确保生存必须完成的各项任务，并与所有队员讨论。

⊙ 找出每个队员的强项，这样能够保证将任务分配到最胜任的队员身上。有些任务可能需要每个队员通力合作完成，比如搭建供团队集体宿营的帐篷。

⊙ 向每个队员及时传达整个团队取得的任何进步，并确保每个队员的身体状况良好。在团队中努力营造一种相互依靠的氛围，这样的话每个队员都能以团队为家，没人会感到受到孤立。确保那些完成某项任务有困难的队员能够得到及时的帮助。

⊙ 制作每个队员所有物品的清单。一旦发生事故，一定要从现场尽可能多地抢救所属物资：不管是电线（可以作为绳索）还是座椅填充物（可以用来绝缘）。

独自生存

如果你是独自去野外，你需要战胜的最大困难就是孤独。孤独可能会让你很快感到无助、恐慌，然后绝望。为了避免这种情况出现，请充分利用你的想象技能来战胜恐惧。想象自己被营救，并努力争取让自己得到营救。为那些需要首先考虑的事情制定一个清单，并坚持完成这些事情。全身心投入到当前手上的工作，无论何时只要消极念头一出现在脑海里就立即驱除它们。从你完成的每项任务中汲取力量。坚强的心理将能够帮助你战胜困难。

发出求救信号

毋庸置疑，当你在野外碰到困难的时候，你肯定希望能够平安回家，因此你必须了解你正要前往的地方以及何时抵达目的地。这样，一旦出现异常情况，外界的人就能够及时发现并准备营救你和你的队友。

如果你发现自己（单独或者与队友一起）在别无选择的情况下陷入一种生死攸关的局面，例如车祸等，你将不得不考虑求救的问题。无论你是在宿营地里还是在寻找食物和水源的路上，你所做的每个决定都必须确保任何前来营救的人员能够发现你。

为营救人员留下标记

人们离开事故现场却不留下任何线索提示营救者他们前往何处，这种事情经常发生。最好的

← 利用石头在行进路线上进行标记，便于营救人员寻找。这种标志在离开事故现场的时候尤为实用。

■留下行进方向标志

直接向前	右转	左转	此路不通

石块

石子

木棍

高草

按照所标识方向行进步数

9 →

已经回家

可以向可能前来营救的人员留下一些关于你曾经到过这个地方并正在前往哪个方向等内容的线索性标志，这里有很多种方式。如果有石块的话请利用石块，没有的话用木头或者草、树叶等来进行标识。

方式其实是留在事故现场附近，但是如果事故现场不能长久停留，你最好还是离开。但是离开之前应该留下一些清楚的标志，显示存在多少幸存者、是否有人受伤、你们要去往何处等信息都是非常重要的。

一旦抵达一个较安全的地方，并且已经决定留下来等待救援，那么要确保这个地方从空中非常容易被发现。你可以在地面上利用石块或者其他容易辨别的材料制造明显的标志。如果这个标志距离营地还有一定的距离，一定要用箭头标示出营地的具体位置。

在白天，另一个有效途径就是焚烧草和树叶，因为浓烟能够很好地表明你所处的位置。

在夜晚，可以利用你所拥有的资源燃起大型的火堆，如果燃料充足，你可以燃起三堆大火，让它们呈三角形，每堆间隔大约 10 米。

□对飞机适用的基本信号

↑ 两臂向上前方伸直，就像要拥抱飞机一样。这个动作是请求飞行员向你飞来并让你搭载。

↑ 两臂侧平举。这个动作是要告诉飞行员让飞机保持一种盘旋状态。

↑ 手掌朝下，伸直手臂，两臂上抬张开呈翼状。这个动作是告诉飞行员下降。

↑ 将伸直上抬的手臂放下一点，这是上一个鸟翼动作的后半部分，这个动作告诉飞行员下降是安全的。

↑ 左手臂伸直，挥动右臂。这个动作告诉飞行员需要向你的左方移动。

↑ 左手臂伸直，继续挥动右臂。这个动作表明飞机还需要继续向左移动。

↑ 将两手置于耳后，表明接收器还好用。

↑ 这个动作是告诉飞行员需要机械援助。

↑ 这个动作是告诉飞行员安全出口在左侧。

↑ 向特定方向伸直手臂并屈膝，以显示该区域是安全着陆区。

↑ 伸直两臂置于头上并左右挥动表明"不要着陆"。

↑ 伸直两臂置于胸前并上下挥动表明"可以着陆"。

学会使用地图

地图

地图以平面图的形式表示各种复杂的地貌。有的地图十分简略，看上去就如一幅画，而有的地图则十分精确。在不同的国家，地图的精确度也不同。当你将跨越多个国家和地区旅行时，你就不可避免地要用到不同国家所绘制的精确度互不相同的地图。好的地图一般都会及时更新。你要确定自己所使用的地图是最新版的。

比例尺

地图比例尺大小的选择取决于你对地图所能显示信息的详细程度的要求。如果你所进行的是一次跨国探险活动，那么一张比例尺为1：2500000（25千米：1厘米）的地图就足够了。但如果你打算进行徒步探险活动，则需要精确度更高的地图，也就是说需要地图上显示更多详细的信息。对于地形条件比较复杂的跨国探险而言，比例尺为1：50000或1：25000地图是较为合适的。比例尺为1：50000的地图比较适用于旅程较长的探险活动，因为这种地图一般能够显示较大的地理范围；而比例尺为1：25000的地图则更适合在恶劣地形环境下使用。然而，在现实情况下，你常常会发现自己所使用的地图的比例尺和精确度并不理想。在这种情况下，你只得再借助于其他的导航方法来确定自己的路线和位置。

标记

每张地图都会用一些符号来标示出自然地貌

■ 地图的比例尺及其用途

比例尺	用途
1：15000	定向越野
1：25000	步行
1：50000	步行或爬山
1：100000	骑自行车旅行、开车旅行、划船旅行
1：250000	骑摩托车旅行
1：1000000	国家地图

特征以及某些人造的地理特征。一般来说，大比例尺的地图通常都会详细地标出该地域的水路、公路、铁路以及可住宿的地点等信息，而小比例尺的地图通常是不会包含这些信息的。

无论是自然地貌特征还是人造的地理特征，都会用特定的符号来表示。这些符号通常都会在关键词列表中罗列出来，并注明其代表的含义。不同的国家在地图中所使用的标记符号也各不相同。大多数标记符号都是仿照实物的形态来表示的，当然也并不一定都是如此。因此，如果地图上有关键词列表的话，你还是应该先对照一下该表。地图上标出的物体肯定实际存在，而地面上存在的实物并不一定全都会在地图上标示出来。

地形

有些地图会以不同的颜色来表示不同的海拔高度，使得地图的层次感更为分明。在大比例尺地图上，同一等高线就意味着相同的海拔高度。不同的地形特征就是由等高线来表示的。一般来说，大比例尺地图上等高线的间距在10 ~ 20米之间。在做重要的估算之前，要先确定等高线之间的准确间距。读地图的一项关键技能就是通过地图上的等高线看出实际的地形状况。很明显，

↑ 比例尺为1:25000的地图意味着地图上4厘米的距离代表实际1千米的距离，能够提供较多比较详细的信息。

↑ 比例尺为1:50000的地图意味着地图上2厘米的距离代表实际1千米的距离，这比较便于估量实际中的距离。

↑ 当你需要穿越市区的时候，拥有一张城市市区地图之类的大比例尺地图是非常有用的。

等高线之间的间距越小，该地的地势就越陡峭。通过估算等高线之间的距离，你可以很快估计出该地的地势陡峭程度，在脑海中呈现出一幅大致是原物比例的图画。

网格系统

在许多大比例尺的地图上，你可以看到许多由数字或字母标示的南北向和东西向的线所组成的网格。不同国家的地图，网格系统的标准也会存在差别。

大多数地图上的一个网格代表1平方千米的实际面积，你可以使用地图上所标示的数字来命名某一区域。这样你就可以准确地通知其他人你所在的大致位置了。为了增加精度，网格坐标可以从1千米的间距缩小到100米甚至10米的间距。这样你就能够更加精确地知道自己的位置所在。如果你认为自己很有可能在旅途中使用到网格基准（事实上，只要使用地图，就不可避免地要涉及到网格基准），你就应该在出发前熟悉网格系统所表示的意义。有的地图可能没有网格线，但通常也会以纬线和经线来代替（纬线和经线同样可以作为一个基准坐标）。

地图的类型

以下所列举的一些地图都是最为常见的旅行地图。地形图一般都是由政府机构制作的，起初只是用于军事上，是精确度最高的一种地图。地形图通常会定期做一些更新或修订，因此买地图的时候，一定要注意核对所购买的地图是否为最新版本。

私人制作的地图要谨慎对待，除非你已经在实地使用过该地图或者你是一个读地图的高手。一些私人制作的地图通常只是标示出了某些信息，其精确度和可靠性远不如正规地形图。私人制作的地图通常并不是按比例尺来绘制的，有的看上去就像一幅图画。因此，私人制作的地图并不适宜作为正式的导航工具来使用。

在有些地方，你可能只能买到一些绘制质量较差的地图。这个时候，你就不得不寻求一些其他的导航方法了。

国家地图（1∶1000000）

国家地图所给的信息并不会非常详细，通常只是给出了该国的大致轮廓、国界线、主要城镇、主要的公路和河流等信息。由于国家地图所给出的信息十分少，因此有时候并不能确定地图上所标示的某条公路的真实情况，它既可能是一条六车道的高速公路，也有可能是一条坑坑洼洼的破旧公路。

地区地图（1∶250000）

地区地图实际上就好比是公路路线图，因此并不适用于越野导航，仅仅可以在旅行初期规划行程路线的时候作为参考。除了标示出大的人口中心和主要公路之外，有些地区地图会标出一些次人口中心和次要公路。另外一些地区地图还会标示出该地区的主要山区或丛林。

专题地图（1∶50000）

专题地图是最适合野外探险使用的地图。专题地图就是画出精确等高线的地形图。这种地图会显示出某地详细的地理特征，如悬崖、露出地面的岩层、植被等，甚至还会标示出森林中的某些小路。

大比例尺地图（1∶15000）

大比例尺地图的精确度很高，因此十分适合做野外导航之用。大比例尺地图的纸张比较大，因此查看的时候也比较麻烦。但是这种地图所涵盖的信息确实十分详细，特别是在一些地形条件复杂恶劣的地域，更需要这种大比例尺地图所提供的详细信息。

读地图

数千年以来，人们一直在没有地图的情况下成功地穿梭于世界各地。各种精确的地图仅仅是近代以来才发展起来的（最早只能追溯到200年前）。在各种精确地图的帮助下，导航越来越成为一项精准的技术。当然，如何读懂地图也成了一门学问。为了你自身的安全，你必须学会这一技能。

3种不同的北向

大多数国家和地区的地图顶端都标有地球正北方向（地理北极的指向）。但是，网格比例尺地图通常使用网格北向。网格北向与地理北向的区别在于：地图是平面的，而地球表面实际是呈弧形的，故而两者所指向的正北方向并不一致。在中低纬度地区，两者之间的区别并不是很大；而在高纬度地区，两者之间的区别就比较大了。第3个北向是北磁极。指南针的指针就始终指向北磁极（目前正位于加拿大北部的哈得逊海湾），而非地理北向。质量好的地图一般会将3种不同的北向全都标出，即网格北向、地球北向与磁极北向，并且会标出逐年的磁变数值。

学会看地图标记

地图上所使用的各种标记通常都会在关键词列表中注明其意义。同样的标记在不同的地图中会有不一样的意义，因此在确定行进路线之前一定要先弄清楚各个标记的正确意义。你应该熟记自己所使用的地图上的各种标记的含义，以免每次看图的时候都要查看关键词列表。只有熟记各种地图标记，读地图的效率才会高。看懂地图上

所标示的等高线的含义是读图的一项最重要的技能。这并非一件很容易的事，需要多次练习才能掌握。

如果你并不善于读地图，那么一定要在出行前多加练习，争取能熟练而又准确地读图。你可以先拿当地的地图来练习，最好是那种标有海拔高度和各种地貌特征的地图。然后选定某一地点作为目的地，按照地图所标示的路线寻找，看自己能否准确地到达目的地所在的位置。

找到自己所在的位置

一个好的导航员能够准确而又迅速地重新部署行进路线。重新部署行进路线实际上就是积极识别周围所处环境的一个系统过程。该过程的第一步就是地图定位，即将自己所处的周围地理特征与地图上的标记相对照（比如说一片树林或一个湖泊），或者使用指南针来定位。无论是用哪种方式，你所使用的地图都必须要标示出正北方向以及地形状况。这样，你就可以识别自己所处环境的地理特征，并将其与地图相对照，然后不断排除那些不相符的地点。下面举一个例子来说明这一过程。比如你站在一个面南的陡峭岩石坡上，从山坡上看下去，可以看到一条向东流的S形的小溪。于是，你就可以排除所有不朝南的山坡和不向东流的小溪。这样一来就大大缩小了范围，然后再做进一步的排除：有几条位于面南陡坡下并且流向朝东的小溪是呈S形的。一般来说，通过这样几步排除工作，就能确定自己的所在位置了。如果有两条以上的小溪符合这一特征，那你就得再寻找其他的特征对照，直至找到与你所在位置的地貌完全相符的一点。

■地形图

闭合的等高线表示某座山峰的最高点。

支流

公路

河流

露出地面的岩层。

等高线之间的疏密程度表示山坡的陡峭程度。等高线越稀疏，坡度越缓；等高线越密，坡度越陡。

乍一看，某地的地图与实地照片之间的关联并不是很明显。你得仔细辨别照片上所显示的该地的地理特征，然后将其与地图联系起来，才能发现两者之间的一些关联。你得学会找出周围环境所隐含的独特地理特征，并将其与地图相对照。这是读地图的一项基本技能，而且并不难学会。

简单地说，确定自己位置的过程即：先识别地形特征，再将其与地图上的标记相对照，逐次排除不符合的地点。你可以只找一个特征，如先从等高线的疏密程度来判断山坡的陡峭程度。然后再寻找其他特征做进一步的排除。最后，你就可以将照片中所反映的景物锁定到地图的某一点上了。

学会辨别方向

指南针

人们使用指南针作为导航工具已有数千年的历史了，其间指南针得到不断改进。指南针的指针指向磁北的方向（它随着磁北极的移动而移动，目前的磁北极正位于加拿大北部的哈得逊海湾）。

传统指南针的构造为：一个圆盘内装一个摆动的指针，圆盘四周标有 360° 的刻度和基本方位（东、西、南、北）。后来，又有人在其上装上一块棱镜，以便更清晰地看到方位。为了更准确地判断地图上某一地点的所在方位，又有人在指南针上安装了一个量角器。第二次世界大战之后，北欧人发明了一种新型的指南针，称之为量角器指南针，即将指南针、量角器、直尺合而为一，也就是现在最常见的指南针。

量角器指南针是如今最流行的一类指南针，是一种多用途的导航工具，它具有如下功能。

- 地图定位。
- 测量地图上标示的距离。
- 找出你所在位置的网格基准。
- 确定你实际的行进方向。
- 确定自己在地图上的行进方向。

指南针的养护

指南针是一种重要的野外生存工具，且构造较为精细。因此，在旅途中，务必小心保管。你可以把它挂在脖子上或放在腰包里，但要注意不要将指南针与有磁性的东西放在一起，否则会影响指南针的精确性。

■如何携带指南针

⊙所有类型的指南针对撞击和震荡都比较敏感，因此在携带过程中必须小心。最好用一个套子包起来。为了方便拿取，可以把它放在上衣口袋里或腰带里，也可以挂在脖子上。

⊙当你坐飞机的时候，要将指南针存放在手提袋里面，以免高空大气压力影响其准确性。

找到正北方向

将指南针平放在手掌之上，并确保附近没有大的含铁金属物（因为这样有可能形成一个较大的磁场，从而影响指针的精确性）。指南针的红色磁针始终指向磁北的方向。为了找到真正的地球正北方向，你得知道你所在地区的磁偏角的数值（一般地图上都会注明），然后再将该数值应用到量角器中。根据你所在位置的不同，你可能需要加上或减去磁偏角的数值。在使用时必须对照地图来调整磁北和地球正北的偏差角度，才能得到正确的方向或位置。将红色磁针与量角器底板上的平行经度线对准，前进方向的箭头即指向正北。

寻找方位

如果你行进的路线上没有显著的地理特征如小路、小溪或山脊作为判断方向的参照物，那么指南针就是指示方向的唯一可靠工具了。

确定自己打算前往的目的地的方向后，将红色磁针与量角器底板上的平行经度线对准，前进方向线箭头所指向的就是应该行进的方向。

在用上述方法寻找方位时，一定要先以路途中的某一地理特征为标记。也就是说，你必须找出地面上的某一地理特征（比如说一棵树）作为参照物。让这一参照物与你的前进方向一致，并

□**实地定位**

1. 将指南针水平放置在手掌上，然后将前进方向线指向自己要去的方向。选择一个远处与你的前进方向相同的物体，并向它走去。

2. 当你到达该物体的时候，再重复上述过程。将红色磁针与量角器底板上的平行经度线对准。

3. 将前进方向线的箭头指向自己要去的方向，然后选择一个与前进方向一致的物体，并朝它走去。如果有需要的话，继续重复这一过程。

朝它走过去。然后不断重复以上过程，直至最后到达你打算前往的目的地。

在能见度差的天气条件下，人们很容易迷路。在这种状况下，要尽量避免在行进途中偏离方向。你可以借助近距离的一些地面特征来判断自己是否身处正确的位置，如露出地面的岩层。如果是团队探险，可以先让几个人始终行进在众人的前面，但要保持在后者的能见范围以内。当能见度极低时，最好采取前面所说到的方法，即把人当作一个地面特征。前面的人可以用喊声来指示方向。这样一来，就不容易偏离正确方向了。

地图与指南针的使用

导航的实质就在于能够确定自己的位置并找到到达另一地点的正确路线。一个好的导航员，在地图和指南针的帮助下，能够在任何状况下自信地寻找到正确的方向和路线。

为了保证导航的精确性，你得知道自己的出发点、旅行地的方向以及已经走过的距离。大多数人通常都是因为弄不清以上这3个要素而迷路的。万一不小心迷了路，你所要做的就是重新确定自己的方位，千万不要到处乱跑，陷入恐慌。所谓确定自己的方位，也就是将周遭环境的地理特征与地图相对照，逐渐确定自己所在位置。

图上定位

图上定位是一项简单而又重要的技能。只要你能够识别自身所处环境的一些地理特征，你就可以比较准确地进行图上定位。如果你不能够识别自身所处环境的一些地理特征，那也没有关系，可以借助指南针进行定位。首先你得知道当地磁偏角的数值。然后，将指南针放在地图上，并让量角器上的平行经度线与地图上的网格线保持平行。接着，转动地图，直至红色磁针与平行经度线重合。这个时候，前进方向线的箭头指向就是朝北的。至此，整个图上定位的过程就完成了。

地图与实地的对照

许多导航员都有过于依赖指南针的毛病，导致他们的导航思路过于狭窄。事实上，人们可以单独利用地图进行导航。这同样能让你找到正确的方向和路线，并且让你对旅途中的地形更了如指掌。如果单独用指南针进行定位，一旦出错了，则根本没有实物进行检验和对照。看懂地图上等高线所表示的含义是一项最重要的导航技能。在旅途中，你应该不断标出等高线的特征，以此来检验行进的方向和路线是否正确。一旦发现自己走错方向了，就要立刻回到原来正确的位置上。然后再从那个正确的位置上重新找到正确的方向。

确定路线

在能见度比较差的情况下（比如说夜晚），或者在缺乏显著地理特征的一望无际的大平原或大沙漠上行走的时候，使用指南针进行定位就是唯一比较可行的定位方法了。

用指南针测量网格地形图上两点之间的距离，将量角器底板置于你的起始点和目的地之间。确保前进方向线的箭头指向正确的方向。将量角器底板紧按于地图之上。接着，将量角器按在地图上旋转，直至底板上的平行经度线与地图上南北向的网格线平行。然后，将指南针从地图上移下来，并读取底板上前进方向线的箭头所指向的刻度。同时，不要忘记将磁偏角数值计算在

□使用地图和指南针定位

1. 用指南针的底板将你的起始点和终点连接起来。确保前进方向线的箭头是指向终点的。

2. 转动方位角圆盘，直至平行经度线与地图的网格线平行。此时，指南针底板上的箭头指向网格北向。

3. 在该箭头所指向的刻度值的基础上相应地加上或减去当地的磁偏角数值，所得出的数值就是你应该行进的方向。只要磁针与前进方向箭头是重合的，这一方向就应该是正确的。

↑ 在使用指南针进行定位的时候，要在网格方向的基础上加上或减去磁偏角的数值，才能得出正确的方向。

内。将指南针平放在手掌之上，然后整个人开始旋转，直至红色磁针与量角器所标示的北向重合。这个时候，前进方向线的箭头所指的方向就是你应该行进的方向。

如何将磁北方向调整到地球正北方向

指南针的红色磁针总是指向磁北方向，而地图上所标示的又往往是网格北向。在高纬度地区以外，地球正北与磁北之间的差值被称之为磁偏角。在地球的不同地方，磁偏角的数值不尽相同，或是向东偏，或是向西偏。

无论是指南针定位，还是地图定位，都涉及到将磁北调整到正北的问题。在欧洲，你需要在网格北向的基础上加上磁偏角的数值，所得出的才是真正的地球北向。而在世界其他大多数地区，则是要减去磁偏角的数值。各地的磁偏角数值以及每年的变化数值，一般都会在地图上注明。

无论是进行图上定位或是实地定位，都会应用到磁偏角。有时候，人们会将两种定位方法结合起来使用，以便相互验证定位的正确性。在将图上信息应用到实地的时候，你需要加上磁偏角数值；反之，则减去磁偏角数值。

利用日月星辰导航

现代人由于有许多的导航工具可以使用，以至于经常忽视一些利用自然现象进行定位的方法。毫无疑问，利用地图和指南针进行定位是一种最为有效和准确的方法。但是，万一你手头没有地图或指南针（比如地图遗失了、指南针坏了），又该怎么办呢？

早在数千年以前，我们的祖先就已开始利用观察天体的运动来确定方位了。如果你能通过日月星辰的运动来判断自己的方位，那么即便是在没有导航工具的情况下，你也同样能够找出正确方向。因此，了解一些利用日月星辰来定位的方法是非常有必要的。

建议你出行前，练习以下几种利用自然现象进行定位的方法，然后再用地图和指南针来验证一下你所做出的判断的准确性。这会大大增强你自己的导航信心。对于一个好的导航员来说，无论他拥有多么精密的现代导航仪器，他都会时时刻刻考虑自然所提供的信息。总之，准确地进行野外导航是一项最重要的野外生存技能。

利用太阳进行定位

无论你在地球的哪个角落，太阳每天都是东升西落。因此，你可以通过观察一些与日出和日落相关的明显的地理特征来判定大致的方位。以下所描述的方法仅在晴天的时候比较有效。当然多云天气的时候，也可以凭借天空的明暗程度来判断太阳的位置。

在北半球的正午时分，太阳位于正南；而在南半球的正午时分，太阳则位于正北。如果确实是在正午时分左右，则以上判断应该是比较准确的。

使用手表来找到正北方和正南方

这一定位方法所使用的手表一定要是有（时、分、秒）针的表，并且要设置成当地时间。进行定位的时候，要注意将手表持平。如果你是在北半球，请将时针指向太阳，并想象有一条线把时针与12点的夹角平分，这条角平分线所指

□树枝阴影法

1. 选择一根长度 90 ～ 120 厘米的笔直的树枝,并将其插在有阳光的空地之上。在树枝投影在地上的影子顶端放上一块石头。

2. 等待 15 ～ 20 分钟的时间。15 ～ 20 分钟之后,你会发现树枝的影子转移了。在树枝此时的影子顶端也放上一块石头。

3. 用一根树枝将两块石头连接起来。这根树枝是东西走向的,其中第一个投影点表示西,第二个投影点表示东。

的方向即为正南方。如果你是在南半球,请将 12 点的位置指向太阳,并想象有一条线把时针与 12 点的夹角平分,这条角平分线所指的方向即为正北方。

用树枝阴影法来找到正东方和正西方

树枝阴影法是一种很有用的定位方法。只要有阳光,无论是在哪个时段,也无论纬度高低,都可以使用这一方法来寻找方位。

选择一根长度 90 ～ 120 厘米的笔直的树枝,并将其插在四周无阴影的空地上。在树枝投影在地上影子顶端放上一块石头。然后等待 15 ～ 20 分钟的时间。15 ～ 20 分钟之后,你会发现树枝的影子转移了。请在树枝此时的影子顶端也放上一块石头。然后再用一根树枝将两块石头连接起来。这根树枝是东西走向的,其中第一个阴影点表示西,第二个阴影点表示东。

如果你从早晨开始,将在某个地点驻扎一整天,你可以使用一种更为精确的树枝阴影法来定位。如前所述,先选择一根长度 90 ～ 120 厘米的笔直的树枝,将其插在有阳光的空地之上,并在早晨的树枝影子顶端处做上标记。然后以树枝为圆心以投影在地上的阴影长度为半径划一个圆弧。随着不断临近正午,树枝的影子会不断地缩短。正午过后,树枝的影子又开始重新变长。当树枝影子的顶端与你早晨所划的圆弧重合时,在这一重合点上做上标记。将这一标记与你早上所做的标记连接起来的一条线便是东西走向的,其中早上的标记是偏西向的。

利用月亮来定位

与太阳不同,月亮的形状是会变化的,而且其亮度远不如太阳。因此,利用月亮进行定位并

不是很方便。特别是在云层很厚的夜晚,天空中根本看不到月亮。

月亮本身并不会发光,我们所看到的月光是月亮反射太阳光所致。月亮绕着地球运动,受到地球的阻挡,其太阳反射面随之变化。因此,我们所看到的月亮有一个从娥眉到满月的过程。当月亮运行到太阳与地球之间的时候,月亮以它黑暗的一面对着地球,并且与太阳同升同落,人们无法看到它。月亮环绕地球一周的周期是 29.5 天。

如果月亮是在太阳还未完全落下的时候升起的,表明它的"脸"是朝西的,即西半边亮。如果月亮是在后半夜升起的,则它的"脸"是朝东的,即东半边亮。同太阳一样,月亮也是东升西落的,无论是北半球还是南半球,都是如此。

利用月相来辨别方向

晴朗的夜晚,可利用月亮判定大致方向。农历初一新月时,月亮和太阳在同一方向,它与太

↑ 上图所示的是如何利用娥眉月来辨别南北的方法。将面朝左的娥眉月的两个端点连起来,划一条虚线。在北半球,该虚线与地平线的相交点即指正南;在南半球,该虚线与地平线的相交点即正北。而面朝右的娥眉月,则正好与之相反,即:在北半球,该虚线与地平线的相交点即指正北;在南半球,该虚线与地平线的相交点即指正南。

■做好方向标记

当夜晚利用月亮或星星来辨别方向的时候，不要忘记日出之时，月亮和星星都将消失。因此，当晚上辨别好方向后，一定在相应的位置做上标记，以便第二天清晨辨认。

阳一起升落，这时看不到月亮。初七八上弦月时，月亮在太阳东面90°，比太阳约晚6小时升起来，也晚约6小时落入地平线，即正午太阳在正南方时，月亮刚从东方地平线升起；太阳在西方地平线上时，月亮在正南方；半夜前后，月亮在西方地平线上。十五六（有时十七）望月时，月亮和太阳相距180°，太阳落时，月亮正从东方升起；第二天太阳升起时，月亮正从西方落下。二十二三下弦月时，月亮在太阳西面90°，它比太阳约早6小时升起来，也约早6小时落下去。即太阳从东方升起时，月亮在正南方；正午太阳位于正南方时，月亮正从西方落下。这样，就可根据不同的月相判定大致方向。

利用星座来定位

由于天空中的星座成千上万，而且星象也变化多端，因此利用星座来定位是最复杂的一种天体导航方法。此外，相同的星座和单体星在南北半球所呈现的星象是不同的，这也增加了利用星座来定位的难度。尽管如此，人们利用星座来导航已有数千年的历史了。

由于地球是不断移动的，因此同样的星座很可能呈现出不同的星象。与太阳一样，星座也遵循着东升西落的规律。

在北半球

在北半球，北极星无疑是最重要的一颗指示方向的星星了。在星空背景上，北极星距离北极不足1°，故在夜间找到了北极星就基本上找到了正北方。北极星属小熊星座，是其中最亮的一颗。由于小熊星座的众星中除北极星外都较暗，所以，通常根据北斗七星来寻找北极星。北斗七星是大熊星座的主体，其形状像一只勺子。从斗口边两星（指极星）的连线向斗口外延长5倍左右，便可找到北极星。北极星附近相当大的一片区域里，没有比它更亮的星了，所以，用这种方法是极易找到它的。

在黑夜的天幕上，我们还可以利用猎户星座来定位。猎户座的四周由4颗明亮的星组成一个大四边形，四边形的中央是3颗并排的小星。我们可以通过小星作一假想的横线即为天球赤道，该线即为东西方向线。

在南半球

在南半球，北斗七星有时会没入地平线以下，或者由于它离地平线近而被树木、村庄、山峰等遮挡。由于看不到北极星，可以利用南十字星座来定方位。南十字星座由4颗亮星组成，如将对角的两星相连，即成"十"字形。其中最亮的两颗星连线的延长线即指向南方。如需更精确

↑ 北极星位于北极上空，通常根据星"勺子"状的北斗七星来寻找北极星。

↑ 我们可以通过猎户座中间3颗并排的小星作一假想的横线即为天球赤道，该线即为东西方向线。

↑ 在南半球，人们通常利用南十字星座来定方位。

一些，可利用南十字星座旁边的半人马星座，将其中两颗亮星作一假想连线，在连线中间作一垂直线与南十字星座的指南线相交，交点离真正的南极只偏差1°。

利用其他自然特征导航

大自然能够提供许多信息，来帮助我们辨别方向。这些信息源于静止的物体、动物和植物。当然，自然特征仅能帮助我们确定大致的方位。但是，在缺乏导航工具的情况下，如果你具备通过观察一些自然特征来判定方位的技能，你将会感到十分庆幸。将几种自然特征结合起来做出定位判断是比较理想的，那要比仅凭一种自然特征做出判断可靠得多。

风

世界上大多数地区，都有着规律的盛行风向。有些地区终年盛行同一方向的风；而有的地方则是某一季节盛行某一方向的风，盛行风向会随着季节的改变而改变。如果你能事先了解某一地区的盛行风向，则可以利用风向来定位。但要注意地形对风向的影响。比如，深谷和陡峭的山脊都会完全改变风向。判断风向的唯一可靠方法是观察天空中云的移动方向。

生长在空旷处的树木和灌木丛由于长期受到某一方向的风的吹袭，常常会朝一边倾斜。生长在热带地区的棕榈树则正相反，有逆风生长的倾

↑ 千万不要轻易判断峡谷中的风向，因为在那里地形状况对风的走向有严重影响。

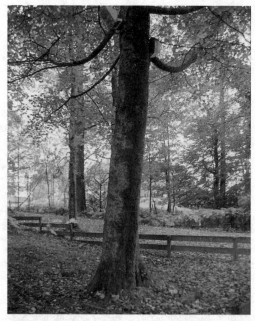

↑ 在北半球，苔藓生长在树的北边一侧；在南半球，苔藓生长在树的南边一侧。

向。尽管棕榈树与常规相反，但也能指示风向。

沙子和积雪也会留下风的痕迹。因为沙子和积雪长期在风的吹袭下不断向某一方向漂移，以致会逐渐形成一个个沙丘或雪垄。

一般来说，沙丘和雪垄的迎风面，坡度较缓；沙丘和雪垄的背风面，坡度则较陡。

植物

植物的生长需要阳光和水分，因此我们可以通过分析植物的生长地点和生长方式来辨别方向。由于阳光与水的相互影响，你得根据当地的气候状况判断出两者之中何者对植物的生长起主导作用。苔藓通常生长在背阴且潮湿的树皮和岩石上。在寒冷地区，高大的植物通常都生长在朝阳的地方，阳光照射到的一面通常也会长得比较茂盛。在依据植物的长势来判断方位的时候，你还得考虑到所在的半球。有一些植物，比如说生长在南非的北极树，有向北边生长的倾向。还有一些花是向阳的，会随着太阳的移动而转向。

多雪地带

在多雪地带，积雪厚的地方通常朝北，而积雪薄的地方则朝南。此外，背风地带的积雪通常比较厚，而迎风地带的积雪则相对薄一些。在了解这一地区盛行风向的基础上，再结合以上常识，你就可以相应地做出大致的方位判断了。

动物足迹

在干燥的地区，如果你看到动物的足迹都是朝着同一个方向的，则表明这一方向很有可能是通往水源地的。鸟类如果总是朝着同一方向飞，也有可能表明正飞向某个水源地，当然路途可能很远。在植被茂盛地区，动物的足迹通常会将你带往一个空旷的地方。这样，你就能获得更好的能见度来规划你下一步的路线。

蚁穴

在澳大利亚，蚂蚁和白蚁所筑的巢穴是呈"土墩"或"薄形刀片状"结构的，而且其巢穴总是南北走向。这样一来，冬天的时候，其巢穴无论是在上午还是下午，都能使太阳照射到；而夏天的时候，该构造则能避免太阳的照射。

照顾好自己和他人

尽管你应该学会在没有野外生存工具包的情况下行事，但还是强烈建议你随身携带一个小的野外生存工具包。在其中放一些最基本的工具，这些工具将使某些任务更容易完成，或者让你事半功倍。

基本的野外生存工具

刀具是在危急情况下最常用的工具。下面列出的这些东西不太占地方，但会为你提供很大的帮助：

- 小刀
- 防水火柴
- 蜡烛
- 鱼线
- 各种型号的鱼钩
- 两个小的鱼饵
- 用来做陷阱的铁丝
- 净水药片
- 哨子
- 绳索
- 曲别针 / 缝衣针
- 医用胶带
- 橡皮膏（创可贴）
- 牙线（坚韧的丝线）
- 指南针
- 镊子

- 扑热息痛（镇痛药）

将这些东西全部放入一个小的容器中（这个容器在紧急的情况下还可以当小壶来烧水），将其密封并保持干燥。每次出发前确保将野外生存工具包放进自己的背包或者衣服口袋里。

预防为主

常识告诉我们应付疾病或者伤害的最佳途径就是预防。比如，你并不希望由于不小心被刀子划伤，尤其是在有危险的情况下，因为此时如果再出现其他的问题只会让危险局面恶化。

在野外生存的时候，必须遵循一些重要的指导原则。最重要的就是每次方便后必须仔细洗手。在紧急的情况下，很多任务都是靠赤裸的双手来完成（如剥野生动物的皮毛或者取水等），你必须避免任何交叉感染，否则你自己或者你的队友很有可能会生病。

正确使用和保存锋利的工具，确保它们不会让你受到意外伤害。在使用诸如刀子或者斧子的时候，还要注意溅起的石头或金属碎片。

在收集木头的时候，绝对不要试图用膝盖折断树枝或者跳起来踩断它们。你很容易低估它们的韧性，而让自己受伤。通常的做法是借助锋利的工具，或者将其放入火中烧，直到达到你需要的长度。要学会借力，你的力气很有可能在别

↑ 削木头的时候，动作要稳要慢，而且刀刃一定要向外。
↑ 切忌将刀刃朝着手或者身体。

↑ 绝对不要试图用膝盖折断树枝，它通常比看上去更结实，你的膝盖很可能会受伤。
↑ 跳起来踩断木头很容易让脚踝受伤。如果不能用刀砍，可以将它放入火中烧到你需要的长度。

的地方还用得着。

在徒步行进的时候，每跨出一步都要千万小心，尽量不要去冒险。对于不熟悉的地形，最好的办法是绕道而行而不是穿越。始终把安全放在第一位，尤其是当你受伤或者生病的时候，又或者身边没有别人能够给你提供医疗帮助的情况下。

■从流沙中逃生

在热带地区，徒步行进的时候一定要带一根粗棍子或棒子，一旦陷入流沙（松散的沙子和水混合成的沙层），立即躺倒在棍子上，然后"放松"。把身体重心放到棍子上，你就会顺着沙子流动，因为棍子的密度要比沙子小。千万不要挣扎，那样的话只会陷得更深。流沙一般只有几厘米深，所以尽量将身体舒展，用背部移动寻找硬实的地面就可以顺利逃生。

大自然中的危险

无论何时，在野外注意危险的动物是非常重要的。避免自然危害最基本的原则就是随时保持警惕。

远离危险的野生动物

你需要让那些存在潜在危险的动物知道你的存在，但是不要惊扰它们，通过哨子等让它们知道你在那个地方。只要你不威胁到它们或者它们的幼崽，它们就不会主动攻击你。只有当出现食物争夺的时候，它们才可能将你看成竞争对手。

当你进入到熊的势力范围，你就威胁到了它作为食物链顶端的地位。它们具备敏锐的嗅觉，因此最有效的防范措施就是在远离营地的地方藏好食物及废弃物。将食物存放在距离宿营地至少300米远的地方，并且装在袋子里高高地吊好（有关此内容，请参阅本篇第5章）。将所有用过的卫生纸和女性卫生用品进行焚烧。将所有废弃物深埋在至少15～20厘米的地下。

虱类及其他昆虫

昆虫的危害性很大。在热带地区，蚊子是传播疾病的主要途径。即使是在温带地区，也有大量的昆虫能够传播病毒。在温带地区，最常见（也是最容易被忽视的）就是虱类的危害。它们能传播各种不同的疾病，其中莱姆病是最值得注意的。在绝大多数地区，这种风险还是比较低的，但是在美国有将近1/3的虱类携带有这种病菌。

一旦虱类落在身上，它就会叮入皮肤吸血。大约12个小时之后，它将放出它的倒钩注入唾液破坏伤口附近的组织，就是这种唾液里可能会含有细菌或者病毒。

如果你感染了莱姆病毒，你可能会发现身上出现像牛眼睛一样的皮疹（也可能没有），这种皮疹通常不发痒。你还可能会出现像患流感一样的症状，如头痛、发热、脖子僵硬和咽喉肿痛等。如果这种感染扩大，变得严重，它会影响心脏、神经系统和关节。如果得不到及时处理，它还可能影响到你的短期记忆，并最终致命。处理办法就是使用抗生素，目前还没有针对此病毒的疫苗。

发现身上有虱类的时候立即除掉，不要等它自己跑掉。在虫子多的地方，每过1～2个小时检查一下身上是否有虱类。不要用香烟熏它，这样只会促使它释放更多的毒液。相反地，应该用镊子夹住，直接将它从皮肤中拔出来。

■碰到熊该怎么办

如果碰到熊，应该保持冷静和安静，迅速卧倒，脸朝下趴在地上，用双手抱紧颈部，保护好脖子以及腹部，就像在一些生存案例中讲解的那样装死。爬树并不是一个很好的选择。灰熊后腿站立起来之后高达2米，而且还能爬树。不到万不得已的时候，千万不要与熊正面交锋。

自然药物

在野外如果你没有急救药品，不要恐慌：这并不意味着你不能对自己或者他人采取急救措施。有一些常见的疾病可以利用你身边能够找到的某些野生植物来进行处理。

小伤口

到目前为止，应用最为广泛的草药就是车前草。很多人将车前草叶子捣碎来治疗蚊虫叮咬引起的炎症。以前，人们曾把车前草叶嚼碎成糊状，用来处理小伤口。车前草茶治疗咳嗽也有效果，其做法是将晒干的车前草叶10毫升放入1杯开水中，待10分钟后内服。

感冒发热

在温带地区，接骨木是一种常见的灌木。接骨木是制作接骨木酒的原料，这种酒能预防冬季

↑ 苔藓能够用来包扎伤口，并可控制出血。像泥炭藓这类的苔藓还具有杀菌的功效。

感冒。接骨木花（无论是新鲜的还是晾干的）可以像车前草叶一样用来内服，能够退热和缓解感冒症状。接骨木叶还能够驱赶苍蝇和蚊子，把叶子泡水涂抹在皮肤上也能达到这个目的。

腹泻

橡树皮可以被用来缓解慢性腹泻和痢疾。你需要在春天的时候收集橡树嫩枝的树皮，然后晒干保存。为治疗腹泻，可将10毫升干橡树皮放

□制作治疗咳嗽的自然药物

1. 干车前草叶能够用来泡制治疗咳嗽的茶水。将一把干车前草叶放入碗中。

2. 烧一些开水，倒入装干车前草叶的碗中，让叶子浸泡约10分钟。

3. 从碗中捞出车前草叶，一碗天然的治疗咳嗽的汤药就准备好了。

□制作治疗腹泻的自然药物

1. 煎煮橡树皮的水是治疗腹泻和加快伤口愈合速度的良药，也可以治疗牙龈炎和喉咙痛。

2. 将橡树皮捣烂，放入碗中，放水置于火上烧开。

3. 让水保持沸腾3~5分钟，从火上移开，待凉后当茶饮用。

入 0.5 升水中，煎煮 3 ~ 5 分钟，待冷却后内服。这种汤药具有杀菌和收敛的功效，也能被用做外敷药物处理愈合缓慢的伤口，或者被用做漱口水，治疗牙龈炎或者咽喉痛。

↑ 经常洗手，预防有害病菌侵入身体。

卫生的重要性

无论在何种情况下，个人卫生都是非常重要的，尤其要预防交叉感染。人们在对卫生的认识上存在一个普遍的误区，认为处于原始部落中的人都比我们脏，但事实上，在一些现今存在的原始部落中，卫生也像在现代社会一样重要。

在那些原始部落中，有很多东西可以替代肥皂、洗发水、牙刷和牙膏，这一点值得我们在野外生存中借鉴。要制作这些东西，需要做一些适当的准备。如果打算做较长期的野外生存，花一定时间和付出一定努力来创造卫生条件是非常值得的。

卫生纸

有关卫生的问题，出现得最多的可能就是"用什么东西来替代卫生纸"。大自然中有很多东西可以发挥卫生纸的用途。事实上，只要需要，你身边的任何东西都可以利用。其中一个很好的办法就是混合使用干的和湿的苔藓。首先用湿苔藓擦干净，再用干苔藓进行除湿。

如果当时没有大量的苔藓，或者情况紧急，你也可以选择大树叶。与使用苔藓一样，先用新鲜树叶，再用干树叶。但是必须确保你使用的树叶无毒，并且不会刺激皮肤。有的人喜欢用树皮的内层，但是取树皮要费一番工夫。

粪便处理

无论你采取什么方式处理粪便，请遵循如下原则：

- 为了避免污染，确保你挖掘的简易厕所距离水源至少 25 米。
- 粪坑深度至少在 45 厘米以上。
- 方便之后立即用土盖住粪便，如果盖土之后仍有臭味散发出来，必须重新掩埋。
- 用纸之后一定要焚烧。纸在分解之前能够保留很长时间，将严重破坏环境。
- 确保放在衣袋里的东西不会意外滑落。刀子掉进粪坑里是一件非常不愉快的事情。

□挖掘粪坑

1. 如果只在某个地方待上很短的时间，在距离干净水源 25 米开外的地方挖一个至少 45 厘米深的粪坑。

2. 可以在粪坑上放置一两根原木，这样方便起来更舒适。还可以收集一些苔藓或者树叶，这样"卫生纸"也准备好了。

3. 每次方便之后，在粪便上撒一层土壤保证臭味不向外扩散。取一些炭灰撒在粪便上也能很好地掩盖臭味。

□制作天然的卫生巾

1. 先收集大量干燥和松软的苔藓准备制作卫生巾。

2. 将苔藓置于干净的布片或者柔软的动物皮上，将边缘折叠。

3. 这样就做成了一个用途广泛、吸水性能良好的卫生巾。其中的布片或者动物皮可以洗净之后再利用。

● 每次方便之后都要彻底清洁手部和腕部。

尿布和卫生巾

绝大多数土著居民利用干燥的苔藓制作卫生巾，另外一些非常柔软和经过鞣制处理的动物皮革也常被用做卫生巾和婴儿尿布。也有部分土著居民用布包上具有吸水性的苔藓等野生植物制作卫生巾。经期妇女的卫生问题非常重要，否则她们往往会受到熊的攻击。

制作肥皂和洗漱用品

出门远行或者野外生存最容易忘掉的就是肥皂。其实在野外制作肥皂非常容易，而且对于保持卫生非常重要，尤其是在生死攸关的情形下。

即使带了生物可降解的肥皂或者洗发水，你也必须意识到它们的降解需要土壤，因此为了避免污染，应该在距离水源25米以外的地方挖一个坑将洗漱用水全部倒进去。

制作肥皂所需的原料如下：

● 木炭灰（含碱）

● 水

● 油或者脂肪（动物脂肪、植物脂肪均可）

● 松脂或者松针（这些东西并不是必需的，只是为了让肥皂具备杀菌功能和好闻的味道）

你还需要某种过滤的装置，如用一块布料将灰烬从水中过滤出来。最好用棍子对炭灰和水进行搅拌，因为炭灰的碱性很强，不要用手搅拌，

以免灼伤皮肤。

当水被蒸发掉之后，剩下的混合物就是一种很好的肥皂了。你还可以通过改变其中炭灰、油和松脂的比例来调节其功能的强弱。

丝兰肥皂

另外一个制作肥皂的常用方法就是捣烂丝兰根。捣烂丝兰根的时候会有一种泡沫状的东西溢出，这种东西富含皂角苷。用这种泡沫可以制作肥皂和洗发水。

牙膏

如果能够发现山茱萸或者桦树，可以嚼一段它们的嫩枝，然后将剩下的纤维作为牙刷，将放有炭灰的水作为牙膏。但是刷牙之后必须用清水彻底漱口，避免刺激口腔。

↑ 在野外，不要在溪流、湖泊和江河中使用肥皂、洗发水等。尽管它们的生产商可能都标注其为环保产品，实际上与生产商所宣称的刚好相反，这些产品不会完全降解，即使是一小块肥皂也可能破坏整个环境。

□制作简单的肥皂

1. 等待火堆燃尽冷却，从中收集部分炭灰。

2. 将块状的炭用石块捣细成粉末状。

3. 将炭灰与水混合，充分搅拌，滤出炭灰，留水备用。

4. 加热油或者脂肪，然后将过滤之后的水倒入。再将混合物重新烧开。

5. 捣碎一定数量的松针，并将其加入到混合物中。继续加热，直到蒸发掉所有水分。

6. 将混合物从火上移开，冷却。这样就制作出很好的具有一定抗菌功效的肥皂了。

□制作抗菌型漱口水

1. 收集一定数量的新鲜松针，放入碗中。

2. 用干净的石头捣碎松针。

3. 加入开水浸泡约 5 分钟，过滤。

可以在水中加入捣碎的松针，然后过滤用做漱口水。这种漱口水有一股好闻的味道并具有一定的杀菌功效。

指甲和头发护理

卫生当然也包括修指甲和剪头发。保持指甲较短的一个简单有效的途径就是在光滑的石头上磨。磨指甲的石头应该具有金刚砂的质地。磨指甲可能是一个比较费时间的事情，但是总比指甲太长不小心被折断要好。至于头发，如果没有黑燧石之类锋利的石头可以用，就最好让它继续生长。

如果你找到了像黑燧石这样锋利的东西，最好不要用它们刮胡子。即使刮，也一定要保持高度警惕，因为它远比金属刀片锋利，而且还不规则，更没有现代剃须刀那样的保护措施。与其不小心伤到自己，还不如不刮胡子。

第2章
野营装备

在野营过程中，人们的活动常常会受到一些自然力的支配和影响，如日出日落、天气变化、地理位置、最近的水源以及燃料的供应等。野营的地点选择固然十分关键，而野营的舒适与否又不完全取决于营地，各种各样的装备往往有着极为重要的作用。一次舒适的野营取决于你在选择扎营地点、搭建帐篷、生火和确定路线等方面的技巧。

选择营地

世界上很少有十分完美的营地，因此在实际选择营地时你得在一定程度上做出取舍。选择营地时优先考虑的因素有：你将在营地驻扎多久、你所搭建的帐篷有多大等。在选择的过程中，你心中最好有一个大致的选择标准，以便更清楚自己需要注意哪些方面。

勘察

对于一次长期的野营来说，特别是人数较多的团队，你需要事先做一个详细的计划并在整个团队到达之前预先进行实地勘察。如果选择在一片私人领地上扎营，你得事先得到主人的允许。

↑ 如果你不得不在树林中扎营，应选择地面上无腐烂的树枝树叶的地点作为营地。

其实，无论是勘察专门的营地还是在野外，需要注意的事项都是差不多的。

何时勘察

如果你将在某个地方过夜，那么你应该在天黑以前的两三个小时就开始选择合适的营地。这样就可留下一段时间将帐篷搭建好并准备好食物。如果你在前往目的地的途中发现某个地点景色非常怡人，你也可以在那个地方逗留一番。当你错过了一个好的地方，而前方的地形又不适合作为营地，那么你也可以原路返回原来那个适合作为营地的地点。

勘察要素

选择营地的首要原则就是要尽量避免任何极端情况。在气候炎热的国家，营地应该选在有树荫的地方。而在气候寒冷的地区，选择营地的首要考虑因素是背风。合适的营地应该是比较干燥的，这也就是说应该选择地势相对较高的地方作为扎营地点。这样一来，你不仅能避免潮湿的沼泽地，而且还不会将自己置于一个冷风窝之中。如果风很大，你应该让帐篷的门背对着风。

如果营地处有水源将是一个优势，但是你得确认一下该水源的来源。你不能够仅凭当地人饮用该水，就得出能够安全饮用的结论。除非你有十分确定的证据证明该水源是安全的，否则你都应该相应地做些水的净化处理。千万不要将帐篷驻扎在太靠近水源的地方，比如说小溪，因为晚

171

■选择营地时的注意事项

选择合适的营地时，首先要考虑的是：该地是否能避开风的吹袭以及附近是否有可供饮用的水源。满足了这两个基本条件后，根据你所在的地区和当时的具体情况，还应注意到下列事项：

⊙地面应该较为平整，不能有太多的碎石和枝杈，以免损坏防潮垫和睡垫。

⊙山谷或洞穴不适宜做为营地，因为这种地形在夜晚就如同一个风窝。

⊙干涸的河道不能做为营地，因为有时候洪水会出人意料地来临。

⊙沼泽地或看似沼泽地的地方是绝不能做为营地的。

⊙确认一下在该地扎营是否需要有关机构或人员的许可并且支付一定的费用。

⊙帐篷桩和支索应该能够较容易地钉入地里。

⊙营帐周围不应该有树木、石墙以及其他结构松散的石头建筑，以免其突然坍塌压到营帐。

⊙如果营地靠近某个水域，营帐一定要驻扎在高于最高涨潮点的位置，而且你得确定该水域没有鳄鱼等危险动物出没。

⊙营地的周围不应该有虫蚁以及蛇类的洞穴或灌木丛。

⊙在气候炎热的地区，应选择有足够树荫的地方做营地。

⊙营帐不宜太过靠近水源或湿地，因为这些地方夜间多蚊虫且易招引野兽。

⊙营地周围应有充足的柴火。除非这一地区允许伐木，否则你只能捡一些地上的枯树枝来生火。

⊙你所选择的营地不应该是当地人放养家畜的地方。通常，这些地方的地面上会有一些残留物，如粪便。

⊙你所打算驻扎的营地不应该有家畜的出没以及任何活动痕迹。

⊙如果是在山区，营地绝对不能驻扎在可能会有雪崩或泥石流的地方。

⊙如果地面已被厚厚的雪所覆盖，你得用滑雪杆竖直插入雪地，以检验该地面是否足够坚实。

上靠近水源的地方通常会有很多的蚊虫。而且水源边上还可能会有动物出没饮水。

如果某地的治安较差，有抢劫和盗窃的记录，你最好向当地的警察局询问一下安全的扎营地点。有时，他们会向你们提供一块在他们的有效控制区内的营地。如果你将在某个地方停留较长一段时间，则要尽量和当地的老百姓建立良好关系。特别是要与当地的政府搞好关系，因为你

们在该地停留期间，在物资供应及调解纠纷方面肯定需要他们的帮助。

布置营地

营地的具体布置方法取决于营地的所在位置、天气状况、帐篷的大小以及个人喜好等因素。但是，出于为了野营者的人身安全考虑，有一些不变的黄金法则值得人们去遵循。

帐篷的位置

帐篷的搭建应该遵循背对盛行风向的原则。如果有可能的话，可以利用树木或者灌木来作为一道天然的挡风屏障。如果该地区的气候比较炎热，那么帐篷还应该搭建在树荫的下面。但同时你也应该注意，树木上可能会有一些枯枝断杈掉下。此外，睡觉和休息区域应远离煮食区和如厕区。如果该地区盛行某种风向的话，睡觉区还应处在煮饭区的风向的上游。

如厕区

如果你所在营地没有固定的厕所，那你就得

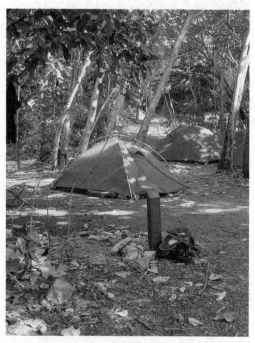

↑ 位于树木下的营地能够遮蔽阳光，但同时也会遭遇枯枝断杈落下所带来的危险。

在远离睡觉和煮食区的顺风处自行搭建一个临时的如厕区——利用天然的屏障或用帆布或防潮布围起一块区域。你可以用铲子或刀在地上挖一个小坑，作为大便的地方。排泄完毕后，用土将排泄物覆盖，并将厕纸烧掉。小便处则应设置在另外一个不同的地方。同样地，你也可以挖一条小沟，作为小便的地方。每次小便完之后，也用泥土将其覆盖。需要注意的是，每次方便完之后都要用泥土将其盖好，否则排泄大小便的地方很容易滋生微生物和细菌。

盥洗处

如果你需要设置一个洗衣服的区域，则该区域应远离睡觉和煮食区。晾衣服的绳子应安置在夜间人员走动较少的区域。

营火的位置

营火的位置应该距帐篷一定的距离，以免柴火燃烧时爆出的火星把帐篷烧出小洞。此外，生火的位置应位于帐篷的顺风处，并要远离树木和灌木丛。

食物准备区

准备食物的区域应距离睡觉的区域一定距离，以防夜间动物被食物引诱所发出的响动影响到你的休息。同时，也远离被食物的香气所吸引的苍蝇。如果可能的话，最好在煮饭地点的附近单独搭建一个用于存放食物的小帐篷。切记不要将食物放在睡觉的帐篷里面。

社交中心

在远离睡觉和煮食的地方，可以选择一个大家一起做事、聊天或进行其他活动的场所。这一区域也就是整个野营团队的社交中心。每一个在此区域活动的成员都有义务保持该区域的整洁。

泊车区域

一些大型的野营营地往往会有正规的通车路径。如果你们的团队是自己驱车前往的，那么在布置营地的时候要记得预留出一块地作为泊车之用。需要提醒的是：不要开车围着营地打转，以免造成不该发生的事故。

搭建帐篷

一旦完成了营地勘察之后，你就可以开始搭建帐篷了。不论是什么类型的帐篷，你都需要遵循大致相同的搭建方法。首先，你应该按照帐篷制造商所提供的使用说明书上的步骤来搭建帐篷，特别是在首次搭建帐篷的情况下。当然，如果上一次搭建帐篷的经历距今已有很长一段时间，你需要再次熟悉搭建帐篷的步骤。

建议你在出行前练习一下搭建帐篷的步骤（你可以在自己的院子或其他空地上进行练习），以便能够及时解决自己所碰到的问题并在正式旅行中迅速完成搭建帐篷的任务。在旅行途中，你有可能会遇到天气比较糟糕的日子。你可能不得不在风雨交加时搭建帐篷。因此，如果你能事先熟悉搭建帐篷的步骤和技巧，就会更得心应手了。如果你每次搭建帐篷的时候都遵循完全一致的步骤，经过多次重复之后，整个搭建帐篷的过程就会变得十分自如。

如果你所使用的帐篷是棉质的，在正式使用之前，最好先把它搭起来，弄湿，然后让其自然干燥。

检查地面

搭帐篷的时候，第一件要做的事就是检查一下你打算扎营的那块地面。扎营的地面必须平整，不能有可能会积水的坑洼。该地的土质是否能让你轻易地将帐篷桩打入其中，你所选择的地块是否有很好的屏障来遮蔽大风。当然，帐篷也不能太过靠近屏障物，以免被屏障物上掉下的东西砸到。当你对该地块的位置感到基本满意后，下一步要做的是就是清除地面上的石头和树枝等尖利的物体，以免戳破防潮垫。此外，如果地面上有比较明显的隆起的小土块，最好将其整平。

各部件的组装

如果你所用的是一顶新帐篷，搭建的时候最好先阅读一下说明书并检查零件是否齐全。大多数帐篷的搭建都是按照先搭内帐后搭外帐的顺序，当然也并不全都如此，因此你最好还是先查阅一下使用说明书。一般来说，搭建帐篷的第一个步骤总是先组装帐篷杆和帐篷桩。然后，根据不同

□搭建穹顶帐篷

1.检查一下是否已备齐了所有的帐篷零部件。如果该帐篷分内帐和外帐，则将两者连接起来。务必确保所有的拉链都要拉上。

2.组装帐篷杆——将其塞进帐篷的套筒里面（很容易推入）。

3.将帐篷杆的末端固定在帐篷桩上，以便将整顶帐篷支撑起来。

4.将内帐的帐篷杆向外拉伸，并将其与帐篷桩固定在一起。然后，使劲将帐篷桩按入地面，确保它不会被大风轻易拔起。

5.将外帐的帐篷杆向外拉伸，并与帐篷桩固定在一起，再检查内帐是否正确连接。如果你要重新固定帐篷桩的位置，可借助另一根帐篷桩将其拔出来。

6.将所有剩余的定绳都固定在帐篷桩上，然后将多余的帐篷桩收起来放好。

□搭建山脊帐篷

1.将帐篷从包中拿出，查看一下是否所有的部件都已齐全。然后将内帐平铺在地面上，并将帐篷的四个角用帐篷桩固定在地面上。

2.将帐篷的支架组装好。组装之前，务必弄清楚每根帐篷杆之间的相互连接位置，否则是很难装上去的。

3.将内帐挂到组装完毕的支架上。然后将外帐覆盖到支架上面，并在需要的部位与内帐相连接。

4.如同内帐的四个角一样，将外帐上的定绳也用帐篷桩固定在地面上。在实施这一步骤时，务必将有拉链的地方拉上。

5.外帐上的所有定绳和支索都固定完毕后，外帐应当被完全撑开，并且不会和内帐相接触。

6.帐篷门的拉链应该被拉开，以利于空气的流通。外帐支索的固定位置可以重新调整。务必要使内外帐不相接触。

□搭建家庭帐篷

1. 将帐篷从包裹中取出，按照说明书检查上面标明的配件是否齐全——帐篷桩、内帐、外帐、帐篷杆以及支索等。

2. 举起帐篷杆将整顶帐篷铺展开来。

3. 固定好各个连接点，树起帐篷的整个支架。

4. 将一些另外的帐篷杆推进帐篷的筒套里面，这一框架所构成的是帐篷的门。该过程中，注意不要将帐篷布或帐篷杆弄坏。

5. 将帐篷四周的支索都牢牢地固定于帐篷桩上。

6. 如果在帐篷外还要罩上一层防雨层，则应先将防雨层与内帐连接好后，再固定支索。

的帐篷类型，搭建的步骤可能会有所不同。搭建帐篷的时候，要确保将所有的拉链全都合上。

现在的帐篷，尤其是穹顶帐篷，帐篷杆都比较细。为了使帐篷更为稳固，可以在每根帐篷杆的连接处缠绕一些绷带。这样可以有效地防止这些连接处在强风的侵袭下被抽开。

建立大本营

对于一次时间较长或人数较多的探险活动来说，在艰险的地形上从事一些极具挑战性的活动肯定要涉及到众多的装备。为此，你们有必要建一个大本营作为半永久性的物资供应基地。从这个"大本营"出发，你就可以携带更少的行囊从事探险活动了，比如徒步穿越一片原野、登山或者考古考察等活动。一些探险过程中用不着的物品都可以存放在大本营的营帐里面。大本营扮演着一个通信中心和物资供应中心的角色。大本营的扎营地点应该选在车辆可以到达的区域，并且该地的各方面条件应该都能够提供一个相对比较舒适的环境。

用做大本营的帐篷更大也更重，搭建这种营帐自然要比搭建普通的临时性帐篷复杂多了。此外，你还得搭建相对正规的煮食区、如厕区并指定处理垃圾的临时场所。

大本营中的日常事宜

为了更便于处理大本营中的日常事务，你最好制订一套每个成员都能遵守的合理而又简单的规章。如果你们的团队人数较多，则最好将每

↑ 一个大本营的搭建包含许多不同的细节。因此，在你搭建任何一顶帐篷之前，都应该先做一个关于营地布置的详细规划。

日的用餐时间、开会或计划活动等事项张贴于帐篷的墙上。除了以上这些事项外，你们还可以规定一个晚上的熄灯时间和白天的休息时间，以便让那些想睡觉和休息的人有一个安静的环境。当然，这些规定要得到切实的执行才有意义。特别是当你们的营地离其他一个团队很近的时候，更要有比较规律的作息时间和活动安排，以免打扰到别人。

营地的安全

如果你们的团队人数众多，且不时会有成员离开或回到营地（有时在夜间），那么你应该制订一个方案，以使你能够清楚各个成员所处的位置及目前营地中有哪些成员等。这不仅仅是一种确保团队成员人身安全的措施（能够让你在任何时候都知道各个团队成员的所在方位），而且也能让你准确地准备所需的食物数量。

当所有或绝大多数的团队成员都准备离开大本营的时候，你最好雇佣一个当地人来帮你们照看营帐。

食物的准备

在营地的食物准备区，卫生是最重要的事。营地中准备食物的器具务必保持干净，每天的垃圾都应及时处理掉，以免招来苍蝇及其他蚊虫。食物卫生如果不合格的话将很有可能导致大家都生病，在一些热带地区尤其容易发生这类事件。

所有的餐具和橱具每天都要用热水烫洗。炉

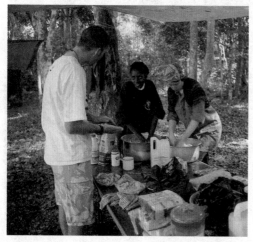

↑ 在一个人数较多的营地里面，有必要指定一两个人专门负责准备全体成员的一日三餐。

■个人警报器

并不是所有的垃圾都适合放入营火中焚烧。特别是对于一个人数众多且又将长期驻扎的营地来说，最好有一个专门的焚化炉来处理垃圾。当然，该焚化炉的位置应远离营帐。这种焚化炉可以是专门用于处理花园垃圾的普通镀锌焚化炉；也可以利用一个废弃的油桶——在桶壁上戳一些小孔，以利于焚烧垃圾所产生的烟能够更有规律地向四周散出。垃圾燃烧后剩下的灰烬可埋于小坑中，用做固体肥料。

子上的水壶最好时刻都烧着，以备随时取用。

如果可能的话，最好搭一个简易的架子用来摆放餐具、厨具和所有的食物。这比直接放在地面上要卫生多了。而且在桌子上准备食物也要比蹲在地上轻松得多。所有新鲜的食物都要存放在密闭的容器或保鲜盒里面。

如果你打算将食物直接放在营火上烤，你得把柴火堆放得整齐一些。储水的容器应该时刻都装有水，并要分别标明饮用水和洗漱用水。

垃圾的填埋

对于一个需要长期驻扎的营地来说，不乱扔垃圾是一件很重要的事情。食物的残渣会招引某些动物和苍蝇。为了处理营地的垃圾，建议你在营地挖两个深约60厘米的坑：一个用于填埋固体垃圾，如压扁的罐头盒；另一个用于处理食物残渣和废水。

每次将固体垃圾扔进坑后，都要记得用泥土将其掩盖，以防招引虫蚁。在填埋垃圾的地方应该插上一定的标记，以免有人不小心踩到上面。在处理空罐头盒和包装袋的时候，能焚化的就焚化，不能焚化的则将其压扁以减小体积。

用于处理食物残渣的坑的表面应盖上一层蕨草，以过滤煮食物的废水中的残渣。这些过滤出来的残渣每天都应该用火焚烧掉。

轻装野营

所谓轻装野营，也就是一种将你所携带的野营装备减少到最低程度的野营类型，使你能够独自轻松地背负起自己的行囊。轻装野营所要求的装备都是用轻质材料制成的，能够装在背包以及独木舟或摩托车上的筐里面。

↑ 轻装野营探险能够使你的行动更自由，让你探寻到常人不能到达的地方。

将行李的重量减少到最小

　　轻装野营原本就是一种活动项目，但是很多人都将其作为进行其他活动的行李携带方式，如徒步、骑自行车或划艇。据一些轻装野营爱好者说，一次周末的轻装探险活动，你所携带的行李重量不应该超过 9 千克。要将你的行囊严格控制在这一重量之内是需要一定经验的。当然，如果你不是单人行动，而是有同伴随行，那么这一标准就比较容易达到了。因为有许多物品都只需要携带单份就够了，如帐篷、炉子、燃料和炊具等，同时你们又可以共同分担这些物品的重量。

装备的选择

　　你所需要的野营装备既应该符合轻巧的标准，同时还必须有最佳的性能。这也就是说你所购买的野营装备不能太便宜。当然，越轻的东西也越容易被弄坏，因此你务必要严格按照使用说明书上的要求小心地使用和存放这些装备。

　　轻便旅行的技巧在于合理地选择你所携带的装备。在做这一决定之前，你得仔细考虑一下自己将前往什么地方以及该地的地形状况等因素。然后再根据这些问题来做出恰当的选择，以避免携带一些不必要的物件。当然，你的旅行经验越丰富，你就越清楚到底应该携带哪些东西。建议你在每次轻装野营旅行之后，把你的所有装备归为三类："经常使用""有时使用"和"从不使用"。被列入"从不使用"范围的物品，除一些急救物品外，其余的就可以排除在下次的旅行装备范围之外了。

　　同时，对于那些你在旅途中想使用而又没有携带的物品，你也应该列一个清单，以便下次旅行的时候可以增加进去。这样，经过多次旅行实践之后，你就能够很好地将自己的行囊控制在最小的限度内，同时又能带上一切必需的物品。

帐篷

　　单层的隧道式帐篷采用一种既防水又透气的材料，并有灵活且又轻便的支架和杆子，但同时其价格也是比较贵的。比这种帐篷还要轻便的是军用的临时小帐篷：无需支架，仅仅简单地覆盖于睡袋之上。

　　尽管轻质的帐篷也可能会有比较结实耐磨的，但你还是得小心使用，特别是帐篷的防潮垫（通常都是很薄的）。如果你不小心将这种轻便帐篷搭建在有尖利的树枝或石头的地面上，你的帐篷就很容易被戳破。避免这种情况发生的方法之一就是在地面上先铺一块睡垫，然后再将帐篷搭在睡垫上。这样一来，你既能享受睡垫所带来的温暖，又能有效地保护帐篷的防潮垫。

炊具

　　如果你是个地道的轻装野营者，你所携带的炊具应当是十分简单的。这意味着你必须谨慎地选择自己所携带的食物、餐具和炊具。也许你所应当携带的餐具仅限于一把小刀和一个汤匙。

　　如果你是在炉子上煮食物（且使用的是脱水食品），你得确保有足够的用于烧煮食物的锅。

■减少你的装备

　　自行车或皮划艇超载后不易平稳，从而大大增加了危险指数；而在徒步旅行的情况下，如果你背负过重的行囊，也会让你不堪重负，从而破坏旅行的兴致。

　　你所携带的装备重量最重不应该超过 11 千克，最好是控制在 9 千克左右。

　　当你将所有的装备都堆在一起的时候，你得对这些装备进行取舍，以减少所携带的行囊重量。

　　⊙眼前的这些装备是否都必要。

　　⊙你是否需要一些容器来放置其中的一些装备。

　　⊙你所需的洗漱用品是否齐全，肥皂和牙膏是否可以带更小体积的那种。

　　⊙你是否需要刀叉汤匙等餐具，或者仅仅一个汤匙就够了。

　　⊙你是否真的需要那些你打算携带的衣物。

■轻便装备

对于一次在温和气候条件下进行的为期3天的背包旅行来说，你需要携带下列个人装备。

- ⊙衬衫、长裤、袜子、内衣。
- ⊙皮质或纤维材料的旅游鞋。
- ⊙风衣。
- ⊙羊毛衫或抓毛绒衫。
- ⊙防水的上衣和长裤。
- ⊙帽子和手套。
- ⊙单人帐篷或军用的临时小帐篷及防潮垫。
- ⊙睡袋和隔热垫。
- ⊙轻便的背包。
- ⊙煤气炉和打火机。
- ⊙燃料。
- ⊙锅子、杯子及盖子。
- ⊙汤匙和刀叉。
- ⊙水壶和净水器。
- ⊙食物及存储食物的包装袋。
- ⊙哨子。
- ⊙手表。
- ⊙地图。
- ⊙指南针。
- ⊙急救箱。
- ⊙基本的救生工具。
- ⊙太阳镜和防晒霜。
- ⊙驱虫剂。
- ⊙洗漱用品。

你所选择的锅的锅盖最好是比较扁平的，以便可以用做煎炸食物的平底锅。煮东西的时候要记得看一下食物包装袋上标明的烧煮时间，以免烧煮的时间过长，从而浪费燃料。

每一件物品的选择也许只能为你减少一点点的重量，但是将它们统统加起来就能为你减轻不少的重量了。

营地的安全和卫生

在野营期间，你得比在家里更注重安全和卫生问题，特别是当你们处在缺乏医疗设施的偏远地区的时候。每一个野营成员都应该将自身的健康和安全问题放在第一位。

保持营地整洁

一个整齐的营地会是一个安全的营地。鉴于

↑ 如果你是露天睡的，注意不要太靠近火堆，以免晚上睡觉的时候翻滚到火堆里或者火星溅在身上。

此，在每晚睡觉之前，除了晚上和第二天一早就会用到的物品，你应该尽量把其他所有的东西都收拾好。

诸如斧头、砍刀、锯子之类的物品，在任何时候都不应该随地乱放。万一有人不小心跌倒在这些利器上，后果将不堪设想。因此，所有的工具在不使用的时候都应当放好。此外，晾衣服的绳子不要绑在人们经常要通过的两棵树之间。晚上的时候，最好在晾衣绳上挂一些浅颜色的东西，以便人们在夜间能够较容易地辨识。

用火安全

如果你打算在营火上烧煮食物，你得确保柴火堆的安全性。在天气干燥的季节里点火时，要加倍小心，以免引起森林火灾。在火堆旁最好堆放一堆沙子或泥土，作为在紧急状况下的灭火器。

如果你是在煤气炉上烧煮食物，那千万不要把煤气炉放在睡觉的帐篷里。煤气应储存在避光的地方，远离火源、睡觉的区域。此外，不要在狭小密闭的空间里换煤气或把空煤气罐放在火堆上。

当你打算拔营离开的时候，一定要记得将火堆完全熄灭，不要留下任何火星。

食物准备

营地中的某块区域应当专门作为准备食物的地方，这块地方需要保持格外的干净。准备食物之前，双手要洗干净；用来烧煮的水要先用净水器过滤一下；避免苍蝇落在食物上。在天气炎热的日子里，诸如鱼类这样的食物要在其新鲜的状态下尽快处理。此外，煮熟的食物不能放太久，否则会滋生细菌。

↑ 当你使用砍刀劈柴的时候，注意不要伤及周围的人。

↑ 砍柴斧头得时常用磨刀石磨一下：锋利的刀用起来比钝刀更安全。

垃圾处理

所有食物的废料和残渣都要及时地进行焚烧和填埋处理。如果没有地方填埋，可以将食物垃圾装在塑料袋里，扔进垃圾箱。存放垃圾的地点不能在睡觉的帐篷附近。而且处理食物残渣时，一定要记得将其用泥土掩盖，否则会招来野兽。

帐篷卫生

如果你在某地的驻扎时间超过一个晚上，那么你得注意保持自己营帐的整洁和空气流通（如果天气条件允许）。如果帐篷并没有与防潮布缝在一起，你可以将帐篷墙壁的布掀起一点，以利于帐篷内空气的畅通。如果防潮布是和帐篷缝在一起的，那么只有打开帐篷的门来进行通风了。此外，每天都打扫一下自己的帐篷。每天都将睡袋拿到外面透透气，最好是在太阳底下晒一晒（至少 1 个小时）。晒完之后，将睡袋卷起来，等晚上睡觉时候再摊开来，以免有虫子爬到里面。

方便与洗漱

你可在营地的某处挖一个坑作为排泄大便的

场所，每次排泄完后都要用土掩盖。至于小便，最好另外再找一处。不能让洗东西的污水直接流进河流或湖泊，你最好挖一条渗水沟渠，让污水沿着这条沟渠排泄到河中，以利于过滤掉一些污染物和杂质。

个人卫生

个人卫生应当在旅途中引起人们的足够重视。特别是当你置身于某个卫生状况极差地区的时候，尤其要注重个人卫生，否则你极有可能感染某种疾病。如果是团队旅行，你的个人卫生还关系到全体成员的安危，因此，在旅行途中要尽可能地注意个人卫生问题。

身体

如果有条件的话，最好每天都洗一个澡。洗澡的最佳时间是傍晚，也就是结束一天的行程或者营帐搭建完毕的时候。洗澡的时候，要特别注意清洁腋窝、腹股沟等部位，因为这些部位最容易因为白天长期受汗液的刺激而产生皮疹。耳朵后部也是需要注意清洁的地方。

如果用于洗澡的水极为有限，那么你就得减少肥皂或沐浴露的用量。因为如果肥皂或沐浴露的用量较多，而洗澡水又不够，那你就有可能洗不干净身上的肥皂水，而这又会对皮肤产生不利影响。

脚部

千万不要光着脚在地上行走，以免脚被荆棘或石子戳破或者被虫子咬伤，致使行走不便。

当你结束了一天的行程或活动而准备休息时，第一件应该做的事便是洗脚。把脚放在火堆旁烤的时候要保持警醒，以免被火烧到。洗完脚后务必要擦干，并检查一下脚上是否有水泡。如果发现有任何水泡或伤口，一定要及时进行处

■盥洗用品

如果将在野外驻扎较长一段时间，你应该带上个人的所有盥洗用品。从大本营出发进行短期的远足或探险时，你所携带的盥洗用品则应该简要。避免携带用玻璃瓶装的盥洗用品，以免在携带途中破碎。除了玻璃瓶外，其他任何易碎易爆的用品一概要避免。

理，以免伤口进一步恶化。此外，最好每天都能穿干净的袜子。

晚上睡觉的时候，应该将潮湿的鞋子放到帐篷外晾着。如果可能的话，最好在鞋子里塞一点报纸，以吸收潮气。此外，还要记得把里面的鞋垫拿出来。不要为了干得快而将皮靴拿到火堆旁去烤，这样只会损伤皮靴的皮质。

眼部

如果你将在某个多风沙的地区旅行，你得带上一些洗眼水。每天晚上，建议你用洗眼水洗一下眼睛。

如果你将前往某个气候干燥炎热的地方旅行，那么即便你平时是戴隐形眼镜的，此时也应该将其换成框架眼镜。因为戴隐形眼镜的时候，如果经常有灰尘进入眼镜，很容易导致眼睛发炎。

牙齿

刷牙所用的水必须是净化过或消毒过的水。不要直接用河水来漱口，除非你确定该水源是干净无污染的。

衣物

旅行途中及时换洗衣服是保持个人卫生的一个重要方面。旅途中是不可能携带太多衣服的，因此一有机会就应该把换下来的脏衣服洗掉，以免换洗不过来。内衣要宽松，且质地应是全棉的，利于吸汗。

无论是身上穿的衣服，还是随身携带的其他衣服，都要尽可能地保持干净。如果你带有足够

↑ 如果水资源丰富的话，你一有机会就应该把脏衣服洗掉——至少每隔一天洗一次。

> ### ■衣物的整理
>
> 带多少衣服以及带什么样的衣服取决于你自己的喜好、旅行的性质以及天气状况等因素。但是，在此过程中，你应尽量减少行李重量，同时确保有足够的衣服换洗。
>
> ⊙一有机会，就要把脏衣服及时洗掉，而不要等到所有的衣服都脏了，才想到要洗衣服。
>
> ⊙带一根绳子以及几个钉子，用来晾衣服。
>
> ⊙天然纤维衣料的衣服穿起来会更舒适，因为其具有更好的隔热性和吸汗性。

多的衣服，则最好区分开白天与晚上睡觉时的衣服。在水资源有限的情况下，应优先洗袜子，以保证双脚处于较舒适的状态。

如果水资源丰富的话，你应该每隔一天就洗一次衣服。洗衣服所用的洗涤用品要尽量环保，避免污染水源。

如果所处的环境比较潮湿，你最好将睡袋和干净的衣服放在塑料袋里面。

如果所处的环境干燥且多灰尘，则衣物一定放在密闭的袋子里面，以免沙尘进入。脏衣服和干净的衣服要分别放在不同的袋子里。

建议你带上针线包，以便及时缝补衣物。如果是破掉的袜子，建议不要再穿了，因为缝补处会造成脚部不适。

营　火

若要想顺利地燃起营火，一定少不了事先充足的准备。注意不要在那些树木交错丛生的林子或灌木丛里生火，以免引起火灾。在营火燃烧期间，你得一直注意安全问题。

无论采取何种生火方式，你都必须保证充足的燃料供应。通常生营火用的燃料都是木柴，某些动物粪便也可以作为燃料，只不过其燃烧时所发出的气味不太好闻。

当准备拔营起程的时候，你应该尽量将营火的痕迹清除干净（将柴火燃烧后所剩的灰烬掩埋掉），以恢复其原始状态。

营火的用途

营火具有多种用途，最多的是用来取暖。当然，也有很多人使用营火来烧水或烤食物等。金

□ "反射"营火的堆放

1. 如果你将要生营火的地方是一块草地，请先在草地上挖起一块草皮。生完火后再将该草皮重新填回原处。

2. 在清除草皮的地块处放一排干燥的柴火，以便将火与下面潮湿的泥土隔离。

3. 在柴火旁的地上斜插两根较粗的原木，然后在这两根倾斜的原木上再堆放一些原木，以便让木头将热量反射回火堆。

4. 当以上步骤都完成后，请再检查一下斜插在地上的两根原木是否稳固。

5. 在柴火堆的中央放一些引火物，然后将引火物点燃。之后，适时地向火堆添加一些柴火，使其持续燃烧。

6. 在火堆的燃烧过程中，一旁所堆放的一排倾斜的原木能够将火堆所散发的热量再重新反射回火堆。这样一来，烧煮食物时就能够获得更大的热量了。

□ "陷阱"营火的堆放

1. 在没有草皮的地面上平行地放置相距一定距离的两根原木。

2. 在两根原木间堆放些干燥的引火物，如干草、树皮或枯叶。

3. 然后在引火物上堆放一些柴火，将其摆放成金字塔形状。

4. 完成以上步骤后，检查一下柴堆的稳固性并清除火堆旁的一切易燃物。

5. 用火柴点燃引火物。待其开始燃烧后，再添加更多的干树枝，以便充分点燃上面堆放的柴火。

6. 之后，再适时地添加一些较粗的柴火。待金字塔状的柴火燃烧至倒塌后，才可以开始烧煮食物。

字塔式的火堆是最易于堆放且最适合取暖的。但是，如果你想在营火上烧煮食物或水，恐怕还得在火堆上搭一个架子。

"反射"营火是最复杂和最花费时间的一种生火方式，但也是一种比较适合烧煮食物的营火，特别是同时烧很多人的食物时。在营火的一端放置一堆柴火或黏土，使其将热量反射回火堆。你可以在该营火上使用任何烧煮食物的方式，当然最适合的是烤鱼和烤肉。

"陷阱"营火是一种最适合于煮食物的营火类型。在生起这种营火之前，需要先搭一个简单的结构。在地上平行地放置两根较粗的原木，两根木头的间距大约为30厘米。然后在两根原木之间堆放柴火。堆放完毕后，就可以用引火物将柴堆点燃了。为了防止原木滚动，你可以在原木的外侧放上一块石头。

如果风力强劲，可以挖一处壕沟生火。建议挖掘壕沟的大小为长约90厘米，宽约30厘米，并在壕沟的四周围上一圈石头。烧煮食物的锅子可以放在这圈大石头所围成的灶台上。

除了上面这种方法外，你还可以尝试以下方法：用岩石块将火堆围住，以减慢热量散失，保存燃料。岩石上可放置器皿烧煮食物，另外，岩

石散发的热量同样可以用来取暖。还可以用岩石垒成炕。注意：火堆边不可放置潮湿或带孔隙的岩石或石头，尤其是曾经浸泡在水中的岩石更要小心，它们在受热时可能爆炸。一切有裂缝、高度中空或表面易剥落的岩石都不可使用。如果它们含有水分，则膨胀速度更快，极易爆裂，迸溅出致命的碎片。

"星形"营火：把若干根原木的一头，并拢如星形，从中心点燃，然后一面烧一面把原木向里推，故而无需经常添加柴火。这种营火比较适合烧煮食物，且产生的热量也较大。

易燃物和引火物

要想燃起营火，除了要有燃料，还必须有易燃物和引火物。易燃物和引火物有各自不同的用途。易燃物是作为点火的物质来点燃引火物，再由引火物去点燃燃料。虽说可以跳过易燃物，而直接点燃引火物去生起营火，但是，这样一来，引火物的火焰通常会比较小。如果是在比较潮湿的环境下，柴火比较难被点燃。

易燃物

所谓易燃物，顾名思义，只要是容易被点燃的物质都可以作为易燃物。最好的易燃物是那种碰到一点火星就会燃烧的。如果你计划在途中生火，而又不确定天气是否会晴好，那么你最好提前准备好一些易燃物，以免到时候四周环境潮湿而找不到干燥的易燃物。有了易燃物你便可以根据自己的需要随时燃起营火了。

户外用品商店也出售一些人造的易燃物（火绒），但是你在野外能够找到多种天然易燃物，因此根本不需要花钱去买。在行进途中，你可以注意一下沿途是否有合适的易燃物，如果有的话，可以收集起来以备后用。如果天气干燥，可以直接将其装进塑料袋里。如果天气比较潮湿，则设法将其干燥后再行收藏。

引火物

作为引火物，一般都是木柴。最适于作为引火物的木柴是细小的干树枝。软木材比硬木材燃烧得更

↑ 干枯的碎树叶是一种理想的引火物。此外，松针和干草等也是不错的引火物。

↑ 干枯的松球果也可以作为引火物，因此如果发现地上有很多的话，可以收集一些。其缺点是燃烧时的火焰不是很大。

↑ 干燥的细树枝是一种理想的引火物。在使用之前，先将其瓣成小段。

↑ 林地里的干树皮也可以用做引火物。但是不要从树上将树皮硬剥下来，因为会对树木造成损伤。

快（特别是那些含有树脂的软木材），但是燃烧时会产生噼里啪啦的声音，而且燃烧速度也比较快。这就意味着你需要有较多的软木材，才能点燃一堆较大的营火。引火物应当是一种比易燃物更粗大的燃料，同时又比作为营火主要燃料的柴火细小。引火物必须是干燥的，否则会需要更长的时间来燃烧。如果打算收集一些引火物以备后用，则要尽量将其装在能够防水的袋子里面，以防受潮。如果找不到干燥的引火物，你可以将那些潮湿的引火物的外皮剥去，其里面的部分会比较干燥一些。

↑ 一般说来，小树枝和手腕粗细的木头是主要的燃料。

易燃物和引火物的使用

易燃物的点火工具：火柴、打火机、打火石或火镰。当易燃物开始燃烧的时候，立刻将其靠近引火物，然后用引火物所产生的更大的火焰去点燃上面的柴堆。

柴火的选择

如果你打算使用营火来烧煮食物，你就得了解一下各种不同木材的燃烧属性。要懂得辨别你所需要的柴火，并要确定自己有砍伐这类木柴的工具。

诸如电线杆、处理过的栅栏或建筑木材等木料是不适于用做营火燃料的。因为这些木材往往是经过化学处理的，在燃烧时会产生一些对人体有害的烟。因此，即使你看到这类木料，也不要用它们来做燃料。新鲜的竹子也不适合作为营火燃料，因为其内部所含的水分会使得其在燃烧时火星四溅。

不同的木材具有不同的燃烧属性。有些木材的燃烧速度较快，且在燃烧过程中产生的热量不均衡。这类木材就比较适合用来烧煮食物。而燃烧速度较慢且产生热量较大的木材则适合用来烤食物。了解各种木材的燃烧属性将有助于你提高煮食效率，并能够节省燃料。如果你所准备的食物类型比较丰富，既有烧煮又有烧烤，那么最好采用不同的木材作为燃料。

硬木材通常被认为是最适合烤肉的燃料，因为其燃烧的持续时间长且产生的热量大（不要使用柳木作为烤肉的燃料，除非其十分干燥，因为柳木的含水量较多，燃烧时所产生的热量不够）。而软木材燃烧较快，只能用来烧煮。

无论是何种木材，都只能是干燥的枯木，这样才易于燃烧（岑树是一个例外，无论是干枯的树枝还是刚砍伐下来的树枝都很容易燃烧）。从地上拣起来的木材通常都是有些潮湿的，这样的木材燃烧起来会有一股难闻的气味，且产生的热量也不是很大（因为其所产生的热量有很大一部分用于蒸发燃料中所含的水分了）。相反，那些不是直接接触地面的木材就要干得多，也比较容易燃烧。

□ 制作"毛棍"

1. 如果你有可以用来削割的锋利的刀片，你可以采取这种方法：选择一根干燥的棍子，最好是桦树枝或者其他树脂含量较高的树枝。

2. 在棍子表面进行削割，削出"毛片"，但不要削掉，就像鱼鳞似的。记住不要削到木质。

3. 通过削割出这种"鱼鳞"，棍子的表面就大大增加了。这意味着棍子更容易被点燃。

绳 结

以下所介绍的一些绳结都是在野外活动中非常有用的。建议你在出行前练习一下各种绳结的打法，以便到时候能熟练操作。这里介绍的绳结打法所用的绳索都是天然纤维质料的，合成纤维质料的绳子打起来的效果会稍差一些。

1. 在绳索的中间打一个绳环。

2. 将绳头穿过绳环的中间。

称人结

称人结是一种十分牢固的绳结，可用做在登山时使用的绳套。绳结打好后，将两边拉紧会让其更牢固，但如果绳子太硬，太滑或弄湿后就不太牢了。

3. 绕过主绳。

4. 再次穿过绳环。

5. 将打结处拉紧便完成了。

上西蒙结

该绳结可广泛应用于各种野营活动。那种光滑的合成绳索适合打这种绳结，而且拆解也比较容易。

1. 将其中一根绳弯成一个线圈，将另一根绳子穿入本绳所构成的线圈当中。

2. 然后将穿入线圈的这段绳子按如图所示折成 Z 字形。

3. 将 Z 字形绳子的左端从本绳的上面穿过线圈去。

4. 这样，Z 字形绳子的两端都在一头了。将该结拉紧就可以了。

1. 完成与上西蒙结一样的前两个步骤后，将Z字形绳子的左端从本绳的下面穿过前面所说到的线圈中去。

2. 这样，Z字形绳子的两端都在一头了。将该结拉紧就完成了。

下西蒙结

顾名思义，该绳结即上西蒙结的一个变形而已，但是要比上西蒙结更牢靠，且更适合于将两根材质不太相同的绳索结在一起。该结打法的步骤1和步骤2与上西蒙结完全一样。

双套结

双套结适用于在物体上系绳子，简单实用。打结时把绳索两端拉紧，否则容易松开。

1. 如图打一个线圈。

2. 再打一个与前述相反方向的线圈。

3. 将两个线圈调整至大小大致相同，并将其靠拢。

4. 把右边的绳圈重叠在左边的绳圈上。

5. 直接套进物体，然后拉紧。

平结

该绳结不容易打死结，能很轻松地解开，可用于连接两根绳子的末端，比如在急救中给绷带两端打结。不过只适用于绳结两端系有物体时，否则用力一拉结头就会松开。

1. 抓住两条绳的各自一端，将其打一个半结。

2. 再打一个半结，将结头两边的绳子长短调整到大致相同，然后抓住两端的绳子将结头拉紧。

接绳结

接绳结在连接两条绳索时使用，打法简单，拆解容易，可用于材质、粗细不同的绳索。当两条绳索粗细不一样时，打的时候必须先固定粗绳，然后再与细绳相连。

1. 将一条绳索（粗绳）的末端对折，然后把另一条绳索（细绳）从对折绳圈的下方穿过。

2. 把穿过的绳头绕过对折的绳索一圈打结，然后握住两端绳头拉紧结。

缩绳结

此绳结的主要用途是将长绳收短，以免因太长而要剪短，也可用此法加强对绳上容易磨损部位的保护。

1. 将绳子对折两次，按照你想要的长度来决定对折的幅度，使绳子形成如图所示的 S 形的两个线圈。

2. 打一个不完全的单结，也叫缠扎套结。

3. 将一个线圈穿过缠扎套结。

4. 将另一个线圈也穿过与其相对的缠扎套结。

5. 将两头线圈拉紧即可。

抓结

该绳结主要用于攀登中的自我保护。抓结不受力时可沿主绳滑动,受力时会在主绳上卡住不动。

1. 将细绳对折,放在登山绳索上。

2. 将细绳的两端绕过登山绳索,再穿过细绳的线圈。

3. 将细绳的线圈拉松。

4. 将细绳的两端再次绕过登山绳索。

5. 然后,再次穿过细绳的线圈。

圆环双半结

该绳结是一种结实可靠的结,可用于绑紧及拖拉物体,或加固帐篷的支索。登山的时候,可以使用此绳结来拖挂装备。挂重物之前,先检验一下绳子是否足够牢固。

1. 如图所示操作,将一绳穿过圆环之后,在其本身打一个双套结的活动绳套。

2. 将结头拉紧。

渔人结或水结

这种绳结打法是将两根粗细大致相同的绳子套在一起。该绳结不适用于攀登或悬垂重物。

1.将其中一根绳子的一端打一个较松的半结，然后将另一根绳子的一端穿入打好的结圈中。

2.另一根绳子也同样打个半结。然后拉住两根绳子的一端向外拉，直至两个半结束在一起。

两根绳索的连接

有些材质的绳索比较容易打滑，很难固定。下面就介绍一种用于连接两条易滑的绳索的打结方法。

1.将两条绳子平行地放在一起。

2.将其中一根绳子的右端弯曲，并置于另一根绳子下面。

3.将弯曲的那根绳子的右端穿过两绳构成的线圈里。

4.将另一根绳子的左端也穿过两绳构成的线圈里。

5.抓住穿过线圈的两根绳端，然后用力拉紧就可以了。

使用斧头

斧头是砍树伐木时的常用工具。只要刀刃锋利，用斧头来砍树是十分好用的。一般来说，只要你在砍伐时多加注意，就不会发生什么事故。使用斧头时对穿戴的要求有：上衣的扣子系紧，拉链都要拉紧，并且要穿比较厚实的鞋子，不能穿凉鞋或光脚。

一般来说，除非你已事先得到了某块林地主人的同意，否则不应该擅自砍伐树木。

斧头的保养

磨刀石是用来保持斧头刀刃锋利的工具，其无论是在加水或干燥的情况下都能用来磨刀。如果发现斧头的手柄有开裂，应当及时更换。此外，在使用斧头之前你还得检查一下斧头与手柄的接合处是否牢固以及刀刃是否有缺口等。用完之后，应当将刀刃擦干净并用东西包起来。

穿戴的要求

使用斧头作业时，所穿的衣服应当比较贴身。如果衣服太过宽松的话，在你挥舞斧头的时候，很有可能会受到衣服的影响。应该穿皮靴之类较厚实的鞋子来保护你的双脚；光脚或者是穿拖鞋及凉鞋都是绝对不允许的。

作业前的准备

在开始砍柴之前，你应该先清理一下作业的场地，包括清理掉地面上的所有障碍物以及上空的障碍物（当你挥舞起斧头时有可能会碰到的物体）。砍柴的时候，闲杂人等不能站在砍柴场地的周围，以免溅起来的木屑飞到他人的身上甚至是眼睛里。

如何砍下一棵树

在动手砍树之前，你要先盘算好让这棵树往哪边倒，并在该方向处用刀刃做一记号。然后再从相反方向略高于前一标记的位置下斧。每一斧头下去，应当都大致落在同一位置。此外，最好先清除倒地方向一边的枝杈，这有助于主干向正确的方向倒地。当树就快要倒地的时候，将落斧的位置重新落到第一次做过标记的位置。这个时候，只要两三

↑随身携带斧头的正确姿势：将斧头握在手掌心，刀刃向前，并且不要太紧贴身体，以免跌倒的时候落到斧子上。

↑在砍伐树干上的枝杈时，要在枝杈的下面部位落斧，并且朝上砍（左图），而不是朝下砍（右图）。

↑在砍伐原木的时候，应让原木的砍口呈V字形砍伐，即一刀向右砍一刀向左砍，交叉进行。

↑在将原木劈成两半的时候，应先将该段原木的一头搁在另一根更粗的原木之上，另一头则用脚踩住，然后再开始落斧。

下，整棵树就能应声倒地了。之后，将整棵树砍成一段段的原木时也会需要用到斧头。

使用锯子

锯子是一种用来伐木的工具，它不像斧头那样会产生许多废弃的木屑。与斧头一样，使用锯子也具有一定的危险性，因此使用过程中要注意安全。

锯子的保养

使用之前，请先查看一下锯齿是否锋利以及锯条与手柄的连接处是否牢固。在锯木头的过程中，要不时地清除锯齿上残留的刨花和木渣。用完之后，同样要清理一下锯齿并将其擦干。然后在锯齿上擦一点油，以防止其生锈。锯子在不用的时候，要用一些东西将锯条的锯齿部位遮盖起来。

穿戴的要求

在用锯子锯木的时候，上衣的扣子一定要扣紧并且要避免穿太过宽大的衣服，否则锯齿很可能会碰到衣角。此外，手上最好能戴一双比较厚的手套，以防锯子打滑，且有助于抓牢木头。当然，这里所指的手套不能是连指手套（连指手套反而会使手变得不灵活，从而更抓不牢木头）。

树木枝杈的修剪

锯子比较适合在将一棵树砍伐之前或之后进行枝杈修剪的场合中使用。树干枝杈的修剪应遵循从上到下的原则，一只手扶住木头，另一只手则来回地移动锯子。

↑ 将你要锯的木头搁在一根较大的原木之上，然后再叫一个人帮你扶住木头。千万不要直接将木头放在地上锯。

↓ 在锯树的时候，你得先在计划好的倒地方向锯一个位置较低的开口。

↑ 当两个人一起用一把锯子锯木时，主要使用的应该是拉力，而不是推力。

如何锯倒一棵树

在计划好的倒地方向先锯一个开口，然后在相反方向略高于前一标记处落锯。等锯得差不多的时候（树快要倒下的时候），用手向你计划好的倒地方向用力推，基本上就能将树推倒了。锯的时候，如果觉得阻力较大，可以给锯子上一点油，这样会变得更润滑。

拔 营

当你们准备拔营起程的时候，应该分配好每个人的拆除任务。该项工作的复杂程度取决于你们所建营地的复杂性——是过夜的小帐篷还是大本营。最重要的是要完全将营地清除干净，不留下丝毫宿营的痕迹。

过夜营帐

如果天气好的话，可以先将帐篷拆除，然后

↑ 在拆除规模较大的营地时，你得事先分配好每个人的任务，并指定装载行李和装备的地点。

再将其他行李收拾打包。

如果是下雨天，则必须先在帐篷里面将其他行李收拾打包完毕，然后才能拆除帐篷。当所有行李都已打包完毕后，再绕营地一周，检查是否落下东西。

大本营

由于大本营通常有许多营帐且人员众多，因此其拆除过程也更为复杂和费时。在进行拆除工作之前，应该先明确每个人所承担的任务。在所有行李收拾完毕之前，建议你保留一个帐篷，用来存放一些收拾好的行李。这样，即便突然下起雨来，也不会将收拾好的行李淋湿。另一种做法是留一块帐篷的防潮布，一旦下雨，将防潮布盖到收拾好的行李上面就行了。

帐篷的拆除

拆除帐篷的具体方式与帐篷的具体搭建方式有关，但是也有一些共同的拆除原则可供遵循。拆除比较大的帐篷时，最好由好几个人一起进行，这样不容易损坏帐篷。

有时候准备拔营起程的时候，也许帐篷还是潮湿的，然而你又不得不将其打包。如果帐篷将在包裹中放好几天，棉布帐篷很可能会发霉，而合成纤维面料的帐篷也会产生一股异味。因此，一有机会，你就应该把包裹内潮湿的帐篷拿出来晾干。

如果你的帐篷是与防潮布连在一起的，则还得将帐篷内部擦洗干净并将其晾干，然后才可以收起来。

在收拾帐篷的零部件时，你得清点一下帐篷桩是否齐全并检查其是否完好无损。此外，帐篷的支索以及帐篷上的拉链等部位都应该检查一下。

当整个帐篷的架子已经拆除时，你得将各种不同的部件分门别类地装在不同的袋子里面，然后再将它们一起装入一个大袋子里。

野炊区域的清理

将你先前所挖的坑全都填平。如果营火还在燃烧，这个时候一定要记得将其完全扑灭。此外，你还得将生过营火的地面清理干净，尽量使之恢复原状。

如厕区域的清理

如果营地中有专门的如厕区域，那么在拔营起程之前，一定要确定已将所有的排泄物恰当地填埋了，先前所挖的坑和沟渠也都要填平。此外，先前设置的一些人造屏障也都要移除掉。

如果你们单独挖过一条沟渠作为小便的地点，那么最好在该处做一个标示牌，以便后来的野营者不会选择同一处地点小便。

垃圾的清理

对于营地垃圾的处理，要么将其焚烧并填埋，要么将其装袋带走。千万不能将你们在营地中扔垃圾的塑料箱留在原地，因为其很快会被动物发现并撕烂，从而造成垃圾四散。如果有些动物去吃这些垃圾，还可能会中毒。

最后，建议你在一切收拾完毕后，再次绕营地一周以查看是否有物品遗漏或场地没有收拾干净，因为此类疏忽是经常会发生的。

↑ 如果天气晴朗干燥，最好将帐篷防潮布的那一面翻出来摊在太阳底下晒干，并在装包前将其擦拭干净。晾帐篷期间，你可以抓紧时间收拾其他的装备和行李。

第3章
野外扎营技能

生存的一个基本要求就是"住"，你需要住所为你提供保护。无论是待上一个晚上还是很长一段时间，住的地方都能让你在生理上和心理上具有安全感。一个好的住所将能够帮你避雨、挡雪、隔热、阻挡来袭的野生动物，同时能帮你保持体温，让你能够很好地休息、保存体力和恢复体能。尽管在野外环境下搭建房屋的原理非常简单，但是真正做起来却非常辛苦。如果你试图走捷径，那房子的舒适度和安全系数会大打折扣。一个比较坚固的房屋将确保你安全度过野外的每一个夜晚。

选择扎营的地方

在任何野外生存条件下，搭建住所都是首要任务。无论何时最先考虑的应该是住所。举一个假设的例子，一群在野外生存的人忘记带取火的工具，他们于是费了几乎整天的时间企图钻木取火。当最终意识到住的地方才最重要的时候，他们已经耗费了过多的时间和精力在取火上，而没法再搭建住所。于是他们不得不在野外度过一个寒冷的夜晚，既没有火，也没有住处。

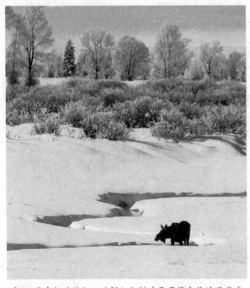

↑ 如果在极地旅行，了解如何搭建雪屋将在你迷路或者突然遇到暴风雪的情况下救你一命。

搭建住所需要考虑的因素

如果想到现代家庭中的设施，你会列举出一个长长的清单。像自来水管、电灯、马桶等这样的便利设施让现代生活非常方便，但是没有这些你也一样可以生存。你并不是真正地"需要"它们。在考虑搭建住所的时候，你必须要分清楚什么是你需要的，什么是你想要的。

紧急情况下，搭建的住所一定要小，这样有利于保存体温，而且覆盖物一定要厚，以便屋里的热量不外散，外面的雨水进不来。但是在热带地区，空间应该适当大一些，覆盖的东西可以相应的薄一些。

在紧急情况下，搭建住所一定要省力和省时。首先弄明白什么是必需的。答案是：无论处在什么环境下，必须确保安全。也就是关注如下因素：

- 冷
- 热
- 太阳
- 风
- 雨
- 危险的动物

在某些情况下，你需要考虑避免以上几个因素。想好你的营地该设在什么地方及其朝向，将遭遇危险的概率降到最低。

满足心理需要的住所

搭建住所完全可以在不借用任何工具的情况

□到何处寻找天然的住所

↑ 林地往往能在一定程度上防御风雨，而且里边会有大量的落叶和树枝等原材料供你搭建住的地方。

↑ 天然的洞穴通常是不错的选择，但是你也必须注意，有可能别的动物也跟你有同样的想法。

下用双手完成。一个好的住所将能够保持适当的温度而不需要在整个夜晚都生火。住所除了能保障生理安全外，还是心理上的需要。那是一个你可以称之为"家"的地方，你可以坐下来思考自己所面临的问题，也是一个你在野外生存的避难所，更是一个你出发寻找食物、水和燃料的基地。

利用天然的环境作为住所

有一种情况很可能会发生，那就是你必须寻找天然住所。比如在傍晚你可能已经没有时间搭建住所，或者由于疾病、饥饿导致身体虚弱而没有能力搭建住所。

一个天然的住所就是任何存在于大自然的、

可以给你提供保护的场所。倒下的、仍然还有枝叶的大树能帮助你抵御风雨侵袭。大的灌木丛能让你很容易得到搭建住所所需的原料。在某些情况下，你还可以寻找天然的洞穴，然后放置一些树枝或干草用来过夜。

如果你不幸被困在了沙漠里，白天的时候你可能不得不将自己埋在黄沙里以抵御阳光。但是在绝大多数情况下，尤其是在寒冷的气温条件下，你应该想尽办法把自己的身体与地面隔绝，否则身体的热量将很快消耗殆尽。

在天然的住所过夜可能会是你度过的最难受的夜晚，但是不要忘记你的主要目标是生存。挨到第二天的时候，你可以对你的住所进行改建或者搭建一个新的住所。

■选择正确的位置

考虑在何处搭建住所的时候，请参照如下建议：
⊙ 确保当地有足够的搭建住所所需的原材料；从比较远的地方拖来原材料不仅费时，而且还会耗费宝贵的体能。
⊙ 确保住地距离水源较近，但绝不能是溪流的漫滩。为了防止污染，请在距离溪流或者江河岸边30米开外的地方搭建住所，此举还能保证早上醒来的时候，住所不会有太多露水。
⊙ 仔细检查营地的上方是否有枯死的树枝，因为它们可能落下砸到人或者破坏住所；检查会不会出现雪崩或者土崩。
⊙ 确保住所没有建在蚂蚁山上或者动物的栖息地上。
⊙ 找那些可以自然抵御恶劣天气的地方，但最好不要是密林深处，因为那样的地方阳光很少，一般都比较潮湿。尽量选择丛林或者山脉背风的一侧。
⊙ 如果需要生火，一定要注意不要引起火灾，特别留意头顶的树枝、含煤量高的土壤以及干草等。

用树枝和树叶搭建窝棚

很多野外生存环境中都有大量的落叶和树枝可以利用，而且它们是搭建供短期居住的窝棚极好的原材料。窝棚尽管小，但是隔热效果好，而且还能挡雨。哪怕是在0℃以下的极低温度，用树枝和落叶搭建的窝棚也能有效地保暖。搭建这种窝棚不需要任何工具和绳索，完全可以只靠双手完成。落叶和树枝不必是干燥的，在紧急情况下，也可以用新鲜的树枝和树叶来代替。

这种窝棚能够最大限度地让空气不流动以保证热量不散失，就像形成一个"茧子"一样，保证你的身体不会向更大的不必要的空间散热。

适应性强的窝棚

只要遵循前面的指导原则，用树枝和树叶搭

□搭建窝棚

1.躺倒在地上，在身体四周距身体约一只手的地方做记号。

2.在标记的区域内向下挖30厘米。如果天气非常冷，可以挖得更深。

3.在挖开的区域内按从头到脚的方向横着铺放树枝，搭建"地面"。

4.在第一层树枝上再竖着铺一层树枝，保证它们牢固且平坦。

5.在树枝上铺上干燥的树叶，至少15厘米厚。

6.在头的那一边，将两根带叉的木棍跟地面呈三角形固定，让它们各自的树杈交叉在一起。

7.把用做横梁的长棍一端搭在固定的树杈上，另一端落在脚的一边。

8.在横梁的两侧，与横梁垂直的方向分别添加树枝，做成窝棚的框架。

9.在已经建成的窝棚框架上添加小树枝，然后添加树叶。

10.在窝棚四周添加树叶，厚度1米左右，但要留出入口。

11.在窝棚的内部地面上铺上干燥柔软的东西。如果有蕨类植物，就将它们铺在最上层。

12.在窝棚开口处用柔韧性好的新鲜枝条制作一条长约1米的入口通道，然后用大量树叶进行覆盖。

建的窝棚完全可以满足你在所有情况下的需要。你需要在最短的时间内收集尽可能多的树枝和树叶，因为当生命受到威胁的时候，每一分钟都很重要。窝棚覆盖物的厚度至少要有1米（开口处除外），你可以用一根棍子来丈量，并尽可能多地覆盖树叶。

在窝棚的内部放置你能找到的最干燥最柔软的东西。如果附近有很多蕨类植物，将它们铺在最上层。它们不仅味道好闻，而且还不会扎身体。将它们铺平，这样当你躺进窝棚的时候，很自然地就会把多余的枝叶挤到四周，窝棚就像一个茧子将你裹住。

在窝棚上放一些树枝，让树叶不会被风吹走。如果能放上一些树皮或者苔藓，则更有利于防水。你还需要用一些柔软的枝条编织一个袋子样的东西，然后填上树叶当作门。当你进入窝棚的时候，将这个"袋子"拖到入口处对窝棚进行密封。如果直接用树叶密封窝棚，将会比较麻烦而且效率极低。当门口封好后，从窝棚内部检查"门"是否有漏洞，然后用里面的树叶填补好。

不要担心封住门以后空气不流通的问题，因为大量的新鲜空气能够透过树叶进来。你需要做的就是进入窝棚前上完厕所，因为进出窝棚都需要花费大量的时间。

用树枝和树叶垒墙

用树枝和树叶垒的墙具有多种功能。将两排棍子插入土壤里，用小树枝横向穿插，把这些插入土壤里的棍子编好，然后把中间空隙用树叶填满，这就是一面墙了，可高可低，可以直立也可弯曲。

你可以利用该技巧搭建一个小型的供自己住的小屋，也可以将其扩建成供一个团队居住的大屋。如果可能的话，还可以围绕火堆搭建多面这样的墙，以利于保存并反射热量。

这种墙还可以用在其他方面，如作为狩猎的陷阱。在火堆背后搭建一个这样小型的半圆形的墙可以作为热量的反射墙。

所需的原材料

搭建这样的墙需要大量的棍子，其长度取决于你的需要，但是作为住所，一般长度需要在120厘米左右。

找一块够大的石头将这些棍子钉进土里，尽量让它们牢固一些。然后找大量的枝条在这些棍子间进行编织，在紧急情况下你可能需要砍伐新鲜的树枝。

最后，用大量的树叶把两排棍子之间的空隙填充好。树叶可以是任何种类，干湿均可。

如何搭建

确定了建墙的位置之后，首先将第一排棍子按每两根之间30厘米的距离钉进土壤里，要尽可能地牢固。

第二排棍子要与第一排平行，距离在50厘米左右，以便能够填充大量树叶来隔热。

可以在两端额外添加一根棍子，这样可以防止在填充的时候树叶从两端溢出。

分别在两排棍子上用枝条进行编织，不需要太密。最后在两排棍子之间的空隙里填充树叶。

你可以把墙的内侧编织得密一些以承重。

如果外侧的墙也编得比较密，那你完全还可以在墙上糊上"救生混凝土"（按1∶1的比例将干草与稀泥进行混合）或者黏土。

还有一种选择就是在两端分别再建一个边墙，这样可以防风。

此外，你还可以搭建一个顶棚，找根带树杈的棍子承受顶棚的重量。

如果搭建得好，这种墙应该很牢固，有的甚至可以保存好几年的时间。

↑ 用树枝和树叶垒墙比搭建一个完整的窝棚要省时间，但缺点是需要整夜生火来保持温暖。

□用树枝和树叶垒墙

1. 在地上放两根长树枝或者画两条线，标记钉入棍子的地方。

2. 在第一条线上，将棍子按每两根之间30厘米的距离垂直钉进土壤里。

3. 第一排棍子钉完之后，在距离第一排棍子50厘米的地方开始平行地钉第二排棍子。

4. 在两排棍子的两端之间分别加钉一根棍子，防止在填充树叶的时候树叶从两端漏出。

5. 用柔韧性好的枝条在棍子上进行编织，以加强棍子的稳定性，同时更便于填充树叶。

6. 将靠里的一侧编织得光滑些；如果要在墙上糊东西，就要编织得更紧密一些。

7. 编织工作结束后，就可以在空隙间填充树叶了。

8. 尽量将树叶压得紧实些，不要留下太大的空隙。

9. 在墙上糊上"救生混凝土"或者黏土会更有利于热量反射。

10. 如果要加盖一个顶棚，在墙的两侧各加钉两根带树杈的棍子，其中两根靠近墙，两根离墙稍远些。

11. 将作为承重横梁的其中一根棍子放置在靠近墙的两个树杈上，另一根放在另外两个离墙稍远的树杈上，然后再在两根棍子之间铺上树枝。

12. 在顶棚上铺上树叶。50厘米的厚度就能抵御一场中雨。

如果顶棚坡度设计得当，即使不用太多树叶也能防雨水。

可居住较长时间的窝棚

原始社会中搭建的窝棚都呈圆形。这样做有以下几大理由：如果在其中点燃火堆（在窝棚中心），热量能够抵达每个角落，而且能够很好地反射回来。在方形窝棚里，热量散布是不均匀的，会存在较冷的角落。而在圆形窝棚里，每个人所得到的热量则是均等的。另外，圆形的窝棚与方形的相比更坚固，而且更便于搭建。

加固现有窝棚

当生存及其他方面的要求都已得到满足，而且给养也能维持1周或者更长时间，如果此时有时间和原材料，你就可以考虑将现有的窝棚变得更舒适一些。但是切记不要浪费资源和力气去修建一个你根本不需要的大型窝棚。

利用搭建墙的技巧改进你的窝棚，这也就意味着你需要更多的棍子和编织材料。在这种情况下，顶棚的重量将由中间的4根带树杈的棍子支撑，每根2米长。它们要非常粗壮和结实。图片所示的这种棍子每根直径都有12.5厘米。你同时还需要4根约1米长的粗壮棍子来连接着这4根柱子构成一个方形。

设计窝棚

想一想你到底需要修建多大的窝棚。如果你只有一个人，修建一个直径3米的窝棚就够了，这样既能提供足够的空间，还便于取暖。不要高估自己所需要的空间。对于一个6人的团队，修建一个直径5米的窝棚也足够了，其实这就已经能够容纳下9个人了。

在修建窝棚的墙体之前，首先要设计好火堆的位置。如果氧气从地面下透进来，火会烧得更旺。你可以在地下挖4条沟来达到这个目的。从四面的墙体开始，每个方向挖一条沟通向生火的地方。

最好的标记墙体位置的方法就是用一根绳子和两根棍子。将其中一根棍子插入火堆中央的位置，根据需要调节绳子的长度，然后以绳子为半径用另一根棍子画圈。

接下来确定窝棚的出口处。通常情况下，出口处应朝向东方以接受阳光照射。早上出口处照进来的阳光（如果出口处保持开放的话）会将你唤醒，这样会令你在身体上和心理上感到舒适。而且阳光可除去窝棚里的湿气。如果让出口处朝向西方，你会发现早上起床的时间更晚，因为窝棚里会比较昏暗。

修建和布置

当棍子被钉好之后，你应该对窝棚里的空间有一个更清楚的认识。如果你还想在窝棚里添置一些基本设备的话，务必在窝棚的墙体和顶棚搭建完成之前动手。因为窝棚一旦搭建完成，再想往里边搬运东西将不会是一件容易的事情。

考虑一下是否要在里面设计一些供睡觉的小平台，除非你喜欢睡在地面上。在里面铺上一层灯芯草或者小枝条，然后再铺一层约20厘米厚的树叶，以确保你睡觉的时候彻底与地面隔开。

在你对其内部设施满意之后，你就可以着手在两圈棍子上开始编织的工作了，然后再在两圈棍子之间填充树叶。注意墙体的高度至少要与你坐在窝棚内头顶的高度相当，大约120厘米，否则当你坐在窝棚内的时候将不得不弯着腰。

在填充树叶之前，你最好将一些带树杈的结实棍子钉入两面编织的墙体之间，再在树杈上放置结实的棍子，这样就可以让它们一起承担顶棚

↑ 供较长时间居住的窝棚能够让生活更舒适，因此可以花更多的时间来搭建它，但是必须确保其他的基本需求首先得到满足。

□搭建一个居住较长时间的窝棚

1. 首先确定生火的地方。挖 4 条沟给你的火堆供给燃烧所需的空气,然后用大石头搭建炉壁。

2. 用结实的树枝盖住沟,需确保泥土不会掉进沟渠堵塞通气管道。

3. 在树枝上覆盖一层泥土,这样你就可以在地面上随意走动而不会破坏通气管道。

4. 找一根绳子和两根棍子,将其中一根棍子插入火炉位置的中央,以绳子的长度量出窝棚的半径,用另一根棍子画圈。

5. 在窝棚入口处做两个标记,在搭建窝棚的时候,将这个地方留空。

6. 在画出的圆圈上,将 120 厘米长的棍子钉入地面,每两根棍子之间的距离约为 30 厘米。

7. 第一圈棍子完成之后,在距离第一圈棍子 30 厘米以外的地方钉第二圈棍子。

8. 将 4 根带树杈的棍子钉进地面,让其构成一个方形,尽量让棍子避开窝棚入口处。

9. 分别在两圈棍子上用枝条进行编织。

10. 在两圈棍子之间的空隙里填充树叶,并确保树叶被压实。

11. 将 4 根结实的棍子放置在树杈上,必须确保这些棍子能够承受棚顶的重量。

12. 在墙和 4 根棍子之间铺上结实的树枝,它们将承受铺在其上的树叶的重量。

□熏出昆虫和臭虫

1.将一些未燃尽的炭灰放进防火的容器内。

2.撒一些新鲜的松针或者鼠尾草进去，让其产生浓烟。

3.将这个防火容器放进窝棚，密封窝棚出口处约30分钟。

□制作出烟口盖

1.根据出烟口大小选择一定长度的柔韧性好的枝条，在地上插上一排，每两根之间大约7.5厘米的距离。

2.在这些枝条间编织更多的枝条，让其结构更加坚固，同时用绳子将各个角绑定。

3.在该结构上绷上兽皮或者一些大的树叶即可。一张兔子皮差不多正好是一个出烟口盖的大小。

的重量。如果不这样，整个顶棚在搭建好之后，有可能会逐渐下沉。

搭建顶棚

在建完墙体之后，在窝棚中央的4根带树杈的棍子上放置结实的棍子，一定要确保它们足够结实，需要能够承受至少相当于顶棚3倍的重量才行。因为在使用过程中，随着树叶被压得越来越密实，你将需要不断地添加树叶，而且在下雨的时候，顶棚重量也会增加。

然后就可以开始搭建顶棚的工作了。在墙体和由棍子组成的方形之间铺上结实的树枝，确保树枝在墙体和方形两端都超出一定距离，但是要记住，在窝棚顶部中央一定要留出足够的空间，让生火产生的烟能够顺利散出去。根据窝棚顶部的风力情况，调整烟孔的大小，其直径应该至少

在 20 ～ 30 厘米。

将两根粗壮的棍子钉入出口处两侧，然后在其上方横放绝对结实的棍子，顶棚上的棍子也可搭在此处以便让出口两侧的棍子分担部分重量。这时候如果顶棚上已经不能再铺结实的棍子，那就找一些较小的树枝把那些大的窟窿全部填上。

在顶棚上铺树叶

现在你需要做的事情就是在顶棚上铺一层厚厚的树叶。根据窝棚的大小和你所收集的树叶数量来铺设。你可能还需要用一些柔韧性好的枝条来进行编织，以防止铺上的树叶沿着棚顶滑落。

为了防止雨水渗入，最好是铺上一层厚约60厘米的树叶。确保树叶在整个棚顶（除了出烟口）上铺设均匀。

如果棚顶太高，铺树叶的时候够不着，那就

↑ 一旦顶棚的棍子搭完之后，就可以开始铺树叶了，但要确保留出出烟口。

可以暂时拆掉入口处的承重棍，然后利用这个空间在棚顶上铺树叶。在整个顶棚的树叶都铺完之后将其抹平，然后放上一些较重的树枝等，以防止顶棚上铺的树叶被风吹跑。

让窝棚更加完善

虽然这是一个原始的窝棚，但你可以让其变得更舒适。显而易见，在你收集的这些原材料中肯定会有一些小生物，因此在搬进你搭建的窝棚之前最重要的就是用烟熏，以驱除任何可能存在的小生物。

将一些未燃尽的炭火放进防火容器中，然后放一些潮湿的材料，这样就能产生大量有刺激性味道的浓烟。如果附近有松树或鼠尾草，用它们熏效果会更好。冒浓烟时将容器放入窝棚内约半个小时。密封出口处，这样烟雾就能弥漫整个窝棚。

一旦住进窝棚之后，你一定再也不想让窝棚里有烟了，而是希望生火产生的烟全部从窝棚的出烟口出去。你可以编一个跟出烟口差不多大

■警告
用树枝和树叶搭建的窝棚是易燃物。千万要注意控制好火，尤其是未燃尽的炭火，谨防蹿出火苗。窝棚着火之后，即便你能从里面成功逃脱，搭建窝棚所花费的大量时间和精力也会付诸东流。

小的方形"盖子"，将其放在出烟口临风的一侧。该装置将能起到烟囱的作用，让窝棚内产生的烟在没有被风吹到以前就顺利散出去，而且能有效防止烟被风吹回窝棚内。

出烟口盖可以用很多种方式制作。其中最简单的就是利用动物皮，将其绷在一块用树枝编成的方形结构上。一定要记住，兽皮在受潮之后会膨胀，在干燥之后会收缩，所以在编的时候掌握好松紧度。

在下大雨时，可以用这个出烟口盖盖住出烟口防止雨水进入，但是这时候你不能在窝棚内生火，因为产生的烟没有地方出去。

雪地住所

在冬天，雪也可以用来搭建紧急住所。有些国家的军队一直用雪来搭建住所。例如，瑞典军队就用雪搭建大型的车库和战地医院。

如果你在雪地旅行，掌握搭建雪地住所的技巧将在遇到暴风雪的时候救你一命。如果你迷路或者所携带的装备坏了，比如雪橇坏了，修建一个雪地住所能够帮助你抵御严寒。

在雪地扎营，防风是最重要的，因为强烈的寒风能够造成非常危险的局面，较易导致死亡。在野外大雪覆盖环境下搭建住所的时候，一定要记住往下挖远比向上建容易得多。找那些大树周围或那种大雪堆最厚的地方挖住所。当然在某些情况下，你不得不搭建而不是挖掘一个住所。

雪地住所主要有三种类型，分别适合不同的雪地：圆顶雪屋适合坚硬的大雪；雪堆窝棚适合在粉末状的雪地里搭建；而雪地洞穴比较适合紧急情况下使用。尽管搭建不同的住所需要进行不同的设计，但是无论在什么情况下，一些重要的注意事项都需要谨记在心。

保证空气

你要确保屋子能抵御寒冷，尽量保证热量不散失，但同样也需要保证足够的新鲜空气流通。当身体的热量将整个住所烘热之后，雪的表面就会轻微融化，从而形成一种良好的密封状态，因此你必须留出通风口或者定期检查，防止住所内二氧化碳超标。

保持干燥

用雪搭建住所的时候，弄湿衣服是非常危险的。在温度极低时，这种情况还不太糟，但是温度一旦高于 –5℃，这就会是一个非常严重的问题，所以要注意。同时，无论在什么样的气温条件下，手套都很容易弄湿。另外也要避免干活的时候出太多的汗。当身体干燥的时候保持温暖还比较容易，但是湿了之后就是另外一回事了。

圆顶雪屋

在纬度极高的地方、冻土地带或者其他大雪覆盖的地形条件下，如果温度低于 –5℃，你能够相对容易地挖掘或者切割雪块来搭建住所，因为低温能保证墙体的安全。如果你恰好在这种雪很坚硬的地方，完全可以切割雪（冰）砖搭建一个圆顶雪屋，这样可以搭建一个非常舒适、能够长时间使用的住所，但是你必须记住，这将花费很多时间，而且你需要准备锯子或者刀来切割雪（冰）砖。

在紧实的雪地上画一个圆圈，如果供两个人居住，其直径大约需要 2.5 ~ 2.8 米。准备切割好的雪（冰）砖，用其较长的一侧呈向内倾斜的方式搭建，保证上面一块砖的绝大部分重量落在下面一块砖的上面。完成圆顶结构之后，内部应该保持光滑，确保砖缝在内部温度上升之后不会往下掉水。外墙也应该用散雪覆盖，尤其要糊住砖缝，让圆顶雪屋能够防风。最好是在墙体下面挖一条地道作为进出圆顶雪屋的通道。如果这种

方式不可行，直接在墙体上打通一个出口也是可以的，但是要用背包或者雪块挡住。

雪堆窝棚

雪堆窝棚从一定角度上看上去像更被人们熟知的圆顶雪屋。但事实上它是以一种不同的方式搭建的，且适合在在粉末状的雪地里搭建。显而易见，这种环境下的雪不具备做建筑材料的条件，不能被切割成用做修建圆顶雪屋那样的雪砖。

收集大量的雪，堆成一个大型雪堆，让其结晶，然后从内部将其掏空，这就是雪地窝棚。堆这样一个大雪堆，至少需要花费 1 个小时的时间。一般在温度至少在 –10℃ 的情况下，你需要再等待 1 个小时左右的时间让其结晶。如果温度更高，可能需要等待 2 个小时甚至更长时间。

设计雪堆窝棚

如果供 2 人居住，雪堆应该约 1.8 米高、2.5 米宽、3 米长。如果还需要容纳更多的人，每增加 1 人，相应增加 80 厘米的宽度。

除非时间来不及，如天快黑了，一般宜放慢堆雪的速度，避免由于过热而出汗。铁锹是完成这项工作的理想工具，但在紧急情况下，雪鞋、露营铁罐、煎锅都可以用来铲雪。

在堆雪堆之前，要标记出其位置，然后将地面上的积雪踩实。

□修建圆顶雪屋

1. 切割紧实的雪砖（60 厘米 ×40 厘米 ×20 厘米），用它们在切割雪砖的地方围成一个圆圈。

2. 砍掉最初使用雪砖的部分棱角，使其与地面吻合并保持一定的倾斜，然后以向内倾斜的方式搭建墙体，在墙体下方挖掘一条地道作为出入口。

3. 每一层雪砖都要以一定角度向内倾斜，以构成圆顶。从圆顶雪屋内部修理最后一块雪砖，确保其刚好与屋顶中央的洞口吻合。

修建雪堆窝棚

首先在选好的地面上堆上背包、个人物品以及任何能够找到的大型的材料，这样有助于构建一个圆形的结构，而且能够大大减少你挖掘内部空间的工作量。这些东西可以在最后取出。用雪覆盖它们，至少1米厚，然后等待其变坚固。

一旦这个雪堆结晶变得坚硬之后，你就可以从侧面挖掘，取出刚开始堆在雪堆内部的东西，然后从内部开始对其进行修整，这时候你必须十分小心，确保不要挖得太多而导致墙体太薄弱。

为了避免出现这种情况，你可以找一些小棍子并将他们修剪成统一的长度，至少30厘米。然后将其分布均匀地插入雪堆四周。当你从内部挖掘的时候，一旦碰到了棍子的末端就知道该停止挖掘了。当雪堆窝棚的主体工程完成之后，可以挖一条地道作为进出口，同时冷空气也得以下沉到你坐着或者躺着的位置以下。将进出口修建得越小越好，只要能够爬进去就可以。你还可以利用从窝棚内部挖出来的雪在进出口处修建一道挡风墙。在睡觉之前，一定要用雪或者背包将进出口封闭。

□修建雪堆窝棚

1. 躺下以计算出大致需要的面积，然后做好标记（图示为3人窝棚的面积）。

2. 将地面的积雪踩实，然后在上面堆雪堆，至少3米宽、1.8米高。

3. 雪堆堆好之后，用铁锹的平面将雪拍实。

4. 等待1个小时让雪堆结晶变坚硬。

5. 同时准备一些30厘米长的小棍子，并将它们均匀地插在雪堆上。

6. 当雪堆足够坚硬之后，挖一个小的开口，在迎风的方向修建一堵挡风墙。

7. 将雪堆内部掏空，将雪从开口处运出。每当发现小棍子的末端的时候，就不要再往深里挖，这样能够保证窝棚墙壁厚度为30厘米。

8. 窝棚顶部应该是拱形的，在其上挖一个直径10厘米的小孔作为通风口，避免二氧化碳浓度过高。

9. 用雪、背包或者装满雪或衣服的塑料袋封上进出口。你还可以做一个小架子放置蜡烛。

□使用雪堆窝棚

1. 雪堆窝棚的内部温度应该还是在冰点以下，雪应该是干燥的。不要在窝棚内生火。

2. 在窝棚内部靠近头部的地方挖一个可以放蜡烛的洞穴。只要蜡烛还在燃烧就说明窝棚内部氧气充足。

注意空气流通

雪墙是密封的，因此必须在顶上开一个小孔以通风，避免二氧化碳浓度过高。在窝棚里点一根蜡烛将会提示你窝棚内部氧气是否充足。点蜡烛最好的位置是睡觉者的头部附近。

雪地洞穴和其他住所

如果天气状况急剧恶化或者光线迅速变暗，可能就没有太多时间在雪地上搭建住所了。在这种情况下，寻找天然洞穴比如大树底下等地方，它们有一定的防风效果；或者寻找一个大的雪堆，你可以进行挖掘然后建成一个洞穴。切割雪和冰的工具是在极地环境下生存的必备工具。但在紧急情况下，滑雪板和做饭用的锅也可以用来挖掘壕沟或者洞穴。尽量让一切事情简单些：小的住所能更长时间地保持温度，而且修建起来花的时间较少。

雪地壕沟

供 1 人居住的最简单的住所就是雪地壕沟，其主要目的是防御寒风，基本要求包括用任何可以利用的工具在雪地上挖一条狭长的沟、加盖一个顶棚、并用雪进行覆盖以便保暖。

挖好沟之后，在一端继续向下挖 60 厘米。在用树枝和雪搭建顶棚的时候，确保出口处的位置位于壕沟的最深处上方。将树枝和其他材料铺在沟内部的最高处以保暖。如果这个沟底已经抵达地面，那你完全可以生火保持温暖，但是如果

雪非常厚，没有达到地面的话，生火就不可能了。不过即使不能生火，冷空气也会下沉到壕沟的最底端，而位于较高处的你会感到相对暖和些。

雪地洞穴

挖雪地洞穴要求雪地的厚度达到至少 2 米。挖最简单的雪地壕沟可能只需要半个小时，但是挖雪地洞穴则需要更长的时间和更大的工作量，至少要 3 个小时的时间来完成一个简单的洞穴。你还需要挖掘的工具，而且挖掘工作将会使你流汗，所以挖之前最好脱掉一件内衣，以便在完成工作之后还有一件干燥的内衣更换。

如果在一个大型雪堆的一侧挖洞穴，要在距离其底部 2.5 米以上的地方向上挖掘：这样比较省力，因为挖出来的雪能够顺着坡自然下滑。你应该沿着向上的方向开始挖掘隧道，这样能保证最后的洞穴比入口处的位置稍高。如果是在小型积雪堆上挖，可能就不得不挖一个很浅的洞穴，然后用雪块挡住入口处。

与其他任何住所一样，千万不要忘记通风的问题，因为这关系生命安全。同时在外面树立一个明显的标志，这样便于可能前来的营救人员有机会发现你的所在。

↑ 如果在松林里，那里会有大量的原材料可供搭建一个临时的住所。用云杉树枝建一面带坡度的墙并在其前方生一堆火将会是一个很好的防雪棚。但是要确保当地有很多圆木和树叶把人与地面隔开，而且要注意不要让火把或火堆上方树枝上的积雪融化掉。

↑ 在极地环境下旅行，携带一个包括雪地锯子、冰斧和铁锹的紧急生存工具包是至关重要的。

↑ 在靠近积雪顶端的斜坡位置开始挖掘洞穴，这样你挖出的雪将会顺着斜坡自然下落。

↑ 如果雪非常厚，你可以直接向下挖，然后向旁边挖地道。

□挖雪地壕沟

↑ 挖一个深度和宽度大约1米、长度为2米的壕沟作为紧急情况下避身的地方。图示为一个盖有雪砖顶棚的壕沟。

↑ 如果当地能找到木料，将一些树枝铺在壕沟上方，留出壕沟一端开口，然后在树枝上铺上一层厚度为30~60厘米的雪。

↑ 在壕沟两侧用灌木和挖出来的雪堆积起来达到一定高度，这样，你能够在壕沟里面坐立起来。

□修建雪地洞穴

↑ 在一个小型的雪堆上挖洞穴时，可以将内部积雪掏空，然后用雪块挡住入口处，留出一个通风口。

↑ 在一个坡上挖掘洞穴的时候，睡觉的地方可以比入口的地道稍高，这样有利于保暖。

↑ 如果在平地上，只要积雪够厚，先向下挖，然后往旁边挖，需要注意的是通风的问题。

在沙漠中寻找住所

沙漠为生存带来了特殊的问题。其中绝大多数的问题都是由于其白天的热量过大造成的，这导致了很少有植物供你用来搭建住所。在没有材料可以利用的情况下，你还可以利用其他自然条件。但如果没有地方可以挖洞穴，找不到灌木，没有水也没有食物呢？答案听起来让人绝望，但也是事实，如果不能找到有资源的地方，你就只有死路一条。

白天的住所

白天的时候，你最需要关心的就是找个阴凉地。如果身边有材料，搭建一个顶棚将会让你感觉凉爽。但是晚上的情形又非常不一样了，你需要保暖。绝大多数情况下，在沙漠中旅行都是晚上行进白天睡觉。这也就意味着你只需要一个供白天使用的遮阳的地方，让你在睡觉的时候不被太阳晒到。在很多情况下，并不需要修建什么东西。

大树底下往往能够找到阴凉的地方。如果没有大树，可以利用那些天然的洞穴。需要注意的是，一些动物也有与你一样的想法，它们也可能在这些阴凉的地方栖息。所以要经常检查周围是否有蛇、蝎之类的动物。在树底下或者很浅的洞穴里休息的时候，要想着太阳会移动，很可能一段时间之后你睡觉的地方就不再有阴影了。在睡着的时候，皮肤很容易被阳光灼伤，所以要留心。在万不得已的情况下，你还可以在沙地上挖洞穴将自己埋在里面，这样也能相对凉快一些。

应该避开的地方

千万要选择一个安全的地方作为自己的住所。在很多沙漠地区，雨季的时候很容易出现山洪暴发，因为雨太大导致硬实而干燥的地面没有时间吸水，雨水就顺着地面流走了，然后汇聚成河。

这些洪水能够很快在没有任何征兆的情况下汇聚而成。有时你会发现 5 分钟前还只是土地断层的地方现在就是一条河流了。这些"临时"的河流可能带来强大的洪峰，因此避免在看上去是河床的地方、峡谷底部、悬崖底部或者其他低矮的地方设营。远离可能发生石头坠落、山崩的地方也是非常重要的，在沙漠里这些现象都经常发生。

利用晚上的时间

炎热和缺水将会很快让你的体能下降，因此应该在晚上行进，而白天的时候在阴凉的地方休息。这样你就不至于在高温下运动，高温下运动只会进一步消耗你的体能。除非完全没有必要，否则建议你还是搭建自己的住所，然后找一些晚上烧的柴火，在早晚天气相对较凉的时候也应该生火。如果对此有疑问，可以参照一下当地动物们的生活习惯：它们在什么地方住、它们在什么时候使用宿营地、它们在什么时候出去觅食、它们去什么地方找水。

不同的温度环境下，人体承受的压力都不相同。温度越高，你身体承受的压力就越大，你的处境也就越危险。例如，在 40°C 的温度和 50% 的相对湿度条件下，你身体承受的压力指数为 135，这已经是一个非常高的数字了。位于"极度危险"区域内的数据意味着如果继续暴露在这种高温条件下极有可能会中暑。如果在这种条件下再进行活动会增加中暑的风险。

↑ 一个浅的洞穴只能够作为白天的住所，而且也不一定能提供一整天的阴凉。

↑ 沙漠里的岩石坡是一面天然的防风墙，还能在晚上散发热量。

在沙漠中修建住所

在沙漠中，当你需要一个住所但又找不到天然洞穴的时候，你就不得不自己动手了。

一定要记住"小而美"的原则，避免花费力气构建不必要的空间，哪怕是你非常想要也不行。无论是你在里面休息的时候还是离开的时候，都要确保住所的密封性，因为一些危险的动物也想在那里避开烈日，尤其是当你修建的是地下住所的时候。这意味着你需要制作一扇跟入口处刚好吻合的门，并确保没有任何其他洞口暴露的开口处。

利用热的石头

度过寒冷夜晚的最基本的办法就是找一个有大量石头的朝阳的坡。取那些最热的石头在你准备过夜的地方四周搭建墙。为了保证在夜晚获得最大的热量，应该确保将石头朝阳被晒的一侧作

为墙的内侧。这些石头在晚上会释放出余热。

如果在沙地上，你可以稍微向下挖，然后用石头垒洞穴的墙壁。这样的地方也能让你安全度过夜晚。但是这种洞穴的缺点就是早上出来之后会被破坏，晚上的时候不得不重新挖。在一个需要待较长时间的住所，你也可以利用这种方法进行取暖。

地下坑道

在沙地或者土地上，你可以修建一个地下坑道，大约1米深，但是不要把它挖得过大，只需要有躺下的地方就已足够。

你可能需要用树枝或者岩石在坑道的内壁垒墙，还需要两根结实的横梁放置在洞口来支撑顶棚，顶棚会有一定的重量，必须确保坑道不会在晚上的时候塌陷。

用衣服、灌木或者平整的石块压在横梁上，然后再铺一层沙子。这种坑道最大的问题是如何修建门，怎样做既能防止热量散失，又能防止动物入侵。

□修建岩石墙住所

1. 当修建岩石墙住所以保证温暖过夜的时候，首先寻找一个朝南的斜坡。

2. 如图示的浅洞穴是非常理想的场所，这是因为它朝南，岩石墙已经吸收了大量的太阳热量。

3. 寻找分散在坡上的岩石，它们在白天的时候已经充分吸收了太阳的热量。

4. 用这些岩石搭建墙，留出足够躺下的地方即可。确保岩石最热的一侧朝向你躺下的地方。

5. 尽量用石头填满整个空间，除了入口处。

6. 让容身的地方尽量小一些，这一点非常重要，因为如此可以让你的身体几乎接触到温热的石头，而且不会有更多不必要的空间来分散热量。

□修建地下坑道

1.选择一块能挖得动的沙地或者土地，并且附近要有树枝或者灌木。

2.标记出所需坑道的大小，其大小不应该超过你身体长度和宽度的30厘米。

3.用工具或者双手挖坑道，坑道深度应该在1米左右。

4.如果土质沙化，你需要在坑道内壁修建防护墙，防止内壁坍塌。

5.即使土质不沙化，你也至少需要两根横梁放置在坑道入口的两侧，用来承受顶棚的重量。

6.收集一些结实的树枝铺在坑道上方，修建顶棚。

7.在坑道靠头部一侧留出空隙，在树枝上铺上平整的石块。

8.在石块上铺沙子或者土壤，让其成为坑道的天花板。

9.把缝隙填补好，防止沙子掉进坑道。

10.在石块上铺沙子以隔热，并且使其形成一个轻微的突起，确保雨水不会积在此处。

11.确保留出足够的空隙，让你能够顺利地钻进去。

12.坑道的位置要稍醒目些，既是为了方便自己外出散步回来能迅速找到，也是为了方便被可能出现的营救人员发现。

在丛林中修建住所

在丛林中，最需要关注的问题就是下雨。你搭建的住所必须能够禁得住雨水，要能提供干燥的环境。在热带雨林中，棕榈树很多，它们的叶子是你搭建住所的理想原材料。竹子也是另外一种可供搭建住所的理想材料。下图中展示的住所用的是巴西棕叶子。

热带雨林提供了丰富的可用来搭建住所的原材料，不过最主要的困难就是如何保持干燥。

搭建倾斜的结构

需要6根2～3米长的木棍来搭建支撑顶棚的结构。将两根木棍垂直钉进地面，间距一般2～3米。将另一根木棍绑在这两根钉好的棍子顶端作为横梁。你可以将藤条当作绳索来进行捆绑，另外还有一些树皮也可以用做绳索。将剩下的3根木棍靠在横梁上，使其与地面形成一定角度。

编棕榈树叶

砍下一些棕榈树叶（你会需要很多），将它们分割成两半（从叶顶端分开比较容易）。然后开始将它们编到已经搭建好的框架上。

从框架的底端开始向上编树叶，让所有的叶尖朝下，这样便于雨水顺流而下。编的时候还需注意将两层叶子斜着交叉，以增强防水功能。编完一层之后用藤条进行绑定，然后继续下一层，直到将整个框架全部覆盖。

你还可以用以上的编法将棕榈树叶做成席子或坐垫，供你在棕榈叶屋中休息。

↑ 砍刀是丛林生存必备的锋利工具。最好给它配一个刀鞘。在不用的时候务必将砍刀装进刀鞘里。

↑ 竹子是丛林中用途最广的植物。它不仅能提供食物（如竹笋），而且有异常坚硬的材质，可用来制作很多东西。

□ 搭建热带A字形住所

1. 将两根棍子或者竹竿绑定形成A字形结构，将其竖立起来绑在树上作为支撑；在距离第一个A字形结构2.5米的地方再制作第二个A字形结构，并将其固定。

2. 在两个A字形结构的顶端绑定一根棍子。再在框架两侧的棍子的相同高度上分别绑牢一根棍子，将防潮布固定在这两根棍子上，就构成了一张悬空的床。

3. 将防水油布在整个框架的上方展开，这样就可以挡雨，用绳子将防水油布的4个角拴好，将绳子的另一端固定到周围的树上即可。

□用棕榈树叶盖顶棚

1. 选择一棵合适的棕榈树。考胡棕的叶子很大，能够用来盖芽草屋那样的顶棚。

2. 用砍刀砍下棕榈树的主干，将叶子砍下来。搭建一个密实的顶棚需要大量的叶子。

3. 将棕榈树叶从叶尖端沿着中间的位置分成两半，如果从叶柄处开始分，很有可能会折断。

4. 收集大量的藤条用做绳索，捆绑棍子和固定树叶。

5. 从框架的底端开始绑定树叶，叶尖朝下，一层压一层地往上绑定。

6. 最上面一排棕榈树叶应该是完整的。这样就像提供了一个"屋檐"，能够确保雨水顺利导流。

第4章
野外取火技能

在没有火柴或者打火机的情况下取火是野外生存必须掌握的一项关键技能。有了火种之后，不仅能够在寒冷之时提供热量，在漫漫长夜提供光明，供你做饭、烧水、制造工具等，还能鼓舞士气。摩擦生火并不是一件简单的任务。何况，学会点火只是掌握了一半的技巧。引火物并不能保持长时间燃烧，因此学会让火堆保持燃烧同样重要。

生存之火

在生存的四大必要因素中，对火的需求可能显得最不迫切，但是在很多情况下，你在考虑水之前就必须要考虑生火。原因就是，在一些地方，直接饮用没有经过净化的水可能是不安全的。除了病菌、病毒和其他自然污染物外，水中可能还会含有化学污染物。这些污染物可能来自飞机燃烧的废料、农民在田地里喷洒的农药、在河流上游倾倒的垃圾或者丢弃的化学废料等。尽管水有很多种被污染的可能，但是只要在饮用之前将其烧开，就能降低或者消除其危害。

除了这个功用外，火还能辅助制造不同形状的工具、容器以满足你的其他需求。火能让你感到温暖和舒适，还能驱赶存在潜在威胁的野生动物，从而让住所变得更加安全。

找生火的地方

在你决定生火之前，为其选择一个最佳的位置。需要记住如下重要的原则：

• 在干燥的地面上生火，火很容易被生起来，而且不会产生大量的烟。如果没有干燥的地面，应该用树皮或者大的石块创建一块干燥的地方，一旦火生起来之后，湿气或较小的雨水对它的影响就不会太大了。

• 如果能够找到大的岩石或者地面上的一块凹陷地的话，旁边的自然围绕物就能是天然的挡风墙，而且还能反射热量。如果风很大，而且没有自然的屏障可以利用，你就不得不将火堆设在地面下的坑道里，并让其处在顺风的位置上。

• 在选择住地的时候就应该考虑生火的问题，一定要有大量生火材料。这样你就不必到很远的地方去找柴火。

• 在点火之前，要确保地面上没有诸如树叶等其他易燃物品。在一些极其干燥的地方，树根或者地面下堆积的树枝也很容易被点燃，可能会导致一场火灾。当地面上有易燃物的时候，一定要清理出一块至少120厘米见方的空地。而且至少在距离住所2米远的地方生火，以确保安全。注意：一个用枯枝和落叶搭建的窝棚可能变成一个巨型的火把。

• 如果地面潮湿或者有一些像树根之类的易燃物，你需要用石块垒一个生火台，以确保火堆不易熄灭，同时要注意不要用那种可能爆炸的石块。

• 不要让火堆过大，这样既可以防止事故也

■可能爆炸的石头

一定要小心挑选铺在火坑底部的石头。千万不要使用那些含有大量水分的石头，因为这样的石头被加热的时候会产生蒸汽，从而引发爆炸。为了避免这样的情况出现，不要选择那些位于河床或者谷底的石头。找到完全干燥的石头也无必要，记着不要那些被水浸泡过的石头即可。

□使火堆有效保存热量的方法

1.选择一个没有落叶的合适的地方，或者对场地进行清理，然后挖一个15～25厘米的小坑，让其四周呈一定坡度。

2.在坑的底部铺上石头，这样有利于向上反射热量，还可以在火堆一侧你坐的地方的对面搭建一面墙来向你反射更多热量。

3.收集生火需要的所有材料，在沙漠里，这种东西通常很难收集，不过至少它们是干的。

4.用石头或者其他可以找到的材料在距离火堆1米的距离背向你的一侧搭建一面墙用来倚靠。

可以将未燃尽的炭火盛进防火的容器里。在火堆上倒水确保其完全熄灭，检查是否还有余温或者烟雾冒出来，如果有，继续倒水直至全部熄灭。

最理想的状态是在熄灭火堆之前使里面的所有柴火燃尽。如果没有燃尽，将其中未燃尽的柴火挑出来埋掉，然后将灰烬洒在附近区域。搬走用来确定火堆大小的石块，用土将烧火的地方埋上，然后将落叶撒在上面让其与周围的环境相协调。这样一来，以后的旅行者来到这个地方，这里又是原生态了。

5.在你背后的这面墙也有利于将热量反射回来。

能有效地节省资源。用石块在火堆四周堆一个圆圈以控制火堆的规模。

● 最后，确保火堆始终在你的视野范围内。

清理火堆痕迹

当你到野外进行生存技能训练的时候，在离开时保持当地自然美景的完整性这一点非常重要。这就意味着在你用完火堆之后，应该消除一切可见的痕迹。

如果想保留火种，以便在另外的地方生火，你

摩擦生火

除了用火柴和打火机外，还有很多方式可以生火，而且它们存在的时间比这些人造的取火方式久远得多。学会这些所谓的"原始"方式将让你在火柴被弄湿、用光或者根本就没携带的情况下能够生火。

远古人都是用这些原始的方式取火，他们依赖这一技能生存。学习这项古老技能时会有一种

特殊的感觉，特别是当你努力了几个小时终于取到第一个火种时那种心情真的无法形容。即便生了无数次火之后，你还是会有一种特殊的成就感。

摩擦法依靠两块木头相互高速摩擦，产生足够的热量制造炭火小颗粒和火星，再利用这种小火星点燃火绒。其中的诀窍不仅仅是摩擦的技巧，更包括一个良好的心态。当你学会取火之后，你可能就会明白这个道理，其实生存的所有技能也都是如此。

刨子取火

摩擦生火的一个简单实用的方法就是利用刨子。用一个削尖的棍子在一块木板的凹槽里上下摩擦。在凹槽的底部会出现一些非常细微的木屑，这些木屑越积越多，在最后温度达到一定高度之后就会燃烧起来。需要注意的是，在摩擦的时候不要让木板晃动，以免将凹槽里的木屑散落出来。但这是一个相当辛苦的过程。

□利用简易刨子取火

1. 找一根木质坚硬的棍子，将其一端削尖。

2. 将一段木质稍松软的木头劈成两半，或者将木头的一面削平，使其成为一个长约60厘米长的平面。

3. 在木板中央用尖利的石头刨出一个长约45厘米的供硬木棍前后摩擦的槽。

4. 将硬木棍在槽内前后摩擦，刚开始的时候基本不会有什么变化。

5. 过一会，你会注意到有烟从木板和木棍之间冒出，槽会变黑。

6. 槽的底部会出现木质纤维，加大力度快速摩擦，这些纤维就会被点燃。

钻木取火

弓弦钻钻木取火法、手钻钻木取火法、泵式钻钻木取火法都是钻木取火的传统方式。每一种方式都需要一根棍子作为钻轴在"取火板"上的槽口里高速旋转产生热量点燃火绒。

制作钻轴的材料

钻木取火的时候需要一根中等硬度的棍子作为钻轴，可以用于此用途的木材种类如下页图片所示。如果不能确定是哪种材料，一个非常简单的办法就是用大拇指甲掐一下该棍子以检测其硬度。

制作弓弦钻的时候，除了木料，还需要一根60～90厘米长的绳子。绳子可以用植物或者树木纤维搓制而成。最好的纤维可以从荨麻秆中获取，但是其他的一些植物也可以替代。用石头将荨麻秆捣碎，取出纤维然后搓成绳子。

还有一个做绳子的办法就是利用云杉树根，其效果也相当好。要寻找云杉树根，最简单的办法就是在云杉树底下挖掘。当碰到树根的时候，沿着其走向挖，然后小心取出。云杉树根通常长

□可以用来做钻轴的材料

↑ 桤木是一种中等硬度的木材，经常被用来制作钻轴。

↑ 雪松树皮是一种很好的引火材料，其木头可以用来制作弓弦钻轴。

↑ 白杨木可以用来制作钻轴，其木头燃烧较慢。

↑ 接骨木中间软，可以用做钻轴，而且有木髓，能够产生更多更大的火星，有利于取火。

↑ 结实的毛蕊花杆中间也有木髓，是制作钻轴的好材料。

↑ 牛蒡也有坚硬的木质化的茎杆，是做钻轴很好的材料。

□检测木质的硬度

1. 选择一根准备用做钻轴的棍子，削掉其中的一块树皮，露出木质。

2. 用大拇指指甲在削开的木质处从一端划向另一端，不必沿着木质的纹理划。

3. 如果指甲划出的线非常明显，那就说明木质太软或者已经开始腐烂；如果没有线或者线几乎看不见，那说明木质太硬。

在比较浅的地方，从树干处一直向外延伸。找到云杉树根之后，将其在树枝上摩擦，直至去掉根皮。云杉树根有的会很长。最好选用一根较长的树根，因为拼接之后的树根容易在打结处折断。

弓弦钻钻木取火法

弓弦钻钻木取火法是摩擦取火常用的方法。它与其他摩擦取火法的原理是一样的，但更易于操作。即使是在潮湿的环境下也能使用。

选择木料并进行加工

制作弓弦钻钻木取火装置需要几块木料：一根钻轴、一块钻板、一块垫板、一根手握的棍子，以及一段绳子。你需要刀子或者其他锋利的工具对这些原材料进行加工。

首先需要加工的就是钻轴。它的长度至少应该跟你将手张开之后大拇指指尖与示指指尖的距离相当。钻轴的顶端应该削得尖一些，底端应该平一些。钻轴应该是圆而且光滑的，其两端应该尖而平滑。

与钻轴材质一样的钻板应该厚度均匀，其宽度应该是厚度的 2 倍。长度应该在 30 厘米以上，而且其底部应该是平的，这样便于你用脚踩住并保持平稳。

握在手上的垫板可以用与钻轴一样或者更坚硬的材质的木料。垫板应该与手的大小相当，便于握住，其厚度应该不低于钻轴的直径。

手握的棍子，也就是弓，最好略弯，尽管笔直的棍子也能够使用，但最好是一根有一定弯度的棍子。首先学会使用长度在 1 米左右的弓弦

↑ 用中等硬度的木料，如榛树、雪松、白杨或者悬铃木，自己动手制作取火工具。

钻。掌握之后，可以试一下更长或者更短的弓。

将绳子绑定在弓上，将钻轴绕在绳子上之后，努力控制好绳子的松紧度，既不能松得让钻轴上下滑动，也不能让钻轴紧得一点也动不了。理想的状态是，用上一定的力后能够勉强将钻轴抽动。此外，绳子（弦）的松紧度也决定着弓的灵活性。在使用过程中，可能会需要调整弦的长度。方便起见，在绑定绳子的时候，一端打死结，一端打活结。

准备弓弦钻

在开始钻木取火之前，要分别在钻板的边缘处和垫板上用刀或者锋利的工具削一个与钻轴直径差不多大小的坑，用来放置钻轴的两端。或者先用刀子等工具分别削一个小坑，然后用转轴将坑钻大，其过程与钻木取火的过程一样，而且在此过程中你也练习了如何有效地转动钻轴。

站好位置

这里列出的指导原则针对的是习惯用右手的人。如果你是左撇子，请进行相应的调整。

左脚踩在钻板上，将右腿跪地上。左脚足弓应该在钻板上的钻孔边上附近，也就是装上钻轴之后钻轴的附近。左膝盖成直角弯曲。将钻轴绕在弦上。

将胸部贴紧左膝盖。左手握住垫板，从左腿外绕过小腿。将钻轴定位好，让其底端位于钻板上的钻孔内，顶端位于垫板上的钻孔内。

正确拉弓的方法

钻轴应该在钻板和垫板之间保持完全直立。如果不是，那就调整膝盖的角度，直到钻轴与钻板之间保持垂直。等角度正确，钻轴也已经与钻板垂直时，用右手持弓。

为了保证每一个拉弓的动作能够发挥最大功效，将弓拉到最远的距离，然后慢慢地前后推拉弓，保持弓与地面平行。等找对了感觉，而且这个动作已经平稳和有规律之后，你可以适当加速推拉。

如果你的技术是正确的，即用在垫板上的力度适当，保证钻轴稳定并与钻板垂直，弓与地面保持平行，即使你推拉弓的速度并不是太快，你也可能会发现钻板上的钻孔边缘出现了烟和黑色

□制作弓弦钻

1. 收集几块木料：一根钻轴（直径约2.5厘米）、一块钻板、一块垫板、一根手握的棍子。

2. 修理钻轴：它应该是直的，圆而光滑，直径2.5厘米左右，长度为20～23厘米。

3. 将钻轴顶端削或者磨成大约2.5厘米长的尖。

4. 将钻轴底端削或者磨成平一些的尖，约6厘米长。

5. 在使用之后，钻轴底端和顶端可能很难分辨，因此为了易于辨认，在顶端一侧削一条槽。

6. 制作完成之后的钻轴应该是直的，两端的尖一个长一个短，其顶端一侧有一条槽。

7. 在准备钻板的时候，在钻板的边缘处削一个与钻轴直径差不多大小的坑，用来放置钻轴底端。

8. 在垫板上削一个类似的坑，注意避开握住垫板时指尖的位置。

9. 将绳子（弦）绑定在手握的棍子（弓）上，注意一端打死结，一端打活结，这样便于调整绳子的松紧。

10. 将钻轴绕在弦上，确保弦在弓与钻轴之间（钻轴在弦的外侧）。

11. 左脚踩在钻板上，将钻轴两端的尖分别放进钻板和垫板的坑内。

12. 将弓用力地前后拉动，这样钻轴就会转动。

13. 当钻轴全部进入钻板之后，可以停下来，这时候，手上垫板也会出现一个洞。

14. 给手上垫板的孔内添点"润滑剂"，让钻轴更容易转动，钻轴顶端的槽将预防你把钻轴底端当成顶端。

15. 削开钻板上钻孔旁边的木料，做一个楔形的凹槽以收集炭灰。

的粉末。如果没有烟，你也不用担心，这需要一定时间的练习。通常出现的问题是没有保持钻轴的稳定或加在垫板上向下的压力不够。利用 25% 的力量来让左手腕抓紧垫板，50% 的力量向下压，然后用 25% 的力量来推拉弓。

如果出现了大量的烟，你可以适当加快推拉弓的速度，并加大左手向下压的力度。在钻轴整个陷进钻孔之后，你就可以暂时停止转动钻轴了。

完成弓弦钻的制作

这时候，可以给手上垫板的钻孔内添加润滑剂，这样钻轴更容易转动。并在钻板上开一个槽，以收集产生的炭灰，并最终形成炭火星。

垫板上的钻孔能够用捣碎的松针挤出的油、动物油或者其他植物油、来自身上或头发上的油脂或者其他任何可以当作润滑剂的东西进行润滑。但是千万不要用水。水不仅不能在钻轴顶端起到润滑作用，反而会让钻轴膨胀、钻孔缩小从而增大摩擦。一旦对钻轴顶部进行润滑之后，就

千万不能将钻轴两端混淆，不能将润滑过后的顶端放入钻板上的钻孔当中，因为这里需要的是摩擦。

钻板上的槽非常重要，因为需要它来收集摩擦产生的炭灰。它的宽度应该是钻孔周长的 1/8，从钻板边缘一直到钻孔的中心附近。将钻孔等分成 16 份，用刀或者锋利的工具将最靠近钻板边缘的两份挖去即可，同时确保槽是光滑的。

现在，你的取火工具就已经完全准备好了。这时候，你首先要搭建好火堆，准备好引火物取火。用柔软干燥的纤维制作的引火物应该是蓬松的，形成一个中空的鸟巢形状。

钻木取火

在钻板上槽的下方放置干树皮或者一些干的树叶，这样可防止炭灰掉到地面上被弄湿或者冷却。在这个地方也放上引火物，用于随后的取火。有的人在槽下方的地面上挖一个小洞来放置引火物，但是这种方式可能会导致引火物被压扁

□使用弓弦钻

1. 将一块木头、一片干树叶或者一块干燥平整的石头放置在钻板上槽的下方，这样收集到的炭灰不会掉到潮湿的地面上。

2. 将钻轴放进钻孔内，以平稳缓慢的速度前后推拉弓，当出烟的时候加快推拉弓的速度并加大左手向下压的力度。

3. 一旦成功，在槽内的炭灰处应该会出现炭火星。刚开始的时候可能不太明显，但是炭灰中会持续有烟冒出。

□让炭火转变为火焰

1. 将引火物小心翼翼地举起，让其稍微高过脸部，注意别让烟熏眼睛，然后轻轻地吹。一旦炭火在引火物中蔓延，就可以稍微加大吹的力度。

2. 当引火物已经烫得几乎在手上拿不住的时候，尽最大能力给它吹风供氧，它会燃烧得很快，抓紧时间将引火物放置到准备好的火堆中，但是一定要小心。

3. 如果抓得太紧，你可能会让火焰熄灭。如果担心引火物太少，会很快燃尽，就在火焰还没有完全产生的时候就将引火物放进火堆，在火堆里对其吹风，让它能够燃烧起来。

或者被弄湿。

　　槽在你的哪边不要紧，可以查看风向，调整位置。但要确保有足够的地方供你把脚放在钻板上。将钻轴放进原来的位置，重新开始慢速地前后推拉弓，让钻板上的钻孔受热。这时候如果发出尖厉的声音，说明你推拉弓的速度过快或者左手下压的力度太小。

　　刚开始的时候也不要在左手上施加太大的力度。开始冒烟的时候，你可以加快推拉弓的速度和加大左手的压力。继续推拉弓，直到有大量的烟冒出来，而且钻板上槽内的炭灰也要有烟冒出来。这时候，小心地取出钻轴，非常小心地将钻板拿起来检查是否已经有了炭火。根据从炭灰底下冒出的烟的多少能够判断是否已经有了炭火。有的情况下，你还可以直接看到红色的火光。这时，你可以松一口气，等炭火继续燃烧。你还可以用手轻轻扇风，但是切记要小心，因为这时候炭火才刚形成，还非常微弱。

　　一旦炭火烧得比较稳定的时候，你可以休息几秒钟，然后小心地将炭火移到准备好的引火物上。

手钻钻木取火法

　　尽管手钻钻木取火与弓弦钻钻木取火使用的技巧和材料不同，但是原理相同。手钻需要一根钻轴和一块钻板。钻轴长介于 0.35 ~ 1.50 米，粗细跟一般的钢笔差不多。钻板厚度要均匀，与钻轴的直径差不多，其宽度是厚度的 2 倍。这意味着手钻利用的材料比弓弦钻要少，准备工作也要相对简单。但是手钻的劣势在于在潮湿环境下这种方法不一定可靠，而弓弦钻在绝大多数情况下都适用。

　　手钻需要的是中等硬度的木质。钻轴可用诸如接骨木、毛蕊花、牛蒡等植物笔直的空心树枝，而钻板可用白杨或者雪松的木头。这次不需要确定钻轴的顶端或者底端，只需要将钻轴弄光滑，去掉多余的侧枝和树节。

钻木取火

　　将钻板在地面上放置平稳，用脚进行固定，脚要远离钻孔。如果像使用弓弦钻那样跪着的话，要让你的左手臂位于腿的内侧。你还可以坐在地上，用脚的侧面固定地上的钻板。这样的话将让你有很多空间移动手，但是可能在用手施加向下的压力时会有更大的难度。

　　将钻轴放入钻孔内，双手搓动钻轴的顶端。在前后搓动的同时施加向下的压力，让钻轴转动。刚开始的时候慢慢地搓动钻轴，等到钻轴底部出现大量的烟，就可以加速转动钻轴并施加更大的压力。

　　手钻产生的炭火一般都比较微弱，很快就会烧尽。因此在手边放一些易燃物，让炭火烧得更旺一些，以便将它顺利转移到引火物上。易燃物可以是助燃的任何干燥蓬松的材料，如芦苇绒、撕碎的雪松树皮或者捣碎的干燥软木碎屑。

□制作手钻

1. 准备钻轴，选择一根粗约 1.2 厘米的直的树枝。

2. 将钻轴处理光滑，去掉所有的侧枝和树节，如果不够光滑，可能还要去皮。

3. 将钻轴底部处理光滑，避免与钻板上的钻孔之间产生不必要的摩擦。

4. 将钻轴一端在钻板上距离边缘约 6 毫米的距离上做一个圆形的标记。

5. 小心地在标记内打孔，使其大小正好与钻轴的粗细相同。

6. 用脚踩住钻板的一端，将钻轴放在钻孔处，双手搓动钻轴的顶端。

7. 当钻轴进入钻孔并确定钻轴不会滑落的时候，停止搓动钻轴。

8. 在钻板上切一个槽，其大小为钻孔周长的 1/8。

9. 如果钻轴是空心的，你可以将槽口直接切到钻孔的中心。这时，手钻就已经制作完毕了。

□使用手钻

1. 将钻轴一端插入钻孔，调整钻板槽的位置，避免其被风吹到。

2. 用双手手掌前后慢慢地搓动钻轴，注意观察钻孔冒烟的情况。

3. 将双手迅速移动到钻轴底部附近，接着继续迅速搓动钻轴。

4. 尽量用整个手掌（包括手指）搓动钻轴，这样能够保证每一次搓动产生最大的功效。

5. 当停止搓动，槽内充满炭灰并有烟冒出的时候，你可能就已经制作出炭火了。

6. 炭火可能非常微弱，很快就烧尽，因此在其产生之后应尽快引燃。

泵式钻钻木取火法

在野外生存情况下，你需要快速生火，这就需要时间和精力。如果你在一个供长期居住的住所，而又没有更多的空间可以随意走动的话，你可以尝试使用这种泵式钻钻木取火法。这种装置在制作上更难，但是在一个诸如窝棚内部的有限空间内将更容易使用，而且能很轻松地生火。这种装置还能用来钻孔以用做其他用途。

制作钻轴

泵式钻的钻轴需要一根长约60厘米、直径3厘米的直棍子。如果棍子是弯的，必须将其弄直，或者换一根。否则的话，泵式钻将不能很好地工作。

刮除树皮，并对其进行磨制，让其形成轻微的锥形，其较粗的一端将作为钻轴的底部。完成之后，在钻轴底端割一条槽，便于安装钻头，在顶端也割一条槽，便于安放绳子。

制作飞轮

制作飞轮时，为了让飞轮的两块木板更好地吻合，最好在一块长约45厘米、宽约7.5厘米的木头上进行分割。用钻、烧或者挖的方式在其中间部位弄一个孔。孔的大小比钻轴底部稍小。然后将这块木头分两片，就得到两块相互吻合的木板，并各有一个孔在中间部位。

找两块重量相等的圆石头将飞轮加重，将它们分别夹在两块分开的木板的两端。在木板的两端分别切割一些槽口，这样便于用绳子将石头定位。在绑定这两块用做飞轮的木板的时候，一定要确保中间的孔在一条直线上。

飞轮绑好后，可以将其安装到钻轴上（从钻轴顶端安）。如果飞轮上的孔大小合适，安装就比较容易。飞轮应该在距离钻轴底部2.5 ~ 7.5厘米的位置上。

握柄

该装置的握柄应该约60厘米长、7.5厘米宽。你可以砍下一根树枝然后进行加工。握柄的中央也应该有一个圆形的孔，其大小应该超过钻轴的直径，至少应该保证握柄在套进钻轴后能够自由滑落到飞轮的位置。在握柄两端分别开一条槽口，便于绑定绳子。

现在对于整个装置，你还需要的就是一条绳子了，其长度大约为1米。将绳子的两端分别绑定在握柄两端的槽口内。将握柄套进钻轴，然后将绳子的中部卡进钻轴顶端的槽内。

准备取火的泵式钻木装置

这个泵式装置可以有很多用途，如果为了摩擦取火，需要在钻轴的底端安装一个木质的钻头。选择一段中等硬度的木头（如白杨、雪松等）作为钻头。钻头应该被制成与弓弦钻钻轴的底端差不多大小，并将其顶端削成能装进泵式钻轴底端槽口的形状。钻头的直径可以与弓弦钻钻头一般大（12毫米），或者稍大，这样的话能更有效地摩擦。将钻头安在钻轴底端，并将其固定好，避免晃动。

找一块与弓弦钻钻板差不多的木料来做钻板。在其表面开一个小孔，然后将钻头放进去。将握柄提升到钻轴顶端，然后下压至飞轮处，这样钻轴就会转动，然后飞轮会自动将握柄反弹回顶端，再下压。这样循环往复，钻头就会在钻板上留下一个坑。在钻板上挖一个槽用来收集炭灰，这样你就已经做好用泵式钻木装置取火的准备了。利用泵式装置取火的技巧与用其他方法取火相同。

↑ 泵式取火装置在有限空间内，如供较长时间居住的窝棚内以及需要经常取火的情况下尤其适用。

□制作泵式钻

1. 钻轴应该长度在1米、直径在2.5厘米左右，在其顶端（较细一端）割一个槽。

2. 在钻轴较粗的一端顶部钻一个孔，便于以后安装钻头，并用绳索等物在孔外的钻轴上进行绑定，防止破裂。

3. 寻找一块7.5厘米宽、45厘米长的木料，在中间钻孔，然后将其劈成对等的两半。

4. 找一块60厘米长的木条作为握柄，在两端分别割槽，用来绑定绳子。

5. 在握柄中央钻一个孔，孔的大小要能够保证握柄在钻轴上下自由滑动。

6. 找两块圆形的1～1.5千克重的石头来增加飞轮的重量。

7. 找一些绳子，将绳子绑在飞轮木板的中央对其进行加固，防止其在受力之后裂开。

8. 将两块石头分别夹在两块飞轮木板的两端，用绳子进行绑定。

9. 将飞轮从钻轴较细端套进，飞轮应该位于钻轴上距离底端2.5～5.0厘米的位置。

10. 把一根1米长的绳子绑在握柄两端的槽口内。

11. 将握柄套进钻轴，将握柄上绳子的中部套进钻轴顶端的槽口内，然后将握柄绕着钻轴旋转几圈。

12. 将握柄提升到最高处，然后下压，这样钻轴就开始转动，整个装置就可以使用了。

丛林取火

在热带环境中最实用的取火方式就是火锯取火，其材料就是长约60厘米，直径4～5厘米的干燥竹子。

将竹子劈成两半。将其中一块平放在地上当作锯板，切口在下，弯面在上。如果你只有一个人，一定要将其固定。如果还有别人，可以叫别人帮忙按住。在弯面上切一道槽，以固定锯的位置。

锯片也用竹子，将上面的竹节剔除干净。将竹片的一侧清理干净并加工光滑平整。把加工好的光滑平整的这一侧朝下垂直放在锯板上。

使用火锯

与其他摩擦取火的方法一样，首先在锯板上慢慢地推拉锯片，直到锯板冒烟。然后可以加快推拉锯片的速度并增大下压的力度，直到锯板冒出大量烟或者推拉不动锯片的时候。这样，锯板底下的空隙处将会形成炭火。

这种炭火同样也比较微弱，因此也要用一些干燥蓬松和易燃烧的材料引燃，要小心别弄灭。

藤条拉锯取火法

除了使用锯片，还可以用一根90～120厘米长的干燥柔韧的藤条取火。这时候，锯板的放置方式刚好相反，弯面在下，切口朝上。用藤条在上面进行拉锯。这种方法被称为"藤条拉锯取火法"，在经过练习之后也是一种很有效的取火方式。

■火活塞

在丛林中，周围环境可能很潮湿，摩擦生火不是一件容易的事。土著居民们于是发明了一种非常精巧的装置来解决这一问题，这种装置被称为"火活塞"。这种方法能够在一个小的十分光滑的圆柱体里迅速压缩空气，使空气变热。活塞的底部装上火绒，当空气达到一定温度，火绒就会着火。

这种柱体的一端自然封闭，通常可以用硬木头或者动物角做成。而活塞可以用缠紧的丝线、纤维或者皮革做成，以保证活塞的封闭性，确保能够有效地压缩空气。

□制作火锯

1. 将一定长度的竹子劈成两半，其中一块作锯板，另一块作锯片。

2. 用刀或者尖利的石块在当作锯板的竹子的弯面上切一道槽。

3. 清理另一块竹子的一侧边缘制作锯片，锯片边缘应该是光滑的。

4. 将锯片放进锯板上的槽内，让锯片保持一定程度的倾斜。

5. 在锯片上施加一定的压力，并将锯片前后推拉，不久之后就会冒烟。

6. 当锯板大量冒烟的时候，取出锯片。如果冒烟还在继续，则表示锯板下已经形成炭火了。

直到通过透镜能够清楚地看到放大的目标。

极地取火

到目前为止，在极地最有效的取火方式就是利用冰。利用这种设备取火确实是一种特殊的方式，因为它是唯一不需要在木块之间进行摩擦的自然取火方式。实际上，用这种方式取火根本就不需要任何木料，火堆燃烧的时候除外。在极地地区，火堆的燃料其实也可以用其他的材料，比如干燥的动物粪便和动物脂肪。

制作一个冰透镜，需要一块厚度在 10 厘米、长度和宽度在 5 厘米左右的冰砖。里面不应该有断痕或者瑕疵，以免影响效果。将冰砖削成圆形，然后小心地去除边角，要将边缘削薄制作成透镜。当透镜大体成形之后，放下工具，然后靠手掌的体温去融掉那些需要修理的地方。这种方式能有效地避免不小心将透镜损坏。通过透镜看一个较近的物体对其进行检测，然后进行修理，

聚光取火

利用透镜生火需要非常好的火绒。纤维含量高的碾碎的树皮是很好的材料。将透镜放在太阳与火绒之间，直到透镜将阳光聚焦到火绒上。这样，火绒会很快冒烟。轻轻地吹火绒，在 30 秒的时间内你就能得到炭火。

■找燃料的意识

在极地地区能够被用做燃料的材料很少。如果够幸运的话，能找到一些干草、苔藓，或者矮小的树，但是这些东西绝对稀少。而在海洋冰原上，这些材料几乎不存在。漂流木或者动物脂肪是生存者能够用做燃料的唯一的材料。

如果你有蜡烛，在雪地住所里点一根蜡烛就足够了。记住，多余的热量会让雪融化，把你弄湿，甚至会让你有被埋的危险。你还需要经常保持通风，否则可能会因为一氧化碳中毒窒息而死。

□用冰取火

1. 取厚度为 10 厘米、长度和宽度为 5 厘米的冰块，将其切成圆形，然后削掉边缘。

2. 冰透镜外形应该是规则的。在初步成形之后，用体温对其进行整形。

3. 通过透镜看东西，应该得到清晰的放大的图像。

4. 如果透镜聚焦正确，通过它聚点应该能很快将纸烧焦。

5. 透镜制作完成之后，最好戴上手套再拿在手上，否则冰很容易融化。

6. 将太阳光聚焦到火绒上，火绒很快就会冒烟。

搭建火堆

确定在什么地方搭建火堆以及如何点燃之后，你就需要用挑选出来的干燥的材料搭建火堆了，确保这些材料能够稳定地燃烧，否则你之前取火的一切努力都将白费。不同环境下需要不同类型的火堆。但是，圆锥形火堆可能是野外生存时最好的选择之一。这种火堆具有如下优势：

- 热量最大。
- 光线最强。
- 能够有效利用燃料。
- 产生的烟和火花直接上行。
- 能够有效防雨和雪。

搭建火堆的时候，需要一个浅的火坑，在潮湿或者特别干燥（可能引燃火坑周围）的环境下，需要在火坑底部铺上干树皮、干草或者石块，然后再放燃料，首先放的是小的燃料便于引火。将添加的柴火尽量堆成圆锥形，但是要在靠近地面的地方留出空间放火绒。

将较细小的材料靠近火堆的中心，较大的材料放置在火堆的外围。不要将柴火堆得太紧实，留出空隙让氧气能够进入火堆当中。如果有风的话，让火堆开口处正对风的方向，因为风会让火燃得更旺。如果当地有的话，可以在火堆中放置诸如桦树皮这样富含树脂的燃料。

然后在火堆外放置斯科木，也可以放一些小的木头。但是问题是，当里面的那些材料燃烧之后，火堆可能会倒下。无论什么情况下，都应该在火堆中间添加一些较小的木头，尤其是当你打算在火堆上放置大型木材时。否则火堆中间都烧空之后，外边的木头可能还没有燃烧起来。

□搭建圆锥形火堆

1. 挖一个浅的火坑，让其四周呈一定坡度，这样有利于将灰烬集中在火堆中间。

2. 如果地面潮湿或者极其干燥，把树皮或者石块铺在火坑底部。

3. 在火坑四周堆一些较大的石块以控制火堆的大小。

4. 折断一些用来引火的柴火，并将它们堆成圆锥形。

5. 在引火物的外面添加稍粗的柴火，并留出一定的空间用于放置火绒。

6. 然后再添加更大一些的木材，但是不要太多。

7. 火绒燃好之后立即放进火堆，因为火绒不可能燃烧较长时间。

8. 火堆点燃之后，可以继续添加更粗的柴火以保持其燃烧。

让火堆保持燃烧

很多时候，你可能希望火堆能够持续燃烧整个夜晚，以便第二天不需要重新取火。其实有很多种方法能够保证火堆整晚燃烧，但是必须确保在晚上睡着的时候，火堆没有失去控制的危险。

在准备睡觉之前，可以在火堆里添加大型的湿柴来保证其能够整宿燃烧。最好的材料就是像橡树这种木质坚硬的树木的新鲜树枝，但是新鲜树枝会产生大量的浓烟。

如果火堆在住所内部，而且你不会受到烟雾的干扰的话，完全可以利用这种湿柴让火堆过

□制作火媒

1. 收集一定量的火绒，如芦苇绒或其他的纤维，找一块10厘米宽、30厘米长的树皮。

2. 将火绒像卷雪茄那样卷进树皮，不能裹得太紧，也不能太松，这需要一定的实践练习。

3. 用绳子将"雪茄"捆好，把炭火放进其顶端。制作火媒的诀窍在于给它提供刚好的氧气让其慢慢地向下燃烧。

夜。如果火堆是在野外，容易受到风的影响，你可以在添完湿柴之后，在燃烧的炭火上盖一层干燥的土壤，以阻止过多的氧气进入而导致炭火燃烧过快。但是要确保土壤中没有干的树叶、草或者其他易燃的材料，以防发生意外。

第二天早上，要让火堆继续燃烧，只需要小心地移开火堆上的土壤。火堆中应该还有大量燃烧着的炭火，有可能在一层炭灰的下面。将火绒和一些其他引火物放在炭火上面，然后吹气，你就能在很短的时间内得到火了。

搭建做饭用的火堆

做饭用的火堆应该能够提供大量的炭火。因为当用陶制容器烤肉或者加工其他食物的时候，可能并不需要太多火焰。好的炭火提供的热量更持久，而且温度也更稳定，这样不容易将食物烧焦。

做饭用的火堆经常搭建在两根大型原木之间，这样既能控制火堆，也能用来放置做饭的工具。当然，这两根原木也会被点燃，需要替换。为了避免原木被烧着，可以在原木靠近火堆的内侧糊上一层黏土，这样能有效阻止原木被烧着。原木从某种程度上也会阻碍火堆的燃烧，因此如果有风的话，让原木放置的方向与风向保持一致，这样能为火堆提供更多的空气，有利于燃烧。

在原木之间搭建一个圆锥形的火堆。在火堆

燃起之后，可以添加较粗大的木头，燃烧之后就会剩下大量的炭火，非常适合做饭。

从现在开始，需注意的就是一直保证火堆中有一定数量的炭火。可以每次添一根木头，这样木头很容易被烧着，烧完之后再添加第二根。

做饭用的火堆还有很多其他用途，如烤胶、去除云杉树根皮等。你可以充分利用它，否则白天的时候，要完成这些事情还需要重新点火。

做饭需要的工具

除了防火的容器之外，你还需要一些工具来将做好饭的容器从火堆上取下来。应该在做饭之前就制作好这些工具。最有用的工具就是钳子。当然根据不同的炊具制作不同的工具也很重要。尽量给能装手柄的容器装上手柄。

↑ 将鱼破开平摊在滚烫的岩石上，或者放在火堆旁的木头上。

□搭建做饭用的火堆

1.挖一个浅的火坑，以集中炭火，火坑的大小应不超过做饭容器的大小。

2.将火坑底部用树皮或者石块进行铺垫，如果用石块，一定要确保它们是干燥的。

3.将两根粗的圆木分别放在火坑两侧，之间的距离要小，必须确保能放置做饭的容器。

4.折断一些用来引火的材料，并在火坑中间将它们堆成圆锥形。

5.在火堆的一侧留出一定的空间用于放置火绒。

6.在火堆的另一侧添加稍粗的树枝，这时候的火堆看上去是一个坡形。

7.如果可能，还可以添一些更粗的木头，但是注意不要将火堆压塌。

8.将火堆点燃后，可能需要扇风让其燃烧。

9.在火堆点燃之后，在刚才留空处放火绒并添加木头。

10.在火堆充分燃烧之后，添加较大的木头，保证火堆中产生一定量的炭火。

11.继续添加燃料约半个小时，就会有大量的炭火可供做饭了。

12.在炭火形成之后，还可以继续添加柴火，这样就会产生新的炭火。

利用烧热的石头做饭

除了在火中或者火上做饭，还可以利用另外的方式。烧热的石头就能够用来做饭。需要找一些大块的光滑的石头，然后将它们放进火堆中烧，直到烧得通红才取出使用。

正确选择石头

千万不能选择那些小溪里、沼泽地里或者被水浸泡过的石头。尽量从高地上选，因为那种地方的石头没有吸收太多水分。被水浸泡过的石头在被加热的时候容易爆炸。那些从高地上捡来的由于下雨看上去潮湿的石头是可以用的，但是即便如此，在第一次烧这些石头的时候，也最好与火堆保持一定的距离以保证安全。

烧水

这种烧热的石头最有效的用法就是烧水。你可以用它们烧开装在诸如木碗或者动物膀胱这种放在火上直接烧会被烧坏的容器中的水。几块拳头大小的石头就能轻易地将几升水烧开。如果有必要，还可以再放进几块烧热的石头，让水持续沸腾。

烹饪食物

如果可以找到大的平整的石头，将其放在火堆上烧，直到烧热，你完全可以把它当作平底锅或者煎锅来使用。如果你有油或者动物脂肪防止食物粘在石头上的话，用这种方法更好。这种方法还可以用来煎或者烤面包。

如果有两块这样的平板石头，你还可以用它们烹饪鱼或肉之类的食物。将食物夹在两块石头之间，这样烹饪食物不仅味道好，而且熟的速度也快。

取暖

做完饭之后，还可以用这些石头来取暖。你可以将它们放进住所内，让整个空间保持温暖，也可以将它们作为个人取暖设备（但是不要把它们烧得过烫）。

□加热石头烧水

1. 收集干燥的石头，置入火中，确保它们被放在火堆中温度最高的地方。

2. 继续给火堆添加木材，并正常使用火堆，当石头开始发红就可以用了。

3. 用制作的钳子将石头夹出，并小心地放入水中，水会很快产生气泡。

4. 如果需要烧开的水很多，或者需要保持水持续沸腾，就添加更多烧热的石头，搅动水能够使其更均衡地吸收石头的热量。

在土坑中烹饪食物

在土坑中利用烧热的石头可以烹饪食物。你只需要将食物放进土坑中，让石头的热量自动对其进行长时间烹饪，当你晚上返回的时候就可以享受到美味的食物了。土坑深度为 30 ～ 60 厘米，将烧热的石头放进土坑底部。等待一段时间，让石头将土坑烘干，这样能避免食物带有泥土味。

一旦土坑烘干之后，在石头上方铺上一层厚厚（约 20 厘米）的青草或者可食用的树叶，然后将准备烹饪的食物放进去，再盖上一层青草或者树叶，最后用泥土将坑全部埋上。然后你需要做的事情就是等待，几个小时之后将坑挖开，取出食物。如果你放置的石头足够热，食物就能烧熟。至于需要多少石头和多长时间能将食物做熟，还要多进行试验。

□在土坑中烹饪食物

1. 收集大量没有被水泡过的石头，将它们放进火堆中加热。

2. 挖一个深度在 60 厘米左右的土坑，其宽度取决于你要烹饪的食物的量。

3. 当石头被充分加热之后，将它们夹进挖好的土坑底部，石头越多越好。

4. 等待一段时间，让石头将土坑烘干，然后在石头上铺一层树叶，以防止石头把食物烧焦。

5. 将食物包进可食用的树叶内，再将包好的食物放进坑内，大块的食物不需要用树叶包裹。

6. 石头的热量将会升上来加热食物。

7. 用可食用的树叶或者青草盖住食物，覆盖一层树皮同样也能避免泥土弄脏食物。

8. 用泥土将坑全部填上，用某种方式作记号，提醒自己土坑的位置。

9. 让食物保持这种烹饪状态 3 ～ 7 个小时（时间长短与食物大小有关），然后小心地挖开土坑，就可以享用美食了。

第5章
野外取水技能

即使在理想状态下，如果没有水，人类也只能生存 3 ～ 4 天的时间，如果在从事体力劳动或者面临高温情况下，时间还可能更短。因此一旦搭建好住所后，必须确保自己能够找到淡水水源。这说起来简单，但做起来难。如果没有现代化的滤水装置，还需要将水烧开以进行净化（相应地，这又突出了野外生存中火的重要性）。在野外环境下，水的净化可能是最让人头痛的问题，但又是最基本的问题，否则就可能出现由于饮用不洁水导致出现其他不利局面，使我们成为水传播疾病或者化学污染的受害者，因为很多水源都受到了污染。

水的重要性

人体的 60% ～ 70% 是由水构成的，大脑约 85% 是水。这就意味着人体平均含有 50 ～ 60 升的水。因此，水对于生存来说显然非常重要。每天我们都需要补充一定量的水，因为从食物中，我们不能获得足够的水分。很多身体功能失调都是由于缺水，或者由饮用水含有微生物或受到化学污染引起的。

在温和的气候条件下，为了维持身体的各项功能，平均每个人每天需要摄入 2 升的水。在高温或者从事高强度劳动情况下，平均每个人每天需要摄入 3 升的水。

延缓水流失

如果不能立即获得水，或者水量有限，降低水流失速度非常重要，这样也可以相应减少水分补充。

人在温和气候条件下从事剧烈运动，每小时以出汗的方式将排出 1.5 升的体液。如果在高温情况下从事剧烈运动，必将失去更多水分。在温和气候条件下，人在休息状态每小时也能排出 1 升的水。这就意味着，只要减少出汗，就能有效减少体液的流失。

在野外生存，你可能没有别的选择而不得不辛勤劳作以满足自己的日常所需，这就有可能导致出汗。但是，也有一些方式能够帮助你减少身体水分的流失。

首先需要的就是掌握野外生存所需的所有技能。例如学会在 30 秒内用弓弦钻取火就比花 30 分钟取火节省大量的精力，从而减少大量的水分流失。学会如何快速地收集所需的材料，这样也能减少身体水分的流失。

第二种有效减少身体水分流失的方式就是尽量在一天当中最凉快的时候从事那些可能需要体力劳动的工作。在一些极其高温的环境下，需要晚上干活，白天休息。

第三种方式就是避免在热的时候脱掉衣服。相反的，在有些情况下可能还需要添加衣服来降温。其中一个最好的例子就是沙漠地区的游牧民，他们经常将自己从头到脚宽松地披上好几层衣服来保持凉爽。在头上戴一块头巾或者其他头饰来遮挡阳光也是一个很好的例子。

呼吸也能让大量水分流失。因此，保持身体内部温度和减少活动也能减少以这种方式流失的水分。另一种减少呼吸导致的水分流失就是用鼻子而不是用嘴来呼吸。这一点看起来可能无关紧要，但是在野外生存条件下，注意这种极小的差异可能导致完全不同的结果。

消化食物的时候也需要水，因此在缺水的情况下，尽可能地减少食物的摄入。同时对喝的东西也要加以注意。不要饮酒，因为分解酒精需要大量的水，分解酒精需要的水甚至比添加在酒类饮品中的水还要多。另外，在缺水情况下咖啡也应该避免，因为咖啡有利尿的功效。

□水源标志

↑ 在干旱季节，往往看不见河流的，但是它们可能会在地面下流动。地面上的植物带能够提示你它们的位置。

↑ 通常在峡谷谷底的地面下会存有水。但是这种情况下，植物就不一定能够作为判断是否有水的标准了。

↑ 粗大的植物往往会生长在距离水源相对较远的地方，但是地面的青草表明水源就在地面下方。

水的分配

很多人都认为，在缺水情况下，应该将水像分配食物一样进行分配，这其实是一种常见的误区。千万不要这么做。这种节水方式的负面影响往往远远超过其正面效果。很多时候，脱水能够很快将人击垮，快得都让人不能察觉。脱水时，很容易在没有任何征兆的情况下出现昏厥。很多真实的案例就说明了这一点，在一些事故中，由于脱水而死亡的人身旁往往还有一整瓶水。因此，即使在水量有限的情况下，也要与平常一样饮水。但是也不要狂饮，而是啜饮。如果在脱水情况下发现水源，要切忌狂饮，一定要让身体慢慢地补充水分，否则可能造成胃部痉挛，导致呕吐而失去更多的水分。

保证饮水安全

补给水的方式有很多种，但是最理想的就是寻找干净的、新鲜的、流动的水。收集水是其中的第一个步骤，你可能需要人工制造的或者天然的容器。你往往还需要对水进行过滤和净化，但是从最干净的水源里取水是个好主意。

□正确储水

1. 如果有一定量的水可以储备，应该在避免阳光照射的地方保存，避免水分蒸发。

2. 将水袋吊在树下能够保持水的清凉，每次喝多少取多少，避免浪费。

寻找目标

寻找那些流速相对较快、岸边生长有茂盛植物的江河溪流。一般情况下，静止的水塘中更容易滋生和繁殖细菌和病毒，而流动较快的水中不太容易有这类细菌和病毒存在。

检测水质的一个方法就是观察是否有大量动物前来饮水。但是这种方法并不十分可靠，因为很多野生动物已经对水中某些致病性细菌和病毒产生了一定的抗体，但这些细菌和病毒在人体中可能会导致严重的疾病。观察当地居民的饮水情况也是同样的道理。在很多情况下，当地人一辈子都在饮用这种水，外来者喝了却会生病。

当发现一个看似很好的干净的水源的时候，尽量往其上游走进行检查，看是否有动物尸体或残骸或者其他的污染物，以确定水源是否干净。

↑ 除非你完全确定水是清洁的，否则不要直接饮用溪流中的水。

饮用水中存在的危险

饮用不干净的水可能引起的常见疾病包括霍乱、甲型肝炎和贾第鞭毛虫病。

霍乱是一种相对轻微的疾病。这是一种细菌感染疾病，主要会导致腹泻，通过持续饮用干净水补充身体水分能够治愈（如果继续饮用受污染的水将导致病情持续恶化）。大约20位受感染的病人中才有一位会出现水腹泻、呕吐和腿抽筋的严重症状。在这类人群中，身体水分的快速缺失通常会导致身体脱水和休克。如果得不到救治，几小时后有可能死亡，这种病人需要进行静脉注射以补充水分。

甲型肝炎是一种比较严重的疾病，是由于肝脏被滤过性病毒感染而引起。其症状并不一定非常明显，但通常能持续长达2个月的时间，其中包括发热、疲劳、没有胃口、恶心、腹部不适、尿液发黄、黄疸（皮肤和眼睛变黄）。通常老年人比小孩更容易受到感染而患上该疾病。所幸的是，这种疾病并不威胁生命，但是通常需要进行治疗。一旦治愈，身体里将出现抗体，能防止再度感染该疾病。

贾第鞭毛虫病是一种由肠道寄生单细胞微型寄生虫引起的疾病，可能由于饮用了被下水道污染的水而引起。这种寄生虫有坚硬的外壳，在体

↑ 将非洲热带大草原上出现的水坑当作水源可能是危险的，因为这种水坑也能吸引大量危险的动物前来饮水。

↑ 有动物饮用的水源并不一定表明人类也能饮用。许多动物对某些可能导致人类生病的细菌和病毒具有免疫力。

↑ 一些水井有提水的机械装置，而另外一些水井必须手动将水提上来。千万不能在水井附近进行清洗，那样可能会污染水井。

□ 收集水

↑ 最常用的取水方式就是用手捧着从溪流中直接喝。但是只有在彻底保证水的安全性的情况下才能如此。

↑ 如果拥有大量容器，下雨的时候可以收集雨水。即使雨水受到了轻微的化学污染，也可以不必净化。

↑ 如果有防水油布或者雨布，将布的四个角绑在立起的柱子上，在布的中央放一块重物让布接水，将布的一侧放低，让水顺着流进容器中。

外也能存活相当长一段时间。贾第鞭毛虫病是当前最常见的水传染疾病之一。感染之后能引起一系列肠道系统症状，包括腹泻、大便多油脂（差不多能漂浮）、胃痉挛、恶心等。症状会持续2～6周，或者更长时间。但是也有感染贾第鞭毛虫病不出现任何症状的情况。该疾病的诊疗方式通常是减轻症状，将寄生虫从体内驱除。

对水进行净化

如果发现有动物饮水的地方，水流速度相当快，水是清凉的，在其上游也没有发现动物尸体，你就可以推断，这水是相对干净的。但是即便如此，在饮用之前也要进行净化，因为等到发现细菌和病毒的时候，往往为时已晚。

检查化学污染物

即使水里面没有细菌和病毒，水源也可能受到化学物质的污染。降低饮用化学污染水的概率的唯一有效途径就是沿着河道一直往上游走进行检查，或者仔细检查水中及水边植物的生长情况。

经常在头脑中想到这样的问题，首先，水中是否有藻类？没有藻类可能是坏的迹象，但是如果藻类太多也可能不怎么好，因为某些藻类在磷酸盐等环境下能够大量繁殖。其次，水源周围的植物生长得是否健康？通常情况下，一旦水被化学物污染，就会严重影响污染区域的植物生长。还有一个问题就是：溪流中是否有很多健康的鱼类？

水被化学污染之后的问题是，很多污染物并不能通过烧开被净化掉。利用木炭或者其他的过滤设施过滤也不能完全将化学污染物滤净。因此，如果对水是否受到化学污染存在疑问，最好的办法就是寻找另外的水源。

自然水资源

在绝大多数地区，找到满足自己需要的水量是相对容易的事情。在温和的气候条件下，通常会有大量的江河和溪流可以供取水。但是，如果发现身边没有河道或者河床已经干涸，你就必须学会如何寻找另外的水资源了。

寻找天然水

下雨之后，可以在诸如石洞这样的天然的地方找到水。一般情况下，这种水必须在下雨之后尽快利用，因为时间长了之后，它就成了滋生细菌和病毒最好的温床。

天然的水储备往往在不平的地面上，尤其是岩石表面的坑中。这种水通常情况下都是安全的，但是即便如此也不要忽视对水的处理，以防水受到了某种形式的污染。

应该尽可能多地从这种天然的地方收集水，因为它们可能就只存在一两天的时间，有时甚至几个小时之后就会消失。

收集晨露

即使是在没有下雨的情况下，晚上气温的变化也可能将空气中的水蒸气浓缩成露水附着在地面物体上。在早上，你可以将植物和岩石上的露水用吸水性能好的毛巾或布料收集起来，然后将水拧出来放进容器里。

澳大利亚土著居民发明的一种非常成功的方式就是将吸水性好的材料绑在腿上，然后在有露水或者雨水的草地上行走。用这种方式能够收集到大量的水。

↑ 在图中这样的小溪流中能够找到水，但是一定要检查是否有明显的污染物，以确定其是否可以饮用。

雨水

饮用水的最好资源就是雨水，因为它们没有受到细菌和病毒的污染。但是，在高工业化的地区，雨水中可能含有一定的化学污染物。

雨水也能通过像收集晨露那样的方式收集，但是如果正在下雨，而你又有大量的容器，你完全可以将它们放在地上接雨。

从植物中取水

在丛林中，一种常用的取水方式就是从富含水的植物藤蔓中抽取。这种藤蔓很容易辨认，其直径为 7.5 ～ 15 厘米。只需要砍一段 1 米的藤蔓就可以取水了。如果从这种藤条得到的液体是浑浊的或者有苦味的，那就是找错了物种，这种液体是不能喝的。从藤蔓中取出的液体应该是无味的或者有水果味。此法的缺点就是这种液体不能被保存；还有一些藤蔓对皮肤有刺激性，因此最好用容器收集液体，而不要直接就着藤蔓用嘴喝。

在澳大利亚，水树、沙漠橡树和红木树的根部都靠近地表，很容易挖出来。将树根去皮，吮吸汁液，或者将根碾碎，然后挤出汁液。新鲜竹子也是取水的好原料。将竹子弯下来绑定，然后砍掉其顶部，将容器放在竹子被砍掉部位的下方，过几个小时容器中就能得到大量的清水了。

在沙漠地区，各种仙人掌都含有大量的水分。将仙人掌的顶端砍掉，将肉质捣碎，就可以将其中的水分吸掉。即使这种仙人掌不可以食用，其中的水分也同样可以吸食。但是，你需要有一把大砍刀之类的工具，否则就不能避开仙人

□收集露水

1. 棉制的吸水性能好的布料可以用来收集露水，将它们绑在脚踝处。

2. 在长满高草或者其他植物的地方随意走动，让绑在脚踝上的布充分吸收露水。

3. 将布中的水拧进容器中。尽管露水看起来很干净，不含污染物，也不要忘了进行过滤。

□ 储水植物

↑ 桦树叶可以直接从树干上割取，或者将其放在水中煮，煮后得到的液体会有一股类似枫树糖浆的味道。

↑ 饮用流动缓慢的溪水往往是危险的，因为流动缓慢的水里更容易滋生细菌和病毒。

↑ 从很多树木的果实中也能获得水分，即使未成熟的椰子里面也含有大量的可饮用的水。

↑ 这种罐状植物的"罐子"里一般都有可以饮用的水，但要注意里面是否有昆虫。饮用之前要进行过滤和消毒。

↑ 像芦荟和龙舌兰这样肉质比较丰富的沙漠植物含有大量的水分。将它们新鲜的叶子取下来能够获得水分。

↑ 仙人掌长有大量的刺，但是它们的肉质里含有大量的水分。

掌上的刺来接近其中的肉质了，或者很有可能会把整个仙人掌弄死。

过滤和净化水

无论得到什么样的水，最好先进行净化，因为不能确定这些水流经过哪些地方、里面都含有些什么物质。

如果水里含有枯枝落叶或者其他较大的杂质，首先需要过滤。这样的话，你就需要制作一个过滤器。取一段掏空的圆木，在中间放上青草，用来过滤水，这样能够有效地去除水中的较大杂质。如果有袜子，你就可以做一个更好的过滤器。在袜子里塞上青草，如果有沙子的话更好，首先装最细小的沙子，然后是稍粗的直到装满袜子。

将装沙的袜子吊在容器的上方，把需要过滤的水倒进袜子里，让水慢慢渗漏进容器里。

将水烧开

过滤之后的水看上去可能很干净，但是还不足以安全到可以直接饮用。为了净化水，需要将其烧开，除非你有现代化的滤水设备或者净水剂。

水烧开的时间根据细菌的存活时间而定。最好是将水烧开 15 ~ 20 分钟，就比较安全了。这时间听起来可能比较长，但总比冒险喝下还没有完全被净化的水要好。

使用净水剂

现代化的净水方式包括使用净水剂，如家用漂白剂、碘、净水药片等。现代化的滤水设备能很好地将水进行过滤。各种净水剂的使用方式如下：

漂白剂 将 10 滴家用漂白剂加入 4.5 升的水

↑ 在净化水之前先用装满沙子的袜子对其中的杂质进行过滤。最好的方式是在底部装上细小的沙子，然后再装较大的沙子。

中，充分混合。然后静置30分钟。如果水中含有一股轻微的氯味，则说明水可以饮用了。

碘　使用方法与漂白剂大致相同。

净水药片　按照使用说明做就可以了。这种药片会让水有一股漂白剂的味道，但是饮用还是很安全的。

在使用这些净水剂的时候，一定要确保净水剂与水充分混合，保证不漏掉任何可能存在的细菌。细菌尤其容易藏在容器的螺旋形部位。

用以上方法净化水可能存在的问题是，如果长时间饮用这种水可能会让你觉得不适。很多净水剂的生产商都会建议使用者不要连续使用它们的产品超过几周的时间。当然，这些药剂最终都会完全排出体外，所以在找到清洁的饮用水，或者不得不使用更原始的方法对水进行净化之前，还是尽量用净水剂吧。

使用现代化的过滤器

第二种选择就是使用现代化的过滤器。需要长时间净化大量水的时候使用过滤器是一种非常理想的净水方式。市场有各种各样的过滤器，其中一些非常小巧，完全可以装进口袋。

过滤器在很多情况下都适用。但是要确保它能够去除化学物质和细菌病毒，因为很多过滤器都只能滤除一种污染物质。应该仔细阅读过滤器使用说明，有些过滤器需要定期用碘酒或者其他消毒水进行清洁。有些过滤器有使用寿命，也就是说在过滤器失效之前，只能净化一定数量的

水。如果出现了这种情况，你又不得不回到原始的烧开净化水的方式了。

□过滤水

1. 将一块干的木头用火烧一个洞，但不要烧太大，用来过滤水中漂浮的杂质。

2. 在洞中填满青草就是一个简易的滤水器，可以将水中较大的杂质滤除。另外，木头中剩余的炭也有过滤水的功能。

3. 将水从过滤器上方倒入，在下面放一个容器接住过滤后的水。过滤后的水必须要进行净化。

□保持水的自然味道

1. 在水被烧开 15 ～ 20 分钟进行净化之后，它就已经失去了自然的味道。这种水完全可以饮用，但是毫无味道。

2. 在烧开的水中添加少量木炭就能够大大改善水的味道。在添加木炭之后需要将水静置一段时间。

3. 还有一种方式就是用吸管向水中吹气，也可以将水从一个容器倒进另一个容器，反复几次。

□海水淡化

1. 在只有海水的情况下，就只能通过蒸馏的方式获得饮用水了。用防火的容器装上海水烧开。

2. 在容器上方放一块干净的布，让其充分吸收水蒸气。如果没有布，可以用苔藓代替。

3. 不时地将布料或者苔藓拧干，将拧出来的水装在另一个容器中。这种水是干净的，晾凉之后可以直接饮用。

寻找和处理水的其他方式

即使在最荒凉且明显干旱的地方也能够找到水。

路径

在沙漠中，跟踪当地的野生动物寻找水源的方法值得一试。但是一定要记住，某些沙漠动物并不喝水，而是从它们的食物中获得足够的水分。

在沙漠地区的居民中流传着一句名言："走已经存在的路总比开辟一条新路要明智"。人和动物通常走同样的路，这些路往往弯弯曲曲，在整个大地上延伸。如果你在沙漠中遇到这样一条经常被人或动物走的路，一定要沿着它走下去。不要为了避开那些拐弯而走直线。因为人或动物经常走的这些路上障碍最少，而且经常是从一个阴凉处到另一个阴凉处，从一个水源到另一个水源。

地下水

在干旱地区，你需要寻找能够挖出水的干枯的河床或者峡谷。任何植物都能给你指示出正确的方向。你首先遇到的可能是距离水源最远的带刺的荆棘，当看到青草样的植物的时候，你可能就已经接近地下水源了。在沙漠中，植物带可能是有地下水的唯一标志，这表明水就在地下。如果水很难获取，可以用过滤型吸管取水。在紧急情况下，这种很小很轻便的装置将能够在你吸水的同时帮你进行水过滤和净化。

在一些沙漠地区，当地土著居民建立了大型的水利设施来保存雨水。例如在以色列的内盖夫沙漠，很多地方都在岩石中开凿了下山的管道收集雨水，将它们导流到深水池中。这些设施非常有效，能够保证水池中常年有水。当你在有这种

□利用阳光蒸馏器

1. 可以利用阳光蒸馏器对水进行蒸馏或净化。挖一个宽约60厘米、深约60厘米的坑。(尽量不要在沙漠中利用阳光蒸馏器进行取水，因为这需要付出很多努力而且收获也小。)

2. 将一个空的容器放置在坑的中间部位。找一根塑料管子，至少60～90厘米长，可以将其一端放置容器里，另一端放置在坑外。

3. 将找到的水(无论什么样的水)或者植物放在准备接水的容器旁边。将干净的塑料布铺在坑上，用沙子盖住塑料布边缘，并在塑料布中央、容器的上方加一个重物，让塑料布上凝结的水珠掉进容器。

□利用过滤型吸管

1. 如果找到一个干涸的河道，可以直接向下挖，并用过滤型吸管直接喝水。

2. 如果有过滤型吸管，完全可以在那种无法直接取水的水源中喝水。

3. 在喝水之前，一定要将水面上的杂质去除干净，否则可能堵塞吸管。

设施的沙漠中处于危险状况的时候，你可以直接寻找这样的水池。

液化水

在温度很高的情况下，如果有大量植物，可以使用这种简单的取水方法，将一个透明塑料袋套在一根带有大量树叶的树枝上。确保选择的树是无毒的，因为毒素有可能会存在于水内。将塑料袋的一角朝下，让水不至于从袋口溢出。

只需一天的时间，就能从塑料袋内得到相当数量的水。记住定期更换被绑的树枝，否则叶子干燥之后就不能取水了。在太阳底下用这种方式取水比在阴凉的地方效果更好。

用这种方式获取的水是绝对干净的，不需要净化就可以安全饮用，即使里面可能含有从树枝上掉下来的杂质，也只需要进行简单的过滤即可。

冰雪融水

在极地地区，水的主要来源就是身边的雪和冰。雪总是与雨水一样干净(或者脏，也就是说它可能含有化学成分，但没有细菌)。但是如果雪已经在地面上积聚一定时间之后，它就可能受到环境的污染。"不要食用发黄的雪"这种说法还是有科学根据的。

在食用之前应该把雪提前融化，如果让雪在口中甚至胃中进行融化的话，会消耗掉身体大量的能量。这可能不仅让你失去至关重要的热量，也有可能因为不能有效吸收足够的水而导致脱水。

冰与雪一样需要提前融化，也是水的极好来源。在极地地区，一个大的问题就是，很多冰都是由海水冻成的。不透明或者呈灰色的冰通常都是由海水冻成。呈淡蓝色晶体状的冰可能含有少量盐。海水冰块融化的水需要进行蒸馏之后才能饮用。

千万不要忘记，冰并不一定洁净，这种用冰融化的水通常需要净化。很多细菌和病毒在冰冻状态下也能够存活很多年。

第6章
野外觅食技能

在野外生存的时候，你会立即发现，平时在现代城市环境中你把很多东西都当成了理所当然。日常所需的食物在家可能不费什么周折就能得到，但是此时，给自己寻找足够的食物成了一件非常辛苦的事情，可能会花费掉大半天时间。有了几天在野外寻找食物的经历之后你将会更加珍惜食物。你还会注意到的变化就是你将改变自己的口味。你已经习惯了买来的食物的味道，所以需要花费几天的时间来习惯从野外免费获取的食物。不过当你为了生存而吃东西的时候，你将迅速学会"欣赏"新找到的食物。

生存所需的营养

食物就是身体的燃料。它不仅提供身体工作所需的能量，也产生维持体温所需的热量。食物还提供制造和修复细胞所需的材料。

像徒步旅行和攀爬这样的活动会消耗大量的能量。如果能量没有得到定期的补充，身体就开始使用体内以脂肪形式存在的能量储备。无论身体中这种脂肪储备有多少，如果得不到及时补充，这种能量储备也将最终用光。如果能量补充跟不上，身体将不能释放更多能量，因为它要竭力维持身体重要器官的能量供应。当所有能量储备都已经耗光的时候，死亡也就来临了。

热量

身体所需热量的衡量尺度是焦耳。焦耳是热量的单位。因为焦耳是一个非常小的热量单位，所以人们经常使用"千焦"来表示所需的食物量。

每天所需的食物量根据年龄、性别和所消耗的热量的不同而不同。在中等劳动强度下，女性平均每天所需的食物热量是 6280 千焦，男性的平均量是 7500 千焦。但是在野外生存条件下，由于所从事劳动强度大（如搭建窝棚），或者极度严寒，需保持体温，此时需要的能量可能达到16700 ~ 21000 千焦。富含碳水化合物的食物，如水果、蔬菜和谷物通常能够提供大量身体所需的能量。

维生素

身体需要定期补充某些有机物质，一般统称为维生素，这对于将食物进行化学分解并吸收以及维持细胞的化学变化非常重要。维生素不足导致的疾病包括坏血病（缺乏维生素 C）和糙皮病

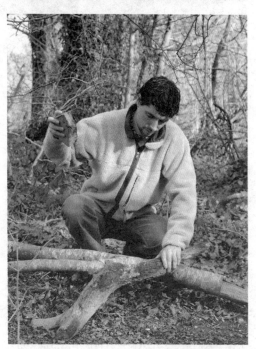

↑ 在野外生存条件下，你将不得不从事大量的劳动来维持生活，因此需要寻找大量营养丰富的食物来补充身体的能量。

（由于缺乏维生素 B₃ 导致的神经系统功能紊乱）。

维生素可以分为两大类。一种是水溶性维生素，如维生素 B 和维生素 C，这种维生素不能在身体里储存，每天都需要补充。另一种是脂溶性维生素，如维生素 A，维生素 D，维生素 E 和维生素 K。这种维生素能够在身体里储存一段时间，尽管它们不需要每天摄取，但也需要进行定期补充。

与其他营养元素一样，绝大多数维生素都能从包含水果、蔬菜、肉类、谷物和奶制品的均衡饮食中获取。但是在野外环境下，这种均衡饮食很难得到保障，因为你可能不能长期摄取肉类、谷物和奶制品，而且作为维生素最主要来源的水果也只是季节性的。身体自己能合成的唯一的维生素就是维生素 D（维生素 D 在阳光直射时能在皮肤下产生），它对于钙的吸收非常重要。

纤维素

日常饮食中的谷物类制品如面包和麦片等提供身体所需的纤维素，也就是纤维。身体不能对纤维素进行分解，因此它没有任何营养价值，在身体里停留一段时间之后以粪便的形式被排出体外。但是，它却能帮助食物消化，因此也是日常饮食的重要组成部分。身体缺乏纤维素将导致新陈代谢缓慢，形成便秘。所以，如果没有谷物类食物，也需要食用大量同样富含纤维素的蔬菜和水果来代替。

蛋白质和钙

身体大约需要 20 种不同的氨基酸来制造从食物中不能获取的蛋白质。其中，12 种氨基酸由身体自己制造，另外 8 种必须从食物中获取。像肉类、鱼类、蛋类和奶类的食物都被称为完全蛋白质，因为其中含有这 8 种我们身体必需的氨基酸。

奶制品是现代日常饮食的重要组成部分，因为它们不仅能够提供完全蛋白质，还能提供钙。但是，奶制品也是野外生存条件下最不容易获取的食物。不过单就钙来说还可以从水中获取。

野外生存中保持均衡饮食

在野外生存条件下，如果没有谷物和奶制品，"均衡"的饮食就需要将每天蔬菜或者水果的摄入量调整为 11 ~ 12 份，将诸如肉类和鱼类这样富含蛋白质的食物的量调整为 4 ~ 6 份。如果能有机会获取谷物，还是要摄入一定量的谷物类食品。

非常明显，这样的饮食将很快让人感到厌烦，因此学会尽可能辨认所在区域可以食用的动植物，将能够保证你有一个更多样化的饮食结构。也应该抓住一切机会收集像水果这样季节性的食物。秋天的时候，要抽出尽可能多的时间来收集像浆果这样的水果，将它们制作成果酱或者晾干，以备冬用。

在收集可食用植物的时候，如果发现野兔等动物，记住它们洞穴的位置。想好在什么地方设陷阱，如在它们觅食、睡觉或者喝水的地方或路上。在傍晚或者早上的时候设陷阱是最好的时机。

↑ 在地面上没有足够食物的时候，就需要寻找地面下的食物来维持生存。像山药这样的根茎植物能够提供基本的营养。

↑ 尽管蝗虫能够破坏许多植物，但是它们也能救命，你可以将它当成理想的食物。

↑ 香蕉是热带地区常用的食物。生吃、加工后再吃均可。

可食用的植物

野外生存的均衡饮食中几乎有 1/3 来自蔬菜和水果，因此学会尽可能多地辨认可食用植物将大大提高生存的机会，还必须学会辨认植物各个不同时期，因为很多植物在一年当中的不同时期会呈现不同的样子。例如，在长期野外生存情况下，必须学会辨认什么树在什么时候结果。

有些树会在冬天的时候完全消失，除了其树根。当其他食物很少的时候，这种树根可能就能提供身体所需的营养。鉴于这种情况，很有必要在夏天当这种树还在生长的时候就对其位置做好标记，或者对其生长的区域进行标记，这样到了冬天如果需要的话，就可以进行挖掘。

尝试

80% 的植物都是可食用的，另外还有一小部分尽管无毒也是不可食用的，而剩下的就是非常危险的。但是，在没有其他选择的情况下，还是可以尝试一下。

在尝试之前，确保之前 8 小时内没有进食任何东西。将植物的叶子、茎、根、芽和花分开，每次只尝试其中的一部分。

首先闻一闻植物的味道。如果味道浓烈或者呈酸味，就不要食用。

将植物的一部分涂在皮肤上约 15 分钟（肘部最好）。如果皮肤没有反应，就准备用某种方式进行烹饪（最好是水煮）。

当植物煮好后，先将少量放在嘴唇上等待几分钟，如果没有出现发痒或者灼热的感觉，再

↑ 很多人都知道像黑莓或者酸果蔓这样的浆果可以食用，其实这些植物其他的部位，如叶子，也可以食用。

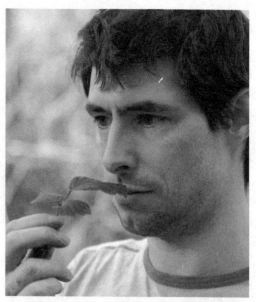

↑ 并不建议进行尝试，但是在某些紧急情况下，进行尝试也是找到可食用植物的唯一途径，有必要冒这个险。

将其放在舌头底下大约 15 分钟。如果没有出现发痒或者灼热的感觉，再将其放在口中 15 分钟。如果还是没有过敏反应，就可以将其吞下。

收集植物

无论什么时候收集植物或者无论收集什么样的植物，都要谨记如下要点：

• 植物应该是干净的，并且生长在一个看上去清洁的地方。不要选择生长在大道边、采石场附近或者其他受到污染地方的植物。

• 某种植物的采集不要超过当地总量的 1/3，以防该物种绝种，同时还能保证在紧急情况下有备用。

• 在摘取茎叶的时候，尽量选最嫩的，一般来说它们更利于消化。

• 选择没有被其他昆虫和动物啃食过的树叶，应尽量找到最好的树叶。

• 避免不小心采摘生长在可食用植物旁边的其他物种。

• 无论以什么植物为食，首先都要少量进食，因为各人对不同植物的反应是不一样的，有可能你所选的物种并不适合你。

然后需要做的事情就是等待 8 小时，看是否感觉正常。如果感觉不舒服或者出现肚子痛，一定要立即采取措施将胃里的东西呕吐出来，然

↑ 注意只摘取目标植物的叶子，因为稍不留心就可能摘到长在旁边的其他物种，它们有可能是有毒的。 ↑ 就像在市场上挑选蔬菜一样，尽量选择那些又嫩又新鲜的叶子，而避开那些被其他昆虫或者动物吃过的叶子。 ↑ 在温带地区的夏秋季节，像黑莓这样的浆果到处能找到。

后喝下大量水。如果一切正常，就可以食用更多了，然后还需要等待 8 小时，如果还是没有剧烈反应，那就可以放心食用了。

尝试可能存在的问题就是，某些植物的一片叶子可能就会让你感觉非常难受，而另外一些植物少量食用也许是安全的，尽管它们也可能带有毒素。这种毒素会在体内堆积，经过一段时间的积累，当毒素达到一定量的时候可能会让你感到非常难受。这也就是为什么除非别无选择的时候才进行尝试的原因。

在逐步摸索的过程中，你的前几顿食物肯定会非常"乏味"，但是随着经验的积累和对植物知识的增加，你会迅速在"野外厨房"中做出味道更好的食物。

可食用的动物

几乎没有动物不能食用。但在野外情况下，为了安全起见，尽量把肉类和鱼类彻底做熟之后再食用，因为这样可以杀灭肉质里的细菌、寄生虫和其他有害微生物。

鱼和贝类

如果有时间和精力制作一些简单的钓鱼工具或者捕鱼陷阱，而且附近刚好有水流，钓（捕）鱼是一种很好的获取食物的方式。水中通常都有大量的鱼类，而且所有的淡水鱼都是可以食用的。

如果在海边，应该在那些由于潮汐形成的水洼或者湿沙里寻找可以食用的海生物。海边的

岩石或者伸入水里的礁石上往往都有贝类。贝类必须是鲜活的才能食用，而且应该在彻底做熟之后马上食用。冬天的时候在热带地区不要食用贝类，因为它们可能有毒，而且也不要在被污染的水域里捕鱼。

小型哺乳动物

如果不能捕鱼，你就必须考虑捕捉诸如松鼠和野兔这样的小动物了。野兔在全世界范围内都存在，而且也是一种相对比较容易捕捉的动物，只需要在它的洞穴附近或者其活动的区域设陷阱就可以了。如果能制造一些打猎工具，如抛掷棒，就可能捕获一些像鹿这种较大的动物了。捕猎野生哺乳动物唯一值得注意的就是当它们受伤之后可能对你构成威胁。一般情况下，几乎所有的哺乳动物在被追赶到某个角落或者为了保护幼崽都会进行疯狂的反抗。

↑ 只要彻底煮熟，蜗牛是可以食用的，它们富含钙、镁和维生素 C。

□去鱼内脏和骨

1. 从鱼肛门处插进刀子或者锋利的石头，顺势上拉，直到鳃部，将鱼内脏小心取出。

2. 在紧挨鳃部的位置将肉切开，去头，用手将鱼肉和鱼骨分离。

3. 将鱼头和鱼骨与鱼肉完全分离，鱼头和鱼骨可以熬汤。

打猎需要一系列不同的野外捕猎技巧，包括跟踪、潜近和伪装，这些技巧在接下来的文章会有详细讲解。一定要学会这些技巧，因为在野外生存条件下，你可能不会有猎枪或者现成的弓箭。

尽管绝大多数动物都可以食用，但是并不是所有动物的肉质味道都好或者易于消化。尽量捕杀年幼的动物，因为它们的肉质可能比较嫩。也有部分动物的肉会有一股强烈的异味，不好吃，因此在可能的情况下尽量避免猎杀这类动物，但是一旦已经猎杀，就不要浪费。

昆虫

昆虫也一样可以当作食物。昆虫体重的 70% 左右都是蛋白质，而其他肉类的蛋白质含量只有 20% 左右。但问题是，通过食用昆虫获取蛋白质需要捕捉大量的昆虫。大量的昆虫可以在石头底下或者如烂木头、蚂蚁穴这种昆虫群居的地方找到。

需要提防的昆虫种类就是那些成年的带刺或螯、长毛或者颜色鲜艳的毛虫以及具有刺鼻气味的昆虫。还应该特别注意蜘蛛和那些带有细菌和病毒的昆虫，如虱子、苍蝇和蚊子等。

食用昆虫可能会让很多人觉得恶心。其实食用任何一种倒胃口的东西时，最好的方式就是把它们放进炖菜中，然后努力忘记它们的存在。

搜寻食物

在营地里享用"正常"的一餐，这样的机会不多，你应该充分利用自己的能量，这就意味着你可能需要在寻找食物的时候在路上用餐或者找到食物后立即生吃。尤其是在刚开始的几天，你可能没有太多的时间寻找足够的食物，但这不要紧，只要每天保证足够的水就不用担心。这时候

↑ 绝大多数蛙类都是可食用的，但要避开那些颜色鲜艳的和背部有十字图案的。还要知道绝大多数蟾蜍都是有毒的。

↑ 绝大多数蠕虫（比如蚯蚓）尽管看上去恶心，但基本都是可食用的。食用时将它们放进清水中泡几分钟，然后放进炖菜中即可。

↑ 像松鼠这样的啮齿类动物数量庞大，在制造打猎工具之前，可以成为肉食的主要来源。

可以通过食用荨麻、浆果或者其他易于找到的食物充饥。在一切最基本的生活所需得到满足之后，再考虑花大量时间搜寻合适的食物。当你在周围环境已经巡游了几天后，你就应该对在何处能找到合适的食物有一个全面的认识了。

如果能够找到一个稳定的食物来源，尽量将中午左右的时间定为正餐时间，因为这时候光线充足，便于做饭。这样安排饮食也更有利于保持身体健康。在上午的时候享受一顿丰盛的美餐能够很好地恢复体力，让你精力充沛地度过接下来的一整天。

↑ 鹿休息或者睡觉的地方可能会被使用很长时间，直到季节变化或者这个地方经常受到威胁。

跟踪动物

当你准备猎杀哺乳类动物或者啮齿类动物为肉食的时候，你需要认识到的第一件事情就是它们并不会均匀地分布在整个野外。它们倾向于在能摄取食物的地方、水源和它们的住地之间活动。例如在密林深处，由于缺水、缺光线或者缺食物，就不会有很多动物生活在那个地方。而森林边缘则更可能提供水、光线和住的地方。

"小路"和"小径"

要知道某一个区域居住着什么样的动物，就必须找出它们出没的"小路"和"小径"，这些都是野生动物最明显的标志。"小路"就是很多种动物行走的路线，可能前往水源、食物所在地或者住处，而"小径"是比"小路"小的供某种动物行进的路线。"小径"连接前往其住地的"小路"，有时也连接前往水源或者觅食区的"小路"。"小径"的位置经常改变，有时"小径"也会在一段时间之后变成一条"小路"。可以根据"小径"的宽度来判断是什么样的动物在此活动。

睡觉和觅食区域

另一个能够帮助寻找动物踪迹的标志就是动物睡觉、休息和觅食的区域。物种不同，其睡觉的地方也不一样。很多小动物在洞穴中睡觉，而更大的动物只是在野外睡觉。如果睡觉的区域是在野外，你就可以根据动物躺在地上的轮廓来判断动物的大小。这种动物睡觉的地方往往都是在

矮树丛之间，矮树丛一般会非常密，让掠食者不能通过，即使不这么密，也要能让掠食者不容易发现。在这种地方，动物一般都会有3条或者更多的逃生路线。

而休息的地方一般较少有遮挡物，让动物能够对周围环境进行监测。这种地方一般位于水源和觅食地的附近，但并不经常使用。

不同物种有不同的觅食区域，但是一般都是长满青草的、地上有大量不同的植物的地方。

辨别物种

一旦发现某些痕迹之后，还可以通过观察一些细微的标志缩小在该区域生活的动物物种的范围。通过更仔细的观察，你可能就会在动物活动的"小路"、"小径"、休息区甚至是觅食区发现它们的排泄物。如果它们是有蹄类动物，还会在地上发现被它们踩踏的树根和树枝等（上面会有痕迹）。在觅食区域，可以通过地上青草等植物被啃食的样子来进行判断。例如，兔子吃过的草像用剪刀剪过的，而有蹄类动物吃完草会留下参差不齐的形状。而在动物休息和睡觉的地方，更有可能会发现居住在该区域的动物的毛。

接下来就可以寻找实际的动物脚印，进一步缩小动物的物种范围了。很多时候，可能并不能发现清晰的脚印，而是模糊的轮廓。无论是清晰的脚印还是轮廓都可以与先前得到的有关信息进行综合，这样有利于得出最后的结论。

□辨认动物的脚印

能够辨认动物脚印是一种有用的野外生存技能。其脚印能够显示动物的种类、前往的方向，及其最后经过这条路的时间等这些关键的信息，以便于你决定是进行猎杀还是与它们（如熊和其他大型猫科野生动物）保持较远的距离。

↑ 灰狐
前脚 4 厘米 x3.5 厘米
后脚 3.8 厘米 x3.2 厘米

↑ 水獭
前脚 6.7 厘米 x7.5 厘米
后脚 7.3 厘米 x8 厘米

↑ 臭鼬
前脚 2.2 厘米 x2.8 厘米
后脚 3.8 厘米 x3.8 厘米

↑ 貂鼠
前脚 4.5 厘米 x4.5 厘米
后脚 3.5 厘米 x4 厘米

↑ 野兔
前脚 3.8 厘米 x2.8 厘米
后脚 7.5 厘米 x5 厘米

↑ 鼬鼠
前脚 2.8 厘米 x1.2 厘米
后脚 3.8 厘米 x2 厘米

↑ 兔子
前脚 2.2 厘米 x1.5 厘米
后脚 7 厘米 x2.8 厘米

↑ 灰熊
前脚 14 厘米 x12.5 厘米
后脚 25 厘米 x14 厘米

↑ 灰松鼠
前脚 5 厘米 x3.5 厘米
后脚 6.7 厘米 x3.2 厘米

↑ 灰狼
前脚 12 厘米 x10.8 厘米
后脚 11.5 厘米 x10.5 厘米

← 白尾鹿
（只显示了一种脚印）
前脚 7.5 厘米 x4.7 厘米
后脚 6.7 厘米 x3.8 厘米

靠近动物

为了靠近猎物以猎杀它们，需要学会一些让它们在不知不觉的情况下被抓住的技巧。你可能没有威力强大的枪支，而只有自制的弓箭和抛掷棒。为了足够接近猎物，以便于对它们进行准确猎杀，你需要走到距离猎物只有 10 ～ 15 米的距离。这就意味着你必须安静地、不被察觉地向猎物移动。

"狐狸步"

首先，放慢速度并注意周围的环境是非常重要的。你可以采取"狐狸步"的行进方式。

"狐狸步"是我们的祖先们早就使用过的接近猎物的方式。其原理就是每前进一步都将重心落在没有移动的那条腿上，让移动的脚"感受"地面，也就是说脚从外侧到内侧逐步贴近地面，探测地面上的东西。一旦确定脚底下没有锋利的东西或者不会发出声音，就可以让脚掌完全落地，然后将重心前移；如果脚底下有东西刺着或者地面上有声音，重新将脚提起，换一个位置。无论是在抬脚还是落脚的时候，都要小心，避免碰到树枝和石头发出声响。

你可能会发现这种行进速度非常慢，但是其主要优势就也在这里，你不需要将视线从周围环境中收回来盯住地面。这样行进还会非常安静，而且由于速度移动很慢，很多动物不会把你当成威胁。

广角视线

动物往往会在我们发现它们之前发现我们。其中的一个原因是我们移动太快或者声响太大。然而另一个原因就是动物在观察周围环境时使用与我们不同的方式。动物使用的是广角视线，这种方法能让它们发现周围所有的情况。

我们看世界的方式是使用一系列聚焦视线，对周围的环境建立的是独立的影像。这意味着我们只是聚焦于某些物体上，因此在我们身边，还有很多我们根本就没有看见的东西。但是我们也有能力以动物这种少聚焦的方式使用我们的眼睛。经过练习之后，我们就能够看见身边所有东西的活动情况，尽管所看见的每样东西都相对模糊。

很多人在练习广角视线的时候，由于练得太过辛苦，最后像着魂尸似的在地上晃来晃去。

在练习的时候，不要忘记移动头部，这样将能大大增大你的视野范围，达到 360°，让你不漏掉任何东西。一旦发现可疑活动，立即对其进行聚焦观察，如果没有发现特别问题，则恢复到广角视线，继续观察。

在行进的路上，如果用这种方式观察，会在野外发现更多的野生动物，因为任何细小的活动都逃不过你的眼睛。

新的听法

与视觉技巧一样，也可以对听觉进行训练。遵循练习广角视线的步骤，用耳朵努力听所有的声音，而不是单纯地听最明显的声音。

□ "狐狸步"

1. 小心地抬起准备移动的脚，用承重的那条腿保持身体平衡。

2. 将抬起的脚向前伸出，从脚外侧到内侧小心地落地。

3. 如果地面是安全的，将脚完全放下，将重心移动到前面这条腿上，慢慢地重复这样的动作。

□广角视线练习

1. 为了学习看见身边的所有东西，你需要前往野外开阔的地方或者进入森林。将双臂平举在身体前方，手指向内，两手距离在大约30厘米。

2. 目视两手及两手之间的所有东西，慢慢将两手分别向身体两侧移动，两眼继续目视两手之间的物体。

3. 将两手分别位于身体两侧的时候，弯动手指，这时候你的眼睛应该能再次看见手，保持这种"视线"慢慢将双臂放下。

4. 保持视线不变，将双臂平举，这次是一上一下。

5. 将手臂向上下两个方向分别移开，注视两手之间的所有东西，直到最后看不见双手。

6. 放下手臂之后，你的视野范围就将达到左右180°、上下80°，你能够看见这个范围内的所有活动。

感受环境

上面提到的那些技巧将使你对环境的认识更加清晰，使你更容易发现该区域的野生动物。另外还有一种意识可以加进这种技巧中去，那就是感受。

感受风吹过身体、感受腿上的肌肉在运动、感受雨滴掉落在皮肤和衣服上。当你将所有这些技能成功地放在一起，你就将对所处的环境更加熟悉。不仅仅是了解环境，你将成为环境的一部分，让你能够在看见之前就感受到动物的存在。

像这样在野外活动将使你能够更加接近当地动物。当距离足够近的时候，你就可以对其进行猎杀了。但是，你还需要更多的技巧，如如何靠近动物以及如何伪装等。

慢慢靠近

最基本的靠近猎物的技巧几乎与"狐狸步"

差不多，也就是在落脚之前先感受地面。但是，这次的速度将更慢，慢得几乎都看不出在移动。平均每步花费的时间大约为1分钟。有时需要你通过移动来掩盖进一步的行动，比如环境在"动"的时候——树叶在风中沙沙作响或者树木在风中前后摇摆。这种方法不仅能够隐藏你的行动，还能掩盖任何不小心弄出的声音。将双手置于身体前或者身体后，最大限度打破熟悉的人类形象。将双手置于身体前相对容易些，这样你能够握好武器或者帮助你抬腿。

下面所讲的两种靠近猎物的办法主要用于在人和猎物之间有大量隐蔽树丛的情况下。第三种方法就是趴在地上腹部着地，将双手置于肩膀处。用手和脚趾支撑起身体离开地面10厘米的距离，身体前进，然后落回地面，将手和脚前移，然后再支撑起身体，重复以上动作。任何另外的行为，如站起来、坐下、准备武器甚至拍蚊

□四肢着地靠近猎物

1. 四肢着地趴在地上，用手去感受地面上可能发出声音的东西。

2. 将膝盖放在刚才手移开的地方。

3. 在当地有大量低矮树丛的情况下适宜使用这种方式接近猎物。

□安静移动

1. 将所穿衣服的袖子和裤腿扎好。

2. 保证身体不会碰到任何植物。

3. 在抬脚的时候将脚趾弯曲，否则可能会碰到灌木丛。

子都必须要极其缓慢和轻微。

保持平衡

缓慢移动的最大问题就是如何保持平衡。为了避免摇晃，在站立的时候可以轻微弯曲膝盖，紧绷身体以检查身体平衡状况。如果失去平衡，一定要努力用臀部以下进行校正。如果用上半身校正身体平衡，身体的晃动肯定会惊扰旁边的动物。

利用伪装

伪装不是隐藏，而是在开放环境中被"看见"，从而接近猎物。如果隐藏在树后，对猎物射箭或者投掷抛棒都将变得很困难。

有两种对自己进行伪装的简单方式。第一种方式就是将草木灰涂抹在身体和衣服上，然后把炭灰涂在脸上，木炭应当涂抹在那些比较亮的地方，如眼睛下方或者鼻梁上。然后用稀泥在身上涂抹不同的颜色。最后还需要在树林里的落叶上打滚，让自己"蓬松"起来，更彻底地改变自己的形象。由于在身上涂抹了炭灰，所以你的体味也已经被很好地掩盖了。第二种方式更简单，只需要先在稀泥里打滚，然后在落叶上打滚。但是这种方法不能有效地覆盖自己的体味，所以还需要利用一些有味道的植物。一定要利用捕猎地存在的植物，否则你的体味还是会非常明显。

如果伪装得当，而且利用了正确的靠近猎物的方法，你应该能接近几乎所有动物的有效猎杀范围。但是，当达到一定距离的时候，你必须稳定心态。动物们非常擅长把握人类的"心理"。

哺乳动物都不能分辨颜色，因此即使没有伪装，只要它们没有闻到你的味道，你也能接近它们到足以猎杀的近距离。另外，还要注意鸟类。鸟类能够分清颜色，而且它们经常是野生动物天然的哨兵。

□为了接近猎物进行伪装

1. 将草木灰涂抹在身上和衣服上，减少皮肤的光泽，同时还能有效覆盖体味。

2. 将炭灰涂抹在那些通常不能被遮住的地方，涂抹的样子越自然越好。

3. 利用稀泥进一步打破自己的形象，涂抹之后的形象看上去要自然。

4. 利用长在该地区的树叶对皮肤上的稀泥进行进一步伪装。

5. 在身上的稀泥还没有干透的时候，在上面撒上草屑。

6. 当接近猎物的时候一定要保持平静。

捕捉动物

在学习设动物陷阱之前，你必须了解，在世界上的许多地方这么做都是违法的，除非你为了活命不得不如此。这是因为陷阱可能会杀死那些濒危的物种，不仅如此，它还能对大型动物乃至人类构成伤害。

这儿介绍的陷阱都是比较简单的，在绝大多数情况下都可以利用，并且旨在迅速和彻底地杀死动物。虽然有很多种类的陷阱，但是书中介绍的都是最有效的。设好陷阱之后，首先进行测试，确保动物不会忍受不必要的痛苦。不要让动物在受重伤之后从陷阱中逃脱或者在套索中慢慢窒息死亡。

在设陷阱的时候，尽量不要惊动当地的其他动物，以免让它们对已设陷阱有所察觉。也应该将陷阱设在偏远一些的地方，因为一旦某动物被套住，周围其他的动物就将保持高度警惕。利用炭灰、稀泥或者当地味道浓厚的植物对陷阱进行伪装。

"4"字形陷阱

这种陷阱主要是为在觅食区使用而设计的。

它全名叫"致命下落"陷阱，是因为它利用的是当动物啄食放在水平棍子上的诱饵的时候重物落下砸在其头部致死的原理。

这种简单陷阱由3根棍子组成，设立起来之后与数字"4"的形状很像。这个装置由一个重物压着，树立在地上，但是当地上的水平棍子被动物移动的时候整个装置就会倒塌。下落重物的重量应该是准备抓住的动物重量的2倍以上，这样才能够保证杀死动物，但是也不至于重得将动物压碎。下页图中是用来捕杀兔子的陷阱。

你也可以在地上铺一块平整的石头让这个陷阱的效果更好。确保下落重物的力量不会由于树立的棍子而被减弱。如果出现这种情况，重物将会落在棍子上，而不是动物身上。

用当地生长的你认为最受动物喜欢的植物作诱饵，放在陷阱上。如果用其他地方的植物作诱饵，有可能会引起动物的怀疑。

为了引诱动物从正确的方向前来使用你放置的诱饵，可以在陷阱周围设置一些障碍，但是这些障碍必须看上去自然，不会引起动物的怀疑。

双钩套索陷阱

这种套索陷阱一般是用在动物活动区域，但

□设置"4"字形陷阱

1. 将垂直棍子的中间部位削平，将一端削成改锥的形状。

2. 在水平棍子的一端靠近端点处削一个向上方向的槽，准备放置倾斜棍子的一端。

3. 在水平棍子的中间削一个槽，卡住垂直棍子上中间被削平的部位，让这个槽与接近端点上的槽呈90°直角。

4. 在倾斜棍子上也削一个槽来放置垂直棍子的顶部，将倾斜棍子的一端削尖卡进水平棍子近端点上的槽内。

5. 在设陷阱的时候，在倾斜棍子上施加压力，用另一只手让各槽全部结合到位。

6. 在倾斜棍子上靠一个重物（如圆木或者石头），在水平棍子没有槽的一端放置诱饵。

□设双钩套索陷阱

1. 在一根棍子的一端削一个槽，将棍子牢固地钉入地面。

2. 在第二根棍子上也削一个槽，第二根棍子将被绑在陷阱上方的一根柔韧性好的树枝上。

3. 将准备捕捉动物的活结套也绑在第二根棍子上。

4. 将第二根棍子绑在树枝上，并让两根棍子相互钩住，它们应该相对稳定，但也要容易被挣开。

5. 一定要确保活结套容易滑动，其大小应该适合套进欲捕捉的动物的头部。

6. 将打开的活结套放置在棍子或者结实的草叶上，距离地面2～4个手指的距离。

是经过改动也能用在动物觅食区。确保套索足够牢固，能够勒断动物的脖子，并且能够将动物吊到一定的高度，避免其他动物在你到达之前发现它。

这种陷阱由两根棍子组成。这两根棍子上都有槽，要能够相互钩住。其中一根棍子被牢牢地钉进地面，另一根棍子用一定长度的绳索绑在一根结实、柔韧性好的小树或者树枝上，这棵小树或者树枝必须保证两根棍子上的槽能够相互钩住。将一个活结套绑在可以活动的棍子的钩上，并将活结套放置在动物活动区域，这样动物踩进活结套之后，陷阱将启动，然后动物将被树枝吊起来。

活结套的高度应该保证动物能够直接踩进去。例如，对于捕捉兔子来说，活结套在地面以上的正确高度应该是手掌的宽度左右，其直径大约是12.5厘米。根据欲捕捉动物的大小，调整棍子上槽的深度能够改变陷阱的灵敏度。需要注意的是不要让动物缓慢死亡，因此将装置调整到适当的位置非常重要。

不要使用新砍下来的棍子，否则它们可能会胶合到一起，或者晚上的时候会被冻到一起。还可以通过使用多棵小树或者树枝来增加陷阱的张力。如果在动物活动区域没有可以利用的柔韧性好的树枝，可以搭建一个杠杆来达到这个目的。在地上牢固地钉一根带树杈的柱子，在树杈上绑一根长的树枝，将活动的棍子绑在杠杆的一端，在杠杆的另一端添加一个重物。

捕鱼技巧

如果在水域附近，捕鱼是一种获取高蛋白质食物的极好途径。鱼可用网捕、用钩钓、用鱼叉叉或者用套索套，甚至还可以用手抓。在溪流里设好陷阱，这样你在等待鱼自己游进陷阱的时候，就可以展开其他的工作。

设捕鱼围栏

捕鱼最简单的方式之一就是利用双钩套索。只需要将套索的材料改成鱼线就行。用来捕鱼的时候，它会将鱼拉出水面。

另一种有效的捕鱼方法就是建一个捕鱼围栏：建一个环形的围栏，让其开口处朝向溪流上

□设捕鱼围栏

1. 用棍子在水流较急有鱼出没的溪流里建一个环形的围栏，让水从开口处流进围栏。

2. 再用一些棍子建一个漏斗状的围栏，确保两层围栏能完全拦截住流水，将漏斗状围栏的开口留小，让鱼能够游进围栏里。

3. 在水流较慢的溪流里，用柔韧的枝条沿着围栏编一个盖帘，朝向陷阱的入口处，这样鱼能够游进围栏，却不能从里面游出来。

游，然后再建一个漏斗形的围栏深入开口处。如果溪流水流较急，这个装置完全可以捕捞足够的鱼；如果在水流较慢处，则用柔韧的枝条沿围栏编织一个盖帘，指向陷阱的入口处。当鱼游进围栏的时候，盖帘会被推开，当围栏里的鱼要出去的时候却被挡住。可以通过调整围栏缝隙的大小来捕获不同大小的鱼。

□制作鱼叉

1. 找一根长约30厘米，直径2.5厘米的直棍子，剔除所有侧枝。

2. 将一根一定长度的用植物纤维做成的绳子紧紧地绑在棍子的中间部位。

3. 用一块锋利的石头将棍子一端小心地劈开，直至裂纹抵达棍子中间绑线的地方。

4. 将一根小棍子楔入裂纹中，将这两根"叉"分开5.0～7.5厘米。

5. 再用线将楔子绑牢定位，防止鱼叉头干燥之后楔子滑落。

6. 用小刀或者锋利的石头将两根"叉"削尖。

7. 分别在两根"叉"的内侧削一个小型的"架子"来支撑倒钩。

8. 用燧石做两个长约2.5厘米的锋利的石片作为倒钩。

9. 利用质地好的线将倒钩绑定在"叉"上。

10. 将鱼叉头的另一端的一侧削平，让其能与鱼叉杆上的槽吻合。

11. 用一定长度的线绑在鱼叉头上，另一端打一个套索来准备绑定鱼叉杆。

12. 在3.0～3.5米长的用做鱼叉杆的直棍子的一端挖一个槽来安装鱼叉头，将鱼叉头装上。

制作鱼叉

如果想捕获更大的鱼或者手头有大量的时间可供利用，那制作一个鱼叉可能是最好的选择。鱼叉由两部分组成：带两个尖的鱼叉头和一根又直又长的鱼叉杆。鱼叉头是被安装在鱼叉杆上的。这样做的目的是，一旦鱼叉头没有刺中鱼而是插入了河床，鱼叉头就会从鱼叉杆上脱落，可以重新安装鱼叉头，但是如果鱼叉是整体的，就可能由于鱼叉头被折断而导致整个鱼叉的报废。

最好使用新鲜的树棍做鱼叉头，以保证其灵活性，而且也不容易折断。做鱼叉的棍子应该是直的，其直径在2.5厘米左右，捆绑在鱼叉杆上，以避免它过度侧滑，而且应该用植物纤维类的绳索。如果使用动物纤维做成的绳捆绑，容易在遇水之后变松。

鱼叉的叉应该是尖而结实的，这样能够避免在河床的石头上被折断。在叉的内侧应该制作两个小型的"架子"来支撑倒钩，这样能够避免在叉到鱼之后鱼从鱼叉上逃脱。倒钩最好的材料是如燧石片这样锋利的石片或者坚硬的小木片，当然也可以简单地利用其他动物的骨头。倒钩必须用质地优良的线捆绑牢固。如果知道如何制作树脂胶，

↑ 用鱼叉叉鱼需要在水清的地方才能够看得清，悄悄地靠近鱼，然后调整好速度和精度用力猛刺。

还可用树脂胶将倒钩牢固地粘在鱼叉头上。

用鱼叉抓鱼

寻找一片水域。鱼可能出现在溪流拐弯处，水清或者水浅的地方，在炎热而且阳光强烈的天气情况下的树阴底下等。将鱼叉放入水中，保持绝对安静地坐着，时刻准备着在鱼出现的时候将其叉住，或者也可以尽量接近鱼。无论如何，你都需要在不同的地点进行大量的练习才能成功。

制作和使用抛掷棒

在野外环境下，你首先制造和使用的工具可能就是抛掷棒，制作这种工具需要的材料就是任何可以找到的结实的棒子，其直径5.0 ~ 7.5厘米，长约60厘米。如果将棒子的中间部位削小，让整根棒子看上去像翅膀，这样它将成为一种出手无声、抛行更快的打猎武器。当然也可以制作飞镖，飞镖如果投掷得当，其飞行距离可以超过100米，但是它们的基本原理都是一样的。

抛掷棒主要是随机打猎用的工具。在需要食物的情况下，无论你前往什么地方，都随身携带一根这样的棒子。你有可能会碰巧发现前面有一头好奇的动物将头从树丛里伸出来，这样刚好可以进行猎杀。如果以"狐狸步"和"广角视线"的方法首先接近猎物，再用这种方法捕猎动物将会有更加明显的效果。

如何投掷

投掷这种抛掷棒，有两种方法。第一种就是举手过肩而投。尽管这种投掷方式击中动物的概率相对较小，其有效猎杀区域也只有7.5厘米宽，但是这种技巧在你和动物之间有很多树木或者有很多高草的时候将非常有用。需要记住的一点就是，在投出棒子的时候用手腕轻轻一抖，让棒子增加投中目标的机会。

第二种方法就是低手掷出。与第一种方法一样，将棒子一端握在手上。但是这次站立的方式是侧对目标，棒子呈水平方向旋转飞出。这种方法将有更大机会击中猎物，因为其有效猎杀区域有大约60厘米宽，但是这种方法只有在没有高草或者没有树丛阻挡棒子飞行的情况下才能使用。

□制作抛掷棒

1. 找一段结实且柔韧性好的棒子。将棒子进行修整，以减少其在空中飞行时发生的声响，并能够保证飞行更快。

2. 将棒子中间部位削小，让其呈翅膀样的形状，并修正两翼上的任何棱角，避免其影响棒子的飞行。

3. 在棒子的两端留下更多的木头，这样不仅能使整个棒子有一定重量，还更便于在棒子两端削尖，而不至于让整个棒子太脆弱。

□举手过肩投掷抛掷棒

1. 如果你习惯用右手，将左脚向前跨出，右手握抛掷棒举过肩膀，面对目标。

2. 可以用肘部简单地瞄准目标，从肩部以上将抛掷棒掷出。

3. 在抛出抛掷棒的时候，用手腕轻轻一抖，让抛掷棒在飞行中旋转。

□低手掷出抛掷棒

1. 侧面面向目标，将抛掷棒握在腰部的位置。

2. 将抛掷棒向后摆，身体前倾。

3. 弯曲膝盖让上半身下沉，将空着的手放在其中一个膝盖上。

4. 身体下蹲，让臀部处于即将抛掷物品的状态，做好抛掷准备。

5. 用整个身体给抛掷动作施加动力。

6. 抛出抛掷棒的时候手腕轻轻一抖，让抛掷棒在飞行中旋转。

剥皮和解剖

一旦捕获动物之后，尽快将动物吊起来并剥皮，这一点很重要。如果皮不剥掉，动物体内的温度将很快破坏动物的肉质。动物内脏也应该尽快取出，它们也会很快破坏动物肉质，而且内脏里的任何溢出物都可能污染肉质。

如果是处理像鹿这样的大型动物，把它们的前蹄和脖子挂在水平的杆子上。如果是如兔子这样的小型动物，将它们放在地上，让其背部着地，并且将其4条腿分别绑在树桩上，让它充分舒展，就像"大鹏展翅"似的。

剥动物皮

在动物胸骨部位划开一个小口子之后，探入手指，将刀口分开，避免刺破内脏：要确保刀子只是划开了动物皮。将手指继续探入动物皮下，在皮与肉之间制造空隙，再用工具割开更多动物皮，然后一直从动物头部到生殖器官处将动物皮割开。

在处理大型动物的时候，必须先将动物皮全部剥离之后才能开始切肉。如果是在处理小型动物，你可以一边去皮一边切肉，但是如果你希望先把皮全部去掉之后再切肉，就必须确保放置动物的地方是干净的，因为地上的脏东西很容易沾到动物肉上。

要继续剥皮，就将刀子伸入最初切开的口子

里，向动物四肢延伸。然后在动物生殖器官、脖子和四肢处小心地将皮切断。动物四肢的筋用处会很多。如果你希望保留它们以备他用，在切割动物四肢的时候一定要非常小心，不要将它们切断。当这一切都完成的时候，你就可以将整个动物皮取下来了。如果动物是平放在地上的，最好将绑定的四肢解开。

在剥皮的时候尽量避免使用刀子。实际上，剥皮非常容易，完全可以不使用刀子，这样能避免不小心将动物皮割破，而且也能保证动物皮上少带脂肪。因为在鞣制动物皮革的时候，需要将这些脂肪全部除去。最简单的剥皮方式就是将一只手的手指放在肉和皮之间，用另一只手撕动物皮。

解剖动物

一旦完成剥皮工作之后，你就可以准备进入下一个步骤了。小心切开动物腹部，确保不要刺破内脏，一旦刺破，将会严重污染肉质。

顺着胸骨部位的切口，一直切到生殖器官处。现在需要在生殖器官和肛门周围进行切割，这可能会是比较难办的事情，因为它们位于臀部附近。如果不小心切断了连接生殖器官或者肛门的管（肠）子，一定要将它们系好，以免从里面溢出的东西污染肉质。然后开始向上切，直到气管和食道，将它们切断。如果动物是被用前蹄挂起来的，这时候绝大部分内脏应该会掉出体外。

□剥动物皮

1. 在动物胸骨部位小心划开一个小口子，避免划破内脏。

2. 在小口子中伸进两根手指，指尖朝下，将口子辦开，并将近口处的动物皮与肉剥离。

3. 在两指之间放进刀或者其他切割工具，慢慢向下移动，一定要确保只划开动物皮。

4. 一直切割到动物生殖器官处，然后再从最初的切口开始向上切割直到颈部。

5. 将后腿上的动物皮切透，然后从刚才的切口处将后腿上的皮划开。

6. 用同样的方式切割前肢上的皮。

7. 在生殖器官、肛门和脖子处将皮切断，然后就可以将皮完整撕下来了。接着在胸骨上继续往深处切，直到碰到骨头。

8. 沿着最初的切口将动物身体划开，割下可食用的内脏器官，割断喉管、食道和其他与身体连接的管子，取出内脏。

■警告

　　理论上，你应该戴上保护性的手套再处理死亡的动物，因为如果手上出现刮伤或者刀伤的时候很容易受到细菌的感染。如果不能给手提供保护性的措施，就一定要确保不要受伤，并且定期用肥皂洗手。

现在开始割下那些可以食用的内脏器官，如心、肝、肾、肺等，并将它们各自分开放置，避免交叉污染。在切割肝脏的时候，一定要注意不要将胆囊弄破，任何接触到胆汁的东西都会受到其污染。

认真检查动物肉体，看是否有变色或者腐烂的地方。在检查的时候，你可能会发现肉上面有一层薄薄的膜状的东西。这是正常现象，它有辅助保存肉的功能。

如果是小动物，将其蹄子和头部割下来之后就可以整个烧制做饭了。如果是大型动物，最好在吊着的时候，就把肉割下来，尽量把肉全部割下来。对于像肋骨这样肉少的地方，可以在肋骨与肋骨之间将肉切开，将肋骨掰下来，进行煎制或者整个放进汤里炖。

保存肉和其他动物产品

你所猎杀的动物的任何部位都不应该被丢弃。大型动物除了能够提供新鲜的肉食之外，剩下的肉还可以保存下来，而其他不能食用的部分也可以用来制作衣服或者工具。

有用的身体部位

在解剖完动物之后，应该立即将肠、肚、膀胱洗净，因为它们会有很多用途。将动物腿上的筋小心抽出，用刀子将筋纵向剖开，然后展开晾干。

动物的头包含了很多有用的东西。眼睛里面的液体和树脂混合可以制成强力胶。舌头去皮之后可以食用。将头部剩下的部分完整地保留。尽管脑髓在新鲜的时候（1天以内）可以食用，但是最好是留着以后鞣制皮革。

蹄子可以留着用来熬制成强力胶。熬制时，将水面上的油脂撇出，就是很好的骨油，可以用来软化皮革。

晾干肉

晾干肉的最好办法就是放在太阳底下晒或放在火堆旁边烤，但是切忌将肉放得靠火堆太近，否则就是烤肉而不是干肉了。对于大块的肉，首先要剔除脂肪，因为脂肪会很快变质，然后将肉切成不超过3毫米的薄片。你可以将它们挂起来，放在火堆旁边烤干或放在太阳底下晒干。在收藏之前，必须确保肉彻底干透。如果在手中能将肉捏成粉末，可能就太干了，但是必须确保肉拿在手上能够折断。如果只能把肉折弯而不是折断，就意味着肉还过湿。

你可以将这些晾干的肉装进此前洗好的肠内，这样可以保存很长一段时间。

□用三角架晾肉

1. 找3根长约120厘米的长棍子，在顶端附近将它们较松地绑定，将三角架支开。

2. 在三角架之间适当的高度上绑一些水平的棍子。

3. 将肉切成尽可能薄的片，将三角架放在火堆上方，把切好的肉片放在水平棍子上，确保肉不要离火太近，否则就是在烤肉而不是在晾肉了。

制造做衣服的皮革

在野外没有比鞣制好的皮革更适合做衣服的材料了。如果需要在野外生活很长时间，就应该学会怎样将兽皮鞣制成皮革，然后才能制作暖和耐用的衣服。

准备兽皮

首先搭建一个比准备处理的兽皮大半个面积的框架。这个框架应该是牢固和结实的，因为这个架子将用来固定兽皮。两根相邻的树可以作为这个架子天然的柱子，然后可以在其间绑上两根水平的棍子。

在兽皮的四周打孔，用来穿绳子，但是不要让孔太靠近兽皮边缘，那样的话当兽皮被绷在框架上的时候可能会被绳子撕裂。所用的绳子也一定要结实，并且在绑好之后，一定要确保整张兽皮是紧绷的。

这时候，你可能需要一把锋利的刀子或石片来刮兽皮。握住刀柄，让刀刃与兽皮呈一定角度，在用力下压的同时，滑动刀片。确保在用力下压的同时刮动，一旦停下来就可能会割破兽皮。

刮

刮的目的是去除兽皮上的脂肪和皮的最里层，也就是皮下组织（一层由脂肪和容纳血管、神经的连接性组织构成的物质）。兽皮的内层刮干净之后，再开始清理外层。将兽皮上的毛和最外层皮（表皮）刮掉。如果毛不容易去掉，可以将兽皮泡进溪流或者盛水的容器里 1～2 天的时间。浸泡时间不要太长，否则兽皮就会腐烂。

在兽皮两面都已经刮干净之后，把兽皮留在架子上放几天时间，让其充分干透。之后，你就得到了一张极好的生皮，它可以有很多用途。但是如果要用来做衣服，还必须要进行软化，也就是进行鞣制。这时候就可以利用解剖时候留下来的脑髓了。

□兽皮的准备和刮制

1. 将两根结实的棍子绑在两棵相邻的树上，搭建一个约为兽皮面积 1.5 倍大小的架子。

2. 在兽皮的四周距离边缘大约 2.5 厘米的位置每隔 7.5～10 厘米打一个孔。

3. 用绳子通过孔将兽皮固定在架子上。

4. 用一块边缘齐整的但不太尖利的石块刮除兽皮里侧所有的脂肪组织和残留在兽皮上的肉。

5. 用非常锋利的工具将兽皮上的毛剃掉，还要刮干净兽皮的表皮；如果将兽皮事先放进酸性水中浸泡，毛更容易刮干净。

6. 刮干净兽皮上还存留的脂肪，直到整张兽皮变得柔软光滑，然后把兽皮彻底晾干。

□用脑髓鞣制兽皮

1. 待刮好后的兽皮晾干之后，将脑髓烧热，揉进兽皮里。

2. 拉扯兽皮，让其纤维充分延展，直到兽皮完全干燥。

3. 兽皮干燥之后，可以将它套在拉紧的绳子或者树枝上左右拉动，让它变得更柔软。

用脑髓鞣制兽皮

在兽皮干好之后，烧一些热水，然后放入脑髓进行充分混合。将这个混合物揉进兽皮里。如果有蛋，也可用蛋黄代替脑髓。但是无论用什么东西，都一定要确保整张兽皮充分吸收这种混合物。你还可以将兽皮从架子上取下来，泡进这种混合物里一段时间。

脑髓能够防止纤维重新集结从而形成生皮。只要兽皮在干燥之后纤维还是保持伸展分离的状态，就不再是生皮了。要保持这样效果的方法之一就是再次将兽皮固定在架子上或者拿在手上不停地对其进行延展和绷扎，直至干透。如果干透之后还能发现较硬的地方，必须再次对这些部位进行鞣制。当整个兽皮都已经柔软而且干燥之后，可以把它套在树干或者绳子上左右拉动，让其变得更加柔软。

熏制兽皮

现在就可以熏兽皮了。这一步非常重要，目的是避免兽皮在遇水之后重新变成生皮。将兽皮弄成一个袋子的形状。在炭火上架一个三角架，再把这个袋子状的兽皮放在上面，袋口朝下。在炭火上加一些如松针等易出烟的材料，然后等待几个小时。一定要确保炭火不会冒出火焰，否则可能会烧毁兽皮。一面熏好之后，将兽皮翻面，再熏另一面。这样完成之后的兽皮就是熟皮，可以用来制作衣服了。

你需要经常对兽皮进行熏制，保证兽皮一直是含油的，以防止纤维重新变硬。

用兽皮做衣服的优点

在长期野外生存中，用身边的东西制作衣服和其他物件是一种非常基本的技能。尽管将兽皮制作成熟皮将会花费很多时间和精力，但是你也会发现用这种方式做出来的皮革制品比现代工艺制作的皮革制品更结实和耐用。而且这是一种天然的产品，能够有效掩盖自己的体味，更有利于靠近猎物。而且它还不会发出声响，能够很好地进行伪装。

在制作衣服的时候，你可以利用各种各样的材料来缝合兽皮。动物的筋也可以用来缝衣服，但最好是在比较干燥的地方使用。当然也可以用植物纤维织成的线来缝衣服，不过这样缝合处容易裂开，必须经常缝补。最简单的缝补裂口的方法就是利用小条状的皮革边角料。当然，皮革边角料还可以用来作边饰，这样可以在丛林中进一步改变自己的外在形象，把这种边饰弄得不规则一些但不要太长，否则可能被树丛挂住。边饰的一大缺点就是它会晃动，在悄悄靠近猎物的时候，如果不小心将会暴露自己的行动。

第7章
制作工具和装备的技能

在野外生存中最令人有成就感的事情就是制作工具和装备。这往往标志着纯粹"生存"的结束和"生活"的开始。你的生活已经不再是简单的生存了，因为利用野外找到的材料制作工具的技能已经是高级技能了。这些技能对于绝大多数现代人来说在不重新学习、不经过大量练习的情况下根本就不可能掌握。学习这些技能是一件令人愉快的事情。其中很多技能将让你对野外生存技能产生浓厚的兴趣，甚至对它们上瘾。

制作容器

基本的盛食物的容器

利用火可以迅速地做出木碗和木勺，只需要将炭火放在木头上，并控制好火势。

如果要做碗，首先找一块大约30厘米长的圆木（如果找不到合适的，放火里烧到这个长度）。将圆木劈成两半，然后将炭火放在平坦面的中央。小心吹炭火，让其慢慢燃烧木头，并控制其燃烧的方向。如果发现燃烧得太靠近边缘或者底部，放一些沙子或者土壤在这些地方以阻止炭火继续燃烧。如果希望燃烧速度变慢，可以不时地刮掉木头表面被烧焦的地方。如果希望加快燃烧的速度，可以用空心的茎秆，如接骨木、芦苇或者竹子，甚至动物的气管来吹炭火。这样烧制完成之后，碗就可以直接使用了。如果将被烧焦的表面全部刮除干净，并用沙子将碗里面全部磨光滑，那样的话碗内所盛的食物味道会更好。

烧制勺子与做碗的原理相同。烧制完成之后，将其修整到适合用来装饭的程度。用这种木器器具装食物会有部分微粒进入木质纤维里，因此在每次使用完洗净之后，最好放在火焰上烤一两分钟，这样有利于杀菌消毒。

树皮容器

一些大的容器还可以用树皮制造。很多物种都适合制造树皮容器，如桦树、雪松和榆树。尽量使用那些已经脱落或者正要脱落的树皮。如果一定要利用树上长着的树皮，不要割下超过其周长 1/3 的树皮，以确保该树还能继续存活。为了达到最好效果，先将树皮在水里泡几个小时。

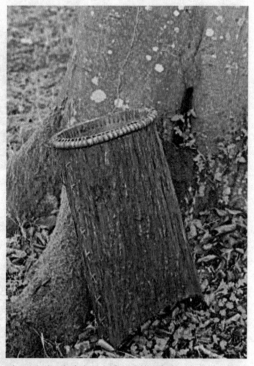

↑ 树皮筐做起来相对容易，能够用来装很多东西，如工具或者可食用的植物等。

259

利用动物器官做容器

你还可以用动物的胃来装食物或者水。将其彻底洗净、翻转、悬挂在三脚架上，或者在地上挖一个坑，将胃的边缘贴在坑上。这样可以用来装液体，然后用烧热的石头将液体烧开。膀胱也能有同样的用途，但是其使用寿命会短一些。

→ 动物的胃是一种很好的不漏水的容器，能够用来烹饪食物和烧水。

□制作勺子

1. 生一堆火，多烧些炭火。如果有必要，将柴火弄短些。

2. 用钳子夹炭火到准备制勺子的棍子上，放在准备烧的地方。

3. 按住炭火，然后吹风，让炭火烧木头。将烧出的地方弄干净，然后进行修整。

□制作木碗

1. 生一堆适当大小的火，烧足够的炭火。

2. 用锋利的石头当楔子和结实的棒子当锤子将圆木劈成两半。

3. 将炭火放在劈好的圆木平整面的中央。

4. 按住炭火，然后吹风，木头就会开始燃烧。

5. 木头上的坑加深之后，可以多放一些炭火，这样木头燃烧更快。

6. 如果某些地方烧得过狠，用土加以隔离，不要让它继续燃烧。

编篮子

篮子有很多用途，既可以用来收集食物，也可以用来存放食物。篮子可以做成各种形状和各种大小。一旦学会，就可以随心所欲编制自己想要的篮子。

由于篮子的通风性好，所以很适合用来存放诸如浆果和菌类这种放在不通风环境下容易变质的食物。篮子还可以用来存放绿色植物和肉食，或者用来收集像引火物之类的材料。编得松的篮子还可以用来抓鱼。

篮子的材料

篮子的功用将决定篮子的大小和形状，同时也决定编篮子的材料。很多材料都可以用来编篮子，只要具有柔韧性。细长的柳条和榛木条是用来编织篮子的传统材料，如果附近长有这类植物，它们就是很好的编织篮子的原材料，但是自然界中还有很多其他柔韧性好的材料可以用来编篮子，如松枝、雪松枝、云杉根等。用长的枝条编篮子会减少重新起头的麻烦，而且也容易使篮子看起来更光滑。有的时候，一根枝条就可以编一个篮子。

□编织篮子

1. 收集6根柔韧性好的柳条或者雪松枝条作为篮子的骨架。

2. 用工具在一根枝条的中间部位划开。

3. 将另一根枝条穿过刚才划开的口子。

4. 在第一根划开口子的枝条旁边再放两根同样划开口的枝条，将剩下两根枝条全部穿过划开的口子。

5. 找两根用来编织的枝条，放在3根用做骨架的枝条旁边，穿过那些口子。

6. 将其中一根用来编织的枝条紧密地编织在用做骨架的最初的3根枝条上，紧紧握住。

7. 将第二根用来编织的枝条编在最初的3根骨架枝条下方，然后压在后3根骨架枝条的上方。

8. 同样的编织的方式，在底部附近编织3圈，确定要紧密地编织。

9. 然后在每根枝条之间进行编织，直到篮子的底部已经足够大，要保证现在编好的形状是圆的。

10. 在骨架枝条上靠近编织枝条的地方用工具划口子，要保证骨架枝条能够弯曲，但不能折断。

11. 将所有的骨架枝条弯曲，在其中一根的右侧插入3根编织枝条。

12. 将其中的第一根编织枝条从上方编过第一根骨架枝条，然后用手在篮子底部将它剩余的部分压紧。

13. 将第二根编织枝条从下方编过第一根骨架枝条，在从上方编过第二根骨架枝条，这时候将第一根编织枝条放开，用同样的方式压住第二根编织枝条。

14. 将第三根编织枝条编织过3根骨架枝条，其中两根从上方，一根从下方，然后将第二根编织枝条放手，压住第三根。

15. 根据先前的步骤继续编织，直到全部骨架枝条的角度达到自己满意的程度。

16. 当一根编织枝条用完之后，在这个地方添加另一根编织枝条，保证其方向与原来一致。

17. 当骨架枝条的弯曲角度达到要求之后，用两根编织枝条按照编织底部的方式继续编织。

18. 当编织达到你符合要求的面积之后，将编织枝条的末端插入刚才编织的空隙里。

19. 如果骨架枝条可以弯曲，也可以弯回插入编织的空隙里，或者用工具将其砍掉，但是砍的时候，枝条上一定要留有剩余，防止编织枝条滑出来。

20. 用这种编织方式可以编织出各种型号的结实的篮子，尽管其形状不一定规则。

制作简单陶器

制陶工艺是人类文化中最先开发的工艺，很多现在仍在使用的罐子等都是用天然的河底泥加上最简单的手工和烧制技术制造的。你自己制作的容器可能会比较粗糙，但是它们将是你做饭和吃饭的工具。

寻找黏土

在野外生存环境下，你不可能买到已经制好的黏土，但是却可以找到很多身边就有的天然原料。黏土是花岗石被风吹日晒之后形成的，随处可以发现，但是最好是挖开河湾处，寻找那种没有污渍的干净的黏土，因为最好的黏土会存积在此处。

准备黏土

收集到黏土之后，首先将其晾干，捏成粉末状，便于除去里面的石子等任何可能影响陶器品质的杂质。黏土末弄好之后，在里面加入一些较

硬的物质，如海贝壳末、沙子、蛋壳末或者粉碎的陶器末等让土质变硬。这样可以防止陶器在晾干和烧制过程中因过度收缩而破裂。

在将黏土做成陶器形状之前，应充分对黏土进行摔打揉制，避免黏土中间出现气泡，否则在烧制过程中会由于膨胀而使陶器破裂。尽量在制作陶器前再开始揉制黏土。黏土应该是湿软的，但也不能沾手。学会制作简单的陶器之后，你会有一种非常强烈的成就感。

将黏土从球状制成碗

这里介绍的陶碗是由一个橘子大小的黏土团制成的。它完全是用手捏的方法制成的。将大拇指按进去直到距离底部大约6毫米的位置，然后从底部开始用手指往外顶，形成罐状。如果罐子太大，将它放在平面上，再用手将罐壁弄薄，做成统一的6毫米厚。完成之后，将成品放置几天待其完全干燥。

干燥之后对其进行烧制，让其更耐用。最简

□制造陶碗

1. 为了保证黏土不含杂质，将黏土彻底干燥之后用石头碾碎。

2. 将其中的杂质挑出来，继续碾，直到黏土彻底呈粉末状。

3. 在黏土末中加入少量用来让其变硬的物质，如粉碎的贝壳，其比例是大约 10：1。

4. 在混合后的粉末中加入适量的水，让其结合在一起，捏成球状。

5. 用双手对黏土球彻底进行揉制，捏掉中间可能存在的任何气泡。

6. 揉制之后，将黏土捏成球状。如果需要的碗较小，一个橘子大小的黏土球就足够。

7. 将大拇指从球的顶端按入，取出，然后捏制，如此反复。

8. 继续捏制，慢慢扩大开口，形成碗状。

9. 将成品放置几天，让其干燥，然后用石头对其进行磨光，这样还能保证碗不漏水。

10. 烧制陶器的时候，将成品放在一层厚厚的泥土下，然后在上面点火堆，或者直接在成品四周点火烧。

11. 保证刚开始的时候火焰不会直接烧到陶器上，然后再慢慢让火堆靠近陶器，这样可以避免陶器因加热过快而破裂。

12. 当陶器已经完全没在火堆中之后，添加更多柴火，让火的温度越高越好，至少烧 3 个小时。

单的烧制方法就是直接在火堆中或者在地上挖一个坑之后烧，这种方法也是当今世界很多地方仍在使用的烧制陶器的方法。这里介绍的方法是最基本的。如果火的温度太低，陶器可能会破裂，但是你能够很容易地再制作一些坯胎继续烧制。

制作弓

弓是一种应用广泛的狩猎工具，能够用来接近和猎杀各种大小的猎物。这里介绍的弓适合短期生存，很多情况下也被称为"父子弓"：一把较大的弓的背后还绑有一个较小的弓。这样设计的原因在于这种弓是由新鲜的木材制成的，尽管比较容易制作，但是却没有那种比较好的木材做的弓结实。利用这种添加小弓的方法，可以让用不够结实的木料做成的弓变得结实一些。

选择木料

如果要制作弓，需要找一棵幼树的树枝，而且要没有侧枝和树节。树枝要是直的，其长度大约在150厘米，直径在7.5厘米左右。

在树枝中间处将其劈成两半，这两半树枝在后来都会被用到。如果这种方法不能得到两根树枝，也可以取另一根树枝。在这种情况下，树枝长度在120厘米就可以。

选择其中一半树枝为"父"，也就是作为弓的主要骨架。树枝上带树皮的一侧作为弓的背部，这一侧绝不能用刀子割伤。而树枝没有树皮的另一侧将会是在使用的时候朝向身体的一侧，称为弓的腹部。在弓的中间部位量出一个约7.5厘米的长度作为手握的地方。然后小心地对两根树枝进行修整，直到它们能够均衡地进行弯曲，而且能够形成一个"D"字形。

弓的定型和测试

这时候可以在两根树枝的两端分别切割槽口，然后分别绑上一根绳子。绳子不必太紧，因为并不是最后的弓弦，只是为了通过拉动绳子来测试弓的效果。

测试弓的弯曲度的最好方式就是制作一根长约75厘米的"测试棍"。在这根棍子的顶端切割一槽口，然后每隔12.5厘米再切割一个槽口。

↑ 尽管"父子弓"是用现砍的树枝制作的，比较脆弱，但是这种双弓结构使其相互加固，能够达到射杀猎物的力度。

将弓的手握处放在棍子的顶端，然后将绳子拉动到第一个槽口的位置。检查弓的弯曲情况。如果看起来一切正常，继续拉动绳子到下一个槽口。如果发现某些部位弯曲过狠，需要在其两端进行修整，让它能够与其他地方一样均衡地弯曲。如果某些部位弯曲得太少，也需要对其进行修整，削掉一部分。用这种方法逐步检测弓的弯曲状况，直到绳子能够抵达棍子上最后一个槽口。

现在可以缩短绳子的长度，让绳子距离弓绷紧之后的手握处15厘米，这时候弓张开的距离为63～70厘米。用同样的方法处理第二根较短的弓，直到其张开距离达到25～37厘米。较短的弓不需要手握处。当较小的弓被绑在较大弓的弓背之后，应该在手握处两端放置两个小楔子，然后用绳子绑牢固。将两根弓进行连接，然后绑好弓弦。每一根弓能够承受7～9千克的拉力。

射箭

制作完箭之后就可以使用弓箭了，但是最好将弓箭放置一两个礼拜，待其彻底干燥之后效果会更好。不要期待用弓箭打猎立即就会取得成功。首先应该找一片开阔的地方（确保箭不会丢失），树立目标靶，然后进行练习。学会如何在不同距离上装箭、拉弓、瞄准和进行有效射击。在各种情况下都能够充满信心地射击到目标之后，就可以进行实战了。

□制作弓

1.收集两根直的柔韧性好的新鲜树枝，不能有侧枝和树节。

2.用工具将树枝劈成两半，尽量在远离弓背的一侧进行。

3.除非能够将一根树枝均匀地劈成两半，否则还需要劈开另一根树枝。

4.较短的弓的长度大概是较长的弓的3/4。

5.小心地沿着树枝进行修整，让其能够均衡地弯曲。

6.修整完一根之后，继续修整第二根。

7.在两根弓的两端分别切割槽口。

8.在中间部位将两根弓绑在一起，较短弓的腹部贴在较长弓的背部。

9.在手握处的两端两弓之间处插入小楔子，让两弓之间存在一定空隙。

10.用绳子将楔子绑定，防止在使用的时候楔子滑落。

11.将大弓的两端分别与小弓的两端连接，确保连接处是紧的，但绳子不能绷紧。

12.最后在弓上绑上弓弦。弓弦的长度比弓小 10～12.5 厘米。

制作箭

最好一次制作很多箭，因为使用过程中很有可能会折断或者丢失。寻找树木幼枝制作箭，因为它们往往又结实又直。用做箭的树枝在去皮之后其直径应该在 6 ～ 10 毫米之间，然后将其切断成 70 厘米长。榛树、柳树和紫杉的枝条都是制作箭的很好的原料。

如果树枝不直，则需要弄直，可以将它们放在火上烤，烤热到刚好能用手握住的时候，将其往反方向弯，然后保持住，直到树枝完全冷却下来。然后再放手，如果还是弯曲的，继续反弯直到树枝最后完全变直。

如果没有羽毛，可以在箭的末端装上大的树叶，或者一把松针也能达到羽毛的效果。

加强箭尖

如果你需要立即使用箭，直接在装上羽毛之后把箭尖削尖，然后放在火上烧一下就可以了。如果还有时间，最好是在箭的前端切割槽口，然后安装箭头，非常简单。箭头可以用动物的骨头或者非常坚硬的木头，当然也可以利用石头。很多情况下，都需要将箭头绑在箭身上。

为了让箭头更加牢固，可以在绑之前首先用胶将箭头粘在箭身上。然后在箭头后边的箭身上绑绳子，防止箭身裂开。同时也要在箭身末端的槽口前绑上绳子，防止射箭的时候弓弦割开箭身。

□制作石头箭头

1. 找到有锋刃的石头之后，首先在脑中想象一下箭头的形状，好对石头整形有一个大致的构想。

2. 将石头尽可能打磨薄，但是每次去掉的材料越少越好。

3. 你肯定会慢慢地得到符合要求的形状，同时也要最大限度地减少原材料的损失。

4. 当石头厚度在 1.5 ～ 3.0 毫米的时候，这个厚度对于制作箭头就足够了。

5. 在箭头的两侧各制作一个槽，最好是先在比较难以下手的一侧制作槽。

6. 然后在另一侧与刚才的槽相对应的位置制作另一个槽。最后进一步对箭头进行打磨和整形，这样箭头就可以使用了。

□制作箭

1. 寻找嫩枝，越直越好，而且不能有侧枝。

2. 小心地去除树皮，但不要切割到木质，因为切割到木质之后，箭会很容易折断。

3. 通过加热和往反方向弯曲的办法弄直树枝。

4. 在树枝的一端切割槽口便于后来安放弓弦，另一端切割一个更深的槽口用来安装箭头。

5. 准备用鹿筋来绑箭，找干燥的鹿筋，抽取长的纤维。

6. 将纤维放进嘴里嚼，让其变软和变黏：筋在遇水潮湿之后会粘在一起，干燥之后会收缩和变硬。

7. 当筋准备好之后，将其绑在箭身前端的槽口边上，防止箭身裂开。

8. 用同样的方式绑紧箭身的另一端。确保捆绑时鹿筋一圈压一圈，这样在干燥之后就能粘在一起。

9. 将在树脂胶里浸泡过的箭头安装在箭身的槽口上，安装的越深越好。确保箭头与箭身在同一条直线上。

10. 熔化更多的树脂胶，浇铸在箭头上，让胶流进缝隙中，更好地将箭头与箭身粘在一起。

11. 树脂胶弄好之后，再用筋将箭头和箭身绑牢进行加固。

12. 用筋给箭绑上羽毛，让箭具有平衡性。图中使用的是劈开的云杉树枝做成的"羽毛"。

利用石头制造工具

会制作用来切割的石头工具是一种非常重要的野外生存技能。在现代社会，你也可以出于兴趣或者感受历史等目的学习这项技能。

最简单的制作用来切割的石器的方法就是"两极敲打"。需要找一块长约7.5厘米的圆形的鹅卵石，最好是纹理清晰的甚至是玻璃状的（粗糙的石头不容易形成锋利的刃）。将其放进一个用石头堆成的槽子中，或者在石头周围堆沙子，让其保持竖立状态。然后竭尽全力用一块重的石头敲打鹅卵石。如果敲打的力度够大，鹅卵石就会裂开，形成一些长长的、锋利的石片，这些石片就可以在紧急情况下用做切割工具。

敲击石头

对于更精细的工具，使用的是一种被称为"敲击"的技术。用石头制造工具就像是下棋。你必须了解每一个步骤，然后将它们放在一起来综合考虑该去除哪些石片。

你正在使用的石片可能非常锋利（黑曜石比手术刀还要锋利400倍），因此做好保护工作非常重要。也就是说，戴上手套、在大腿上铺上皮革或者羽毛垫等。操作的时候还可能产生小碎片溅入眼睛，因此需要戴上护目镜。如果需要经常进行这种敲击工作的话，最好选择一个通风好的地方，如户外。在地上铺一张防潮布，在敲击结束之后，要认真清理地面和各种表面，确保周围没有任何锋利的碎屑。

↑ 石头工具和箭头可以用很多材质的石头做成。图中的箭头是用英国燧石做成的，而下面的箭头则是用陶瓷形变岩制成的。

↑ 根据功用和制作者的水平，可以将箭头制作成各种形状和大小。但制作的首要目标是实用，因此美观只能放到最后考虑。一块不美观的石片也能达到基本的功用。

□石片敲击过程

1. 对于大块的打火石，用"直接敲打"的方式。用手握住另外一端，直接用石头将石片敲下来。

2. 当石块很大，而又需要很薄的石片的时候，需要利用"软锤"（图中显示的是一块鹿角），敲打的方向应该顺着石片的方向。

3. 最后一种方法"压成片"可以用来在修整时去掉那些较小的石片，用一块适当大小的鹿角按住小石片，将其去掉。

□用石头制作刀子

1. 选一块鸡蛋大小的纹理清晰的鹅卵石，再选一块至少为鹅卵石两倍重量的石头当锤子，将鹅卵石放在坚硬的石头表面。

2. 将手指移开避免受到撞击，或者用沙子将鹅卵石直立地固定在石头表面，用当作锤子的石头竭尽全力对直立的鹅卵石进行敲打。

3. 理论上鹅卵石将会裂成很多带有锋利边刃的石片。即使不是如此，也应该至少得到一片图中这样的石片。

□制作砍刀

1. 用坚硬的锤子，有可能只用3个步骤就能制造像砍刀这样粗糙的工具。选择一块用做锤子的石头和一块燧石。

2. 将燧石上的锋刃用敲击的方式全部去掉。使巧劲，不要使蛮力。

3. 上面描述的原则将帮助你推断能产生锋刃的位置，然后根据需要对其进行敲击。

从考古学的观点来看，应该负责任地将这些碎屑进行处理。有些人会在处理这些东西的地方下面埋一个玻璃瓶，以向将来可能的挖掘者显示这些碎屑并不是远古时代的产物。

利用骨头和棍子制造工具

在解决好诸如住所、取暖、食物和水等基本的需求之后，可以利用身边的自然资源制造一些其他的用品。如果需要在野外生存很长一段时间，可以让生活变得尽可能地舒适，这样也有时间练习自己的技能，寻找最好的材料来制作工具。

制造骨头工具

任何被你猎杀来做食物的动物的骨头都应该洗干净以备他用。骨头很软，可以轻易用石头进行加工。骨头也很硬，完全可以打磨成锋刃或者削尖。骨头可以用来制作大量有用的工具，如针、钓鱼钩、锯子或者钻孔器等。大块的骨头和

兽角可以用做挖掘的工具或者锤子，还可以通过加工制作成锯子和刀子等。

骨头只需要用一块坚硬的石头进行敲击就会碎，但是会碎成什么样子是不可预知的。如果需要一个特定的形状，可以像切割玻璃一样首先在骨头上划出痕迹，这样能够让骨头更容易向预想的形状裂开，然后再用石头对其进行磨制以达到满意的形状。

骨头工具也能打造得极其锋利。首先用热油擦骨头，然后放在火上烤，最后像磨刀一样对其进行磨制，就可以得到非常锋利的刃，这样可以制作骨质刀或者箭头。

靠背和垫子

一个简单的靠背就能够让生活变得更舒适，让你能够在火堆前或者在住所内放松。一个简单的制作靠背的方法就是将一些结实的棍子搭成三脚架的形状。这种靠背既可以任意移动，也可以在不平整的地面上放稳。

你还可以编织草垫子，用来搭在靠背上或

□用骨头制作刀

1.大块的骨头，无论是找到的还是从猎物身上得到的，可以用石头砸成较小的碎片。

2.将得到的碎片根据需要工具的形状进行加工，可以放在石头上磨。

3.为了更精确，在已经基本成形的骨头工具上刻痕迹，然后根据刻画的痕迹对其进行进一步的加工。

4.当刀的加工工作全部结束之后，在打磨刀刃之前用热油涂抹刀片，然后放在火上烤。

5.像磨刀一样对骨头刀片进行磨制，直到出现刀刃。这时候用来磨刀刀的石头应该越光滑越好。

6.还可以在骨头刀片上连接一根较长的光滑的骨头或者树枝，用做刀柄。

□制作靠背

1. 选 3 根结实的棍子，每根长 90 ~ 120 厘米，每根棍子都要比较直。

2. 将 3 根棍子并排，然后在一端用一定长度的绳子绑好，不要绑得太紧。

3. 将绳子在每两根棍子之间缠绕，尽可能地绑紧。

4. 在绳子绑紧之后，把棍子立起来，将中间的棍子向后拉。

5. 将边上两根棍子分开，形成一个三脚架。调整棍子之间的距离，使三脚架安放平稳。

6. 在两根棍子之间绑上一些水平的棍子，这样能够提供一个平面让你依靠，最后在上面再绑上草垫子。

□制作草垫子

1. 收集大量的高草或者芦苇。首先将高草或者芦苇分成 7.5 厘米粗的小捆。

2. 将草捆从中间折断，折回，这样能够保证最后垫子的厚度基本一致。

3. 用 2 ~ 3 根长绳子将草捆上，将绳子缠绕 2 ~ 3 圈。

4. 图中绳子打好的结有一个平整的表面，然后可以在上面放置下一个草捆，以同样的方式将这个草捆固定好。

5. 继续以同样的方式添加草捆，直到达到草垫的长度要求。这种平整的节不仅能让垫子展开，还能有效消除草捆之间的缝隙。

6. 这种方法可以用来编织任何大小和任何形状的垫子。如果愿意，还可以对垫子的两侧进行修整。

者用来坐，这样会更舒适。草垫子也可以用来睡觉。当然，要制作草垫子，需要很多高草或者芦苇以及大量的绳子。在编织的时候，不断添加草，直到垫子长度达到要求为止。垫子的宽度由草的高度来决定。当然如果编织完成之后发现垫子太长，你也可以将其砍掉一部分。

利用天然树脂和油料

无论是动物还是植物都可以用来制作在野外生存中用途广泛的胶。动物脂肪除了用做食物以外，还可以用做润滑剂以及油灯的燃料。

皮质胶

皮质胶通常被用来粘合有机材料，是目前所知粘合力最好的胶。其缺点就是遇水会伸展，不能受热，还不能粘合石头这样的材料。皮质胶是用兽皮刮下来的东西或者生皮熬制而成的。皮质胶必须在烧热的情况下才能使用，在冷却的过程中能够迅速定形。要重新使用皮质胶，只需要添加少量水，然后慢慢加热。皮质胶只能存放几天的时间，因为它很快就会变质。

树脂胶

松类树（主要是松树和云杉）上的树脂能够制作成很好的防水胶。这种树脂会从树干上的"伤口"处流出，或者储存在树皮下的突起处，这样的话用棍子将树脂取下来就可以了。

将收集到的树脂放在容器内，然后放在火上烧。当树脂开始熔化的时候，会闻到一股强烈的松油味道，这是正常的。不要让树脂被烧开，那

□制作皮质胶

1. 将兽皮刮下来的东西放进防火的容器里，然后倒进一些水，水和皮质的比例为9：1。

2. 将容器放在火上，烧开。这时候脂肪可能会浮到表面上，将脂肪撇开，弃之不用。

3. 继续烧开，添加更多的水，防止所有水分蒸发，直到皮质完全溶解成黏稠的胶状。

□制作树脂胶

1.收集一定量的松树或者云杉树脂，放进防火的容器里。收集树脂的时候，尽量不要将其他杂质掺进树脂中。

2.将容器放在火上，慢慢加热。充分搅拌，让热量均匀散开，不要烧开。

3.添加适量碾碎的木炭、蜂蜡或者干燥的食草动物粪便作为"调和剂"以便树胶在冷却后变得更硬。让树脂胶凝固在棍子上或凝成一大块然后进行保存。

样会减弱树脂胶的黏合性。同时还要保证手边一个盖子，因为树脂很容易着火，一旦烧着，立即用盖子盖住容器避免树脂燃烧。如果你有大量的树脂，而且也需要得到很纯净的树脂胶，你可以对液态的树脂胶进行过滤，动作要快，否则树脂胶可能会凝固。

树脂冷却之后将恢复到以前的自然状态。为了让树脂胶更坚硬和结实，需要在里面添加"调和剂"。通常添加的物质有3种，3种物质各有优点。碾碎的木炭由于便于获取，是常用的添加剂。在绝大多数情况下，添加木炭都是可以的，尽管这种树脂胶干燥之后比较易碎。添加蜂蜡能够让树脂胶更具柔韧性，但是这种树脂胶不够结实，摸起来更油腻，而且成形之后会比较软。食草动物（如兔子和鹿）干燥的粪便是最好的添加剂。这种树脂胶最结实，而且最耐用，但是不够卫生，因此不要用它来粘杯子等用具。

该添加多少调和剂来制作树脂胶很难确定。首先按照1∶10的比例添加，然后取一点出来定型。如果定型之后已经坚硬了，说明就够了。如果还是比较软比较黏，则继续添加调和剂。添加调和剂之后，树脂胶必须在热的时候立即使用，因为一旦冷却就会定形。

最好是将树脂胶分成小份，每次用的时候取一部分就可以了。因为树脂胶被加热的次数越多，就越不结实。有很多种方法可以将树脂胶分

成小份，但是最简单的方法就是使用棍子。

手边放一个装满水的容器，将一根小棍子伸进滚热的树脂胶中，将棍子取出，这样棍子上就会有一些树脂胶，然后再将棍子放进水中，让树脂迅速冷却。然后再继续这样做，直到棍子上有足够的树脂。当树脂还有余温的时候，将这些树脂制成球状或者条状以便于保存。

在需要使用树脂胶的时候，你既可以加热需要使用树脂的地方然后将带有树脂的棍子放在上面，也可以加热棍子让树脂滴落在需要使用树脂的地方，这时候最好对需要使用树脂的地方进行预热，这样可以加强树脂的粘合效果。

油灯

顾名思义，这种灯是以油为燃料的。对早期社会的研究表明，古人们常常利用动物脂肪作为燃料照明。油灯可以使用任何不能燃烧的容器来制作。陶制容器尤其适合，因为可以根据自己的需要来进行制作，可以制成任何形状和大小，而且还可以很简单地制作一个油灯嘴来支撑灯芯。

灯芯最好使用含树脂量较大的树皮来制作，如铅笔柏或者椴木。用荨麻或者其他纤维织物制成的天然绳子也可以用来制作灯芯。将动物脂肪熔化在容器里，然后点燃灯芯就是一盏很好的油灯了。

□制作油灯

1. 制作油灯的容器可以是很多不同的材料。图中分别是一个简单的陶碗和专门制作的油灯容器。

2. 将准备炼油的动物脂肪放进防火的容器中放火上加热，不断取出熬炼出来的液态油。

3. 将油倒进准备作灯的容器中。要确保炼油的方法正确，这样油才能保持液态。

4. 将植物纤维搓成灯芯。灯芯最好使用含树脂量较大的树皮来制作，如铅笔柏或者椴木。

5. 将灯芯放入油中，一端略微露出油面。此前最好将整根灯芯完全没入油中一两分钟，这样可以帮助灯芯更好地燃烧。

6. 最后点燃灯芯。灯芯火焰的大小可以通过调节灯芯露出油面的长短来进行调节。

制作绳子

在野外生存环境下，你需要大量不同长短、不同粗细的绳子来满足各种需求，如绑定窝棚的柱子、捕鱼或者制作圈套等。绳子既可以用植物纤维也可以用动物纤维制成。像动物筋之类的纤维更结实，然而植物纤维往往更容易获取，而且不怕水，因为动物筋遇水之后会伸展。因此应当根据使用目的而选择绳子。

植物纤维

植物茎杆的内侧部分往往被用来制作绳子。带刺的荨麻是制造绳子的好材料，但是其他具有较长坚韧茎杆的植物也可以用来制作绳子。找那些嫩的绿色的茎杆，然后小心地去除枝叶，不要破坏到纤维（也不要伤害到自己）。用手套或者一块皮革去除茎杆上的毛刺，然后从一侧将茎皮破开，将茎杆里面的木质去掉，然后小心地将纤维表层的外皮刮掉。这种表皮不能增加纤维的结实度，而且往往会让纤维更加脆弱。最后小心地将纤维放在两手上搓，让其变得柔顺。

动物纤维

如果需要做非常结实的绳子，动物筋和生皮完全可以满足需求。这种动物制品的优点是在其干燥之后将会收缩，绑得更加紧实。其缺点就是潮湿之后会变松。

从动物身上取下筋之后，根据需要立即将纤维抽出。这种纤维在制作弓箭时尤其适宜，甚至都可以不需要打任何结。用唾液将纤维弄湿之后它会变得有黏性，绑上之后会自动粘到一起。

如果用动物筋制作很长的绳子，首先需要将筋放在木质表面上，然后用木质锤子对其进行连续敲打。如果使用石头或者金属锤子的话，就可能会将纤维砸断。可能需要敲打很久才能将纤维分开，这时候最需要注意的问题就是敲打的节奏。

□准备植物纤维

1. 很多不同的植物都可以用来准备制作绳子的纤维。如图中的黑莓枝。仔细挑选杆，尽量选用那些最长的茎杆。

2. 用一块动物皮或者其他的东西将茎杆上的毛刺和枝叶等杂物去除干净。

3. 沿着茎杆将其分为两半（如果茎杆太粗，可能还需要继续破开），确保裂口刚好从茎杆的中间穿过。

4. 这时候会发现茎杆里面有一种木髓物质，这种物质应该被刮除（这种物质可以保存好，钻木取火时，可以作为引火物）。

5. 向外折断茎杆以剥除茎杆上的木质部分。

6. 用锋利的东西小心地刮掉纤维表层的皮，剩下的纤维才是准备利用来制作绳子的材料。

□利用动物或者植物纤维制作绳子

1. 如果希望制作耐用的绳子，最好使用干燥之后的纤维，否则搓制好之后会收缩，导致绳子变松。

2. 将一束纤维握在大拇指和示指之间，两手距离约为5厘米。

3. 用右手将纤维往外搓动，这将会让纤维变紧。

4. 继续用右手搓动纤维，直到形成一个圈。

5. 用左手大拇指和示指将形成的圈握住。

6. 继续往外搓动纤维束位于上面的一侧，直到打圈为止。

7. 用右手握住搓完之后的纤维束，用中指和无名指握住下面的纤维束。

8. 右手往内搓动，将左手移动到两根纤维束交叉的地方。

9. 放开位于下面的纤维束，抓住位于上侧的纤维束，然后按照第6步的方法继续搓动。

10. 当两根纤维束卷紧之后，再次抓住位于下面的纤维束，再搓动，然后继续重复这些动作，直到绳子制作完毕。

11. 手上的纤维束用完之后，在用完的纤维束末端续上，但是避免让两根纤维束同时用光。

12. 要制作一根合格的绳子，必须让两根纤维束同样大小，这样才能够确保整根绳子粗细一致。

第8章
野外生存的食物与营养

　　无论你打算进行何种探险活动，食物都是影响你探险活动成功与否的重要因素之一。如果你在白天的艰苦跋涉、骑车或登山中消耗了大量的体力，那么肯定需要在一天行程的开始之前和结束之后好好饱餐一顿以恢复体力。当然，一大群人在营地中共煮共食也有助于提升团队精神。由于旅途中不可能有冷藏设备，有时候甚至连热水都没有，因此加倍注意食物卫生就显得尤为重要。

营养需求

　　待在家里时，你可以有很大的食物选择范围。在食欲正常的前提下，如果你能摄入各种你喜欢的食物，饮食肯定是均衡的。然而在旅行途中，你所关注的应是食物的营养，而非其口味，因为你所面对的可能是完全不同的气候环境以及完全不熟悉的食物；你所在的地方可能很难采购到食物；而且如果你将进行高强度的活动，客观上也要求你摄入高能量的食物。营养不良很容易导致疲劳甚至疾病。特别是当团队中有儿童时，你更得尽量满足他们的所有饮食需求。

　　均衡的饮食必须包含以下元素：碳水化合物、蛋白质、脂肪、维生素和矿物质。

碳水化合物

　　植物通常都以碳水化合物的形式来储存其大部分的能量，如谷类、蔬菜和水果就是典型的富含碳水化合物的食物。碳水化合物可以分为两类：简单碳水化合物和复合碳水化合物。

　　简单碳水化合物主要是糖。这类碳水化合物极易被人体吸收，且能快速地为人体提供能量（如果该能量没有立刻被消耗掉，其会以糖原的形式存储在体内）。水果就是富含糖类这种简单碳水化合物的食物。对于旅行者来说，可以带果干，这样能够减轻重量，且易于携带。然而，糖类所提供的热量要远远少于其他食物。此外，过

↑ 意大利面是富含复合碳水化合物的食物，也就是说其消化过程缓慢，能够持久地为身体提供能量。

多地摄入糖类会使你的体内产生更多的胰岛素，从而降低血糖水平。因此，如果你需要快速地补充能量，应该将含糖类食物和其他食物搭配在一起食用。

　　复合碳水化合物多存在于含淀粉类食物中，如面包、米饭和豆类。淀粉在被人体所吸收之前，要先转化为单糖，但是其所提供的能量更持久。因为淀粉类食物需要更长的消化和吸收时间，所以也就能够为诸如长途跋涉、登山、骑车或划船之类的耐力活动提供持久的能量。

　　建议你最好摄入未经加工的食物和纯谷物类食物来获取碳水化合物，因为它们能够同时提供必要的维生素和矿物质，而那些经过加工的精制食物已经损失掉部分营养元素。当你在国外旅行的时候，要弄清当地主要食用哪种谷类食物，并把该谷类作为你的主食。

↑ 鸡蛋能够为人体提供大量的蛋白质和脂肪，可用于各种菜肴。

蛋白质

蛋白质不仅为人体提供能量，还提供了大量的人体必需氨基酸。氨基酸是身体成长和组织修复的必需元素，能产生各种酶、激素和抗体。正因为如此，儿童尤其需要大量的蛋白质。此外，受伤和生病的成年人也需要补充大量的蛋白质来帮助其复原。

完全蛋白质含有所有重要的氨基酸，主要来源于动物类食品，如肉、鱼、蛋、奶等。而谷物和豆类所含的通常是不完全蛋白质。因此，那些不食荤腥的素食主义者应该将谷物或豆类与其他食物搭配起来吃才能获得均衡的营养，例如，将豆类和糙米、坚果等一起搭配食用。

脂肪

除了以上所提到的碳水化合物和蛋白质以外，饮食中还应含有一定的脂肪。脂肪是人体能量的最集中来源，特别是当你进行一些剧烈活动的时候。相同质量的脂肪和碳水化合物，脂肪所提供的能量几乎是碳水化合物的 3 倍。高脂肪的食物有牛奶、奶酪、食用油、蛋黄和坚果等。

维生素和矿物质

均衡的饮食需要摄入一定量的新鲜蔬菜和水果，因为它们能为人体提供大量的维生素和矿物质。然而，人体不能将维生素和矿物质存储在体

■水

摄入足量的水是保持人体各部分机能正常运转（消化、吸收、循环、排泄）的关键。此外，维持人体正常的体温也需要足量的水。即使是轻微的脱水也会使人出现诸如易怒、恶心以及头痛等症状。

尽管人身体的 75% 都是由水构成的，但是人体却没有办法在体内存储。水不断地通过正常的呼吸、出汗、小便、消化等途径流失。一般来说，1 个人 1 天必须至少摄入 3 升的水。

内，同时旅途中又不可能总是有新鲜的食物。为此，建议你带上多种维生素补充片。盐对人体来说也是一种重要元素，但人们通常只会摄入过多的盐，而不会摄入不足。因为当身体需要盐时，你会对比较咸的食物更有兴趣。

合理的食物摄入量

由于在户外活动，大多数人的饥饿感都会比平时强烈许多。每个人的胃口都各不相同，但是要想一天都体力充沛，你必须比平时吃得更多。如果你是随身携带食物，你应该在自己可承受的范围内尽量多带。

男性在一般的生存条件和运动强度下，一天大概需要 10460 千焦的热量（对于女性而言，该数字要稍微低一点）。如果是要从事诸如远足、登山或划船之类的高强度运动，这一数字则上升到 14650 千焦。此外，在严寒气候下，也会需要更多的热量来维持人体的正常体温。因此，综上所述，户外运动中男性 1 天约需要 20900 千焦的热量，换句话说，是平时 1 天所需热量的 2 倍。

如果能将上述对于所需热量的粗略计算应用到饮食上，你基本上就能够合理地摄入所需的食物，以便获取足够的热量。此外，为孩子准备食物时，最好能迎合他们的口味，以便让他们乖乖地吃饭。

饮食规划

合理的食物选择对于旅行来说是十分重要的。每个团队成员都应当获得均衡的饮食。在旅行的计划阶段，你就应该决定好所配给的食物类型以及烹饪方法。此外还应该了解一下是否需要一些特殊的膳食补充。

各种食物的配给

野营的时候，一般有 4 种类型的食物可供选择，它们分别是：新鲜食品、脱水食品、袋装食品和罐头食品。以下将详细介绍这 4 类食物的优点和用处。

除非你所前往的旅行地十分偏远和闭塞，否则建议将各种食物搭配起来食用。比如，将你随身携带的脱水食物与当地买的新鲜食物搭配起

来。在旅行中的不同阶段，所能得到的食物配给也不尽相同。

● 在行进途中，吃预先包装好的食物或者找一家路边的小餐馆是比较好的选择。

● 在营地的时候，因为可以把各种炊具拿出来使用，可以吃一些现做的新鲜食物以及罐头食品。

● 在野外进行某项活动时，你只能吃一些背包里存放的脱水食品和袋装食品。

无论你吃的是何种食物，有一点是必须要记住的，即不要随地乱扔食物的包装袋和罐头盒。

如何计划食物配给

在做食物配给计划的时候，你得考虑到如下可能会限制你所能携带的食物种类与数量的因素。

● 重量。
● 体积。
● 燃料。
● 团队成员的数量。
● 包装。
● 烧煮时间。
● 烧煮方法。
● 价格。

在旅行途中，你能很容易地买到当地的食物吗？如果可以的话，你可以选择携带一些包装食品，这样与现买的食物搭配起来吃，口味应该还不错；反之，你就得更关注所携带食物的口味了。

在制订食谱时，有一点需要注意的是：你所选择的食物必须是大家都能够接受的食物。

特殊要求

在制订食谱的时候，你得了解一下各个成员

↑ 对于一次人数众多的旅行活动来说，最好在所携带的各种食物的包装袋上贴上标签（注明该食品将在到达哪一个地方时食用）。

的特殊饮食需要，以便做出一个尽量让每个团队成员都满意的食谱。有些团队成员可能由于食物过敏等原因，会对食物有特殊要求。关于此类信息，你必须在出行前了解到并采取相应的措施，以满足他们的特殊需求。

采购食物的预算

根据每人的日常饮食费用以及应急饮食费用，你得制订出整个旅行期间所需花费在食物上的总预算。只有在有根据地推测和对目的地详细调查的基础上，才能得出一个大致精确的预算。如果到时候购买食物的预算不足的话，后果将不堪设想。因此，你所做的预算要尽量精确。

人数越多的团队，花在食物预算上的钱越划算。相反，人数较少的团队需要更多的食物预算。如果你们打算在餐馆里吃几顿的话，则所需的预算就更高了。

食物的包装

如果你决定携带包装好的食物，你得确定这些包装食品含有你所需的所有营养元素。除了带上食品之外，你还得根据食品的不同包装，带上纸巾、开罐器等物品。

如果你们所进行的是一次时间较长的旅行，而且会在沿途多次扎营，那么建议你在所有的食品包装袋上标明计划食用的地点，以免提前将食物吃完。

食品包装上的标记要让每个人都看得懂，免得到时候大家都来问你。建议你不要贴不同颜色

■快乐饮食

煮饭与吃饭是野营生活中的一个重要方面，因此应当将这个环节搞得愉快一些。即便你们所能吃的食物种类十分有限，也要尽量调动大家的情绪。

⊙ 除了询问某些团队成员的特殊饮食要求外，你还得尽量了解每一个团队成员的饮食喜好。

⊙ 适当地携带一些特殊的奢侈食品，包括某些成员特别喜欢吃的食物。这些奢侈食品可以在一些特殊场合拿出来作为庆祝，如到达了某个探险目的地，或者为某位成员庆祝生日，或者处于整个旅行的艰难时期。

的纸条来做区分，因为也许某些成员是色盲。

对于那些包装食品，其包装越简易越好，以免产生太多的垃圾。此外，你得确定食品包装的牢固性。当然，也不要牢固到很难打开的地步，否则就会影响到你吃饭的心情。

如果你所携带的包装食品是用马、骆驼等动物来驮运的，则需在那些食品包装的棱角加垫一些东西，以免戳到动物的身体。如果是开车旅行，也需要给食物加垫一些东西，以免路途的颠簸影响食物质量。

携带食物出境

如果你打算将国内的食品带到所前往的国外旅行地（也许你会采取事先将这些食物托运过去的方式），你最好了解一下相关国家食品进口方面的规定和限制以及所需的费用。有时候，你可能会发现将食物随身带走要比事先将大批量的食物托运到国外更便宜和更方便。

当地的食物

旅行的最大乐趣之一就是能够品尝到各地的特色美食。当然了，也要注意病从口入。因此，无论是在餐馆吃还是自己在营地煮着吃都要注意食品卫生问题，以免吃坏了肚子而破坏了旅行的兴致。

避免食物中毒

无论是在国内还是在国外旅行，吃经过合理烹饪的新鲜食物都是至关重要的。尽管有时有些食物看起来很不错，但其有可能受到过污水或者苍蝇的污染。

有些国家的主要水源不是很可靠，因此最好避免吃未经煮熟的食物，如生拌沙拉。如果你对餐具的卫生不放心，在吃餐具内的食物时，可以将底下的一些倒掉不吃。

烧饭和吃饭的时候，都要记得把手洗干净。此外，还要注意如果桌上放着一些煮熟的食物和打开的酱料，要防止苍蝇落在上面。因为食物的香气是很容易招引苍蝇的。

外出就餐

如果你打算上当地的餐馆就餐，你最好去那

↑ 对于露天放置的食物要谨慎食用。如果要外出就餐，建议选择那些人气较旺的餐馆。

些当地人光顾得比较多的餐馆。因为这些餐馆的菜肴肯定是比较正宗的，而且你还能顺带了解一下当地的饮食文化。再有，一般来说，人越多的餐馆，其菜肴就越新鲜和美味。

有些地方对食物卫生不是很讲究，而且当地人由于长期吃那种卫生标准的食物，肠胃并不会出问题。而你却极有可能会吃坏肚子。因此，当你看到当地人在街边一些看似不太卫生的食摊上津津有味地吃东西时，千万不要效仿他们，以免导致腹泻甚至痢疾。同样，一些小店里自制的冷饮也需谨慎食用，最好只吃那些较有知名度的冷饮。

当你在当地的餐馆里就餐时，最好能看到餐馆烹饪菜肴的过程，特别是贝类和肉类，有些在烹饪前就已经变质了，有些有可能含有有毒物质。只有那些烹饪前还鲜活的贝类才能放心使用。

当地食物的购买

如果你打算在旅行目的地采购食物或外出就餐，你最好事先了解一下当地有哪些可以买到的食物和特色小吃及其价格。这类信息一般通过旅行机构和最新的旅游指南获知。一些季节性食品的价格可能会随着季节的不同而变动，事先做一下了解会有一个大致的预算。

当地食物的烹饪

新鲜蔬菜和水果在食用前一定要用水冲洗干净，最好再在纯净水里漂洗一下。如果你没有时间清洗，比如，你正在逛当地的市场时突然想要吃某种水果，那么最好挑选那种可以剥皮的水果。而且买之前要检查一下水果的表皮是否有破损。

在食物卫生状况比较糟糕的地方旅行时，最好不要买西瓜吃，因为西瓜可以注水。

观察当地习俗

如果你有幸被当地人邀请到家里吃饭，你得事先了解一下当地的风俗习惯。作为一个旅游者，你应该注意观察当地的一些礼仪规范，并要入乡随俗。

饮食禁忌

在行前做旅行计划的时候，你得事先了解一下旅行目的地的一些饮食禁忌。

饮料

咖啡和茶都要用煮开的水冲泡才可以，因

↑ 未经消毒的牛奶中含有许多细菌，因此在一些食品卫生比较糟糕的地方，要注意避免饮用此类牛奶。

↑ 在气候炎热的一些地区，诸如鱼肉之类容易变质的食物，最好是当天烧当天吃完。

此是相对比较安全的饮料。至于那些未经消毒的牛奶、散装水和自制冷饮，建议你还是不吃为好。瓶装饮料也要尽量选择那些品牌知名度较高的。

至于酒，并不是每个地方都公开出售，因此在进入这些国家之前，你得把行囊中的酒类都清除出去，否则会被该国的海关人员没收，甚至还要罚款或拒绝通关。

脱水食品

脱水食品的主要优点是分量轻，尤其是当你背包徒步旅行的时候，考虑到这一点显得尤为重要。当然，其口味远远不如新鲜食品和罐头食品。因此在食用脱水食品的时候，也许你需要加一些调味料来使其口味变得更好一些。

脱水食品的分量很轻，在食用时，你需要用热水将其泡开。如果你打算在途中自己用营火来烧水，并且沿途也有可饮用的水源，那么你只需带一个锅子就行了。但如果以上这些条件不具备，也就是说你得自行携带炉子、饮用水和锅子以及燃料，那么所有这些东西加起来可就是个不小的负担了。

脱水食品一般分为两类：一种是真空的脱水食品，另一种是冷冻的脱水食品。也就是说，脱水食品的包装都是密封的，这样才有助于保鲜。大批量地购买食品要比少量购买更便宜，因此你可以买大包装的脱水食品，然后再分成若干份，但要注意不能将其内部的小包装弄破。

真空的脱水食品

所谓真空的脱水食品，即是将包装袋内的空气和湿气全都抽走。这种处理方式往往容易破坏食物的细胞结构，造成脱水食品的形状总是糊状的。不仅仅食物的形状改变了，食物的味道也被破坏了。

> ■健康问题
>
> 如果你长期食用脱水食品，你会很容易便秘。多吃一些干果和多喝水会有助于防治便秘。此外，你可以服用一些矿物质补充片来均衡饮食。
>
> 如果你处在一个缺水的环境中，千万不要干吃脱水食品，这样只会加快你体内的水分消耗。

□脱水食品的加工

1. 将脱水食品倒进锅中，搅拌一下使其中的结块分解。

2. 向锅中加入一些清水，并将其浸泡一段时间。如果是在高纬度地区，则需要加更多的水，且需要更长的烧煮时间。

3. 将锅放在文火上煮，并不断地搅拌，以防止其粘锅。锅中的脱水食物已完全重新水和，才表明食物被煮透了。

冷冻的脱水食品

这种保鲜方式要比真空保鲜方式更能保持食物的原味。当你将包装袋内的食物解冻并加工后，其外观和味道都比较接近于新鲜的食品。

改善脱水食品的味道

在正式出行前，你有必要在家里试验一下在旅途中食用脱水食品的最佳加工方法，同时也可以看一下你是否能接受这种味道。也许你可以加入一些辣椒粉或洋葱之类的新鲜蔬菜来改善其味道。

如果有时间的话，你最好让脱水食品在烧煮之前多在水里浸泡一会儿。此外，在浸泡的时候，最好盖上盖子。因为野外虫蚁比较多，须防止其爬入。

罐头和袋装食品

罐头和锡箔包装食品的优点在于：口味较好、可开袋即食、保质期较长。由于锡箔包装食品的分量更轻，因此在军用食品方面，已经代替了罐头食品。

罐头食品

几乎所有的食物都可以被加工成罐头食品。只要罐头没有破损，罐头食品都是可以放心食用的。但也有一点例外，即当罐头的盖子出现鼓起时，则表明其内部的食物已经变质。现在，大多数罐头食品的包装上都会明确标注其保质期。罐头食品是已经被煮熟的，因此可以在未经加热的情况下立即食用。这样，在一些紧急状况下，有罐头食品就会方便得多。蔬菜类和水果类的罐头食品多为腌制品和果酱，其分量相对较重。

虽然大多数罐头食品上都有拉环，但是容易拉断，因此还是要带一个开罐器比较好。吃完罐头食品后，不要将罐头盒乱扔，要么随身带走，要么将其填埋掉。

袋装食品

袋装食品的特点在于可以将其连同包装一起放入沸水中煮一定的时间，然后出锅就可开袋食用了。当然，和罐头食品一样，在紧急情况下袋装食品在未经加热时也能开袋即食。

其另一个特点就是可以将好几种袋装食物同时放入沸水中进行加热，而且不会把锅子弄脏，可以省去煮完食物后的刷锅之劳。

□袋装食品的加工

1. 将清水倒入放在炉子上的锅里。

2. 当水煮沸的时候，将袋装食品连同包装袋一起放入沸水中煮10～15分钟。有些袋装食品所需的加热时间可能短些。

3. 加热之后，就可以倒在盘子里吃了，也可以直接在袋子里吃。

除了以上提到的一些优点之外，袋装食品的主要缺点是其包装没有罐头牢固，容易在旅途中被一些尖利的东西戳破。此外，品种比较单一，目前市场上袋装食品大多是炖菜和沙锅菜两种。最后一个缺点就是价格较贵。

食物的包装

准备好的食物配给要仔细地进行打包并贴上清晰的标签。当然，你所携带的具体食物将取决于你所前往目的地的气候类型、你将要进行的活动以及运输的方式等因素。但是，无论什么食物，你都要将其捆扎好，以免在途中被压碎或污染。此外，你还应该尽量减轻所携带食物的重量。

准备携带的食物

一般来说，你准备在旅途中食用的食品本身都是有包装的。但是你需要考虑一下有些食品是否有重新包装的必要性。在你拆除原有包装袋的时候，一些涉及食物加工方法和存储条件等信息的包装纸不能扔掉。此外，你还应该在包裹里放入开罐器、纸巾、食盐、辣椒粉等物品。

存放食物的容器

如果你所进行的是一次周末背包远足，那么使用一些牢固的塑料密闭容器来盛放食物是比较合适的，这样能够将食物和其他物品很好地隔离开来，并能有效防止食物在途中被压碎。诸如洗洁精和食用油等可灌在塑料小瓶里面。

用于盛放食物的容器一定要有很好的密闭性，这样才能使食物保鲜。此外，这些容器最好能够颜色各异，以便于你寻找所需要的食物。尽管如此，你还是应该在各个容器外面贴上明确的

↑ 这种塑料容器能够有效防水和防止虫蚁进入。

■ 食品安全

在将食物装进容器之前，检查一下食品的包装是否有破损。

查看一下包装袋上的保质期，看其是否已过期。

所有盛放食物的容器都必须有良好的密闭性。

熟食与生食要分开放置，以防交叉污染。

在气候炎热的地区，所购买的新鲜食物要当天煮当天吃完。

食物的存储要避光和避免直接接触地面。

标签来注明其内装的食物品种。熟肉和生肉要分别放置在不同的容器里，以免食物交叉污染。在营地的时候，放在台子上的食物都务必要用东西盖着，以防苍蝇落在上面。取完食物后，不要任盖子随意打开着，否则食物的香气会将野兽和虫蚁招引来。另外，存放食物的容器要避光放置。

食物包装

交通方式将是影响你所能携带的食物重量的一个重要因素。

■ 水的携带

水的分量比较重，但同时又是在任何时候都必不可少的。如今，市场有很多种类型的储水容器。

⊙如果你用的是水袋，要注意避免与尖利物体接触，以免戳破水袋。

⊙每天行程结束后，都应该检查一下水是否有渗漏。

⊙净化过的水与未净化过的水要用一定的标记区分开来——可在瓶身上贴上不同颜色的胶布或在手柄处系上不同颜色的绳子。

⊙如果你所用的是帆布水袋，可以将水袋挂在外面，这样可以起到降低水温的作用。

← 这种可折叠的储水容器用起来很方便，但是长时间使用后其折叠处易出现裂痕。因此，如果你所使用的折叠式储水容器是旧的，建议你在使用之前检查一下其是否有裂缝。

← 水袋有多种型号可供选择，其优点是所占的空间比较小，但也容易被弄破。

如果你是驾车旅行，食物的重量将不成问题。但是如果你所行进的路途十分颠簸，则对食品的包装要求就比较严格了。如果包装不好，食物很可能被其他物品污染或者被压碎。

如果你是使用某种牲畜来驮运行李，那么食品的重量和包装这两个方面都需要仔细考虑。超重将会让牲畜不堪重负，而不当的包装将可能对牲畜的身体造成损伤。如果你是划船旅行，则需要考虑如何保持食物干燥以及解决船上空间狭小的问题。在这种情况下，你所用来存放食物的容器必须要有防水功能。如果是背包徒步旅行，那么重量问题将是你应优先考虑的。一般来说，你应遵循尽量减轻所带食物重量的原则。

户外炊事规划

如果你所进行的只是一次轻装野营，那么你的炊事用具也就是营火或炉子而已。但是，如果是时间较长的野营活动，那就十分有必要来规划一下如何在营地布置你的炊事场所了。

建立炊事场所

建立炊事场所首先要做的就是将你们选中的作为炊事区的地块用一些东西围起来。如果营地中有小孩，还需采取一定的防护措施来避免让小孩接触到炉子。存储食物的营帐和柴堆等与准备食物有关的设施都应该设立在炊事场地的附近。

下一步要做的就是在围起来的炊事场所内选

↑ 安全的炊事场所必须要有足够宽敞的空间。在火堆的四周围上一圈粗大的原木可作为一道安全栅栏，同时也可供炊事人员当凳子坐。

↑ 在一个长期驻扎的大本营里，如果你能搭建一个摆放锅碗瓢盆的架子，炊事场所将会显得更加井井有条。

择一块地来搭个灶台。如果刚好该地块上有一些自然特征可供利用，如一块扁平的岩石，你就可以将其作为灶台的底基；如果没有的话，则自己用一些砖块搭一个。你们所搭建的灶台一定要具备相当的牢固性，以免到时候将锅子放到上面后发生坍塌。如果你们是生营火的，注意不要将柴火四散堆放，以免绊倒人。

上面提到过，储物的营帐应设置于炊事场所的周围。这是为了方便拿取一些食物、炊具等。但是太靠近炊事场所也有可能让炊事人员感到场地拥挤。

保护炊事场所

除了灶台，你还可以做一些木头架子用于放置锅碗瓢盆之类的厨房用具。这样会使得炊事场所更加整洁和井井有条。如果该炊事场所周围有树木，这也是一个优势。茂盛的枝叶可以为你提供一个很好的遮荫之所。当然，灶台的位置也不可太靠近树木。此外，你还可以利用树上的某些枝杈来悬挂一些炊具。这要比直接放在地上干净得多。

用餐场所

对于一个人数较多的野营团队来说，设一个专门的就餐场所是非常有必要的。这有利于保持营地中其他场所的整洁。如果你所在的地区经常下雨，那么你们的炊事和用餐场所最好有棚盖遮挡风雨。各个团队成员最好不要在各自的睡觉帐

↑ 如果能将火堆或火炉生在一个木架子上，炊事人员就可以不用弯腰了。但是，该木架一定要足够稳固，确保其能够承受燃料和锅子的重量。

篷内用餐，以免食物的残渣或碎屑招引虫蚁。炊事场所的旁边需要挖两个坑（详见"建立大本营"一节），一个用于处理废水，另一个用于填埋食物垃圾。每个成员用餐完毕后，都应将食物残渣立即处理掉。

食橱

　　储物帐篷用于存放那些脱水食品和包装食品，新鲜的食物也同样需要放在一个避光的场所。为了解决这一问题，你可以做一个悬挂式的食橱。这种食橱在市场上也可以购买到。制作食橱所需的材料为几块木板、一块粗棉布或尼龙网罩以及几根绳索。该食橱可以悬挂在炊事场所附近某棵大树的枝杈上。这样一来，食橱就避免了太阳的照射，而处于一个较为阴凉的地方。你可以将仔细包捆好的食物存放在该食橱内。

防熊偷食的办法

　　万一食物的香气把某些野兽招引到了营地，那你们的食物可能就要遭殃了。为了保护食物，食橱和其他一些存储食物的包裹最好要悬挂在那些野兽够不着的枝杈上。特别是当你们在某个有很多熊类出没的地区时，这一点显得尤为重要。一般来说，将食物悬挂在离地4米以上并且距离主干3米以外的树枝上，熊就不太可能拿到你们的食物了。此外，帐篷应位于食物悬挂处的上风区，以免熊在顺着食物的香气寻找所悬挂的食物时路过你们的帐篷。

　　如果营地周围没有树木，则上述方法就不适用了。在这种情况下，你只好尽量避免携带新鲜食物，而代之以脱水食品、袋装食品及罐头食品。如果真的很想在营地中吃一些新鲜的食物，则一定要用较厚的包装纸将其包裹严实，以防香气外泄，招引野兽。而且一定不能将食物存放在自己睡觉的帐篷内或者帐篷的周围。

食物的存储与卫生

　　野外探险会面临诸多危险，其中之一便是食物卫生问题。记住，团队中每一个成员的身体健康都取决于整个团队对这一问题的关注程度。如果团队中的某些成员没有遵循一些基本的安全饮食原则，他们就有可能腹泻甚至是食物中毒。

食物的准备

　　无论是谁，在准备和烧煮食物的时候，务必要勤洗手。在准备食物的过程中，熟食和生食要分开放置，而且最好用不同的砧板和器具来进行处理。如果没有那么多的砧板和器具，则在交叉处理熟食和生食的过程中，注意清洗相关用具。

↑ 不同的食物最好要在不同的砧板上切，以避免食物交叉污染。

↑ 每次用餐后，碗筷盘碟都要用热水洗净。

↑ 建议你每隔三四天用抗菌洗涤剂彻底地清洁一下各种厨房用具。

清洗

每次用餐后，锅碗杯碟等用具都要用热水清洗干净。如果可能的话，最好每隔三四天往水里加入一些消毒剂。每个成员吃饭和喝水的用具都应当严格分开，以切断任何可能的传播途径。

在长期驻扎的大本营里，最好能够每隔三四天用抗菌的洗涤剂擦洗一下各种炊具和厨具。在气候炎热的时候，最好每天都能清洗一次。所有的抹布和碗碟擦干布也都要经常清洗。

木质厨具尤其要保持洁净，如果发现其出现缺口，就不要使用了，因为这样的木质厨具容易滋生细菌。

用餐卫生

刚煮好的食物宜趁热食用，因为食物凉了之后就容易滋生细菌。鉴于此，在食物快要出锅的时候就召集大家吃饭，这样才能把热气腾腾的食物盛到大家的碗里。

如果可能的话，不同的食物最好都能用各自专用的勺子舀。在舀食物时溢出的汤汁要及时擦干净。

无论是分发食物时或是你自己用餐时，如果要用手接触到食物，包括面包在内，务必要先把手洗干净。

最后，食物在出锅后食用前的一段时间内，都务必把食物放在避光处并用东西罩住。

干货的存放

所有的食物都应该存放在避光、干燥和通风的地方。你要尽量确保所存放的食物不会被鸟类和啮齿类动物偷吃到。存储食物的容器一定要盖好。如果盛放食物的锅子没有盖，你可以用一块粗棉布罩在上面。

如果设有专门存储食物的帐篷，食物就不应该放在自己睡觉的帐篷里。但如果是一次轻装野营旅行，就不太容易做到这点了。但是你应该将所有的食物都放入密闭的容器里面。

在热带地区，如果你从当地的市场上买了些咸鱼或咸肉，在煮之前务必要用水好好洗一洗。因为这些鱼肉在太阳底下晒干的时候，总是会有很多苍蝇落在上面。

新鲜食物和熟食的存放

除非带有冷藏设备，否则建议你不要长期存放新鲜食物和熟食（在气候炎热的国家，存放时间不能超过24个小时）。所有的新鲜食物和熟食都要避光存放，并用菜罩或粗棉布罩起来。此外，熟食与生食不能放在一起。

↑ 尽管这种塑料大盆比较笨重，但是用它来洗碗要方便得多。

↑ 在洗干净的碗碟上盖一个纱布罩能够防止苍蝇落在碗碟上。

↑ 这种网眼菜罩用于防苍蝇是很管用的。

■用餐卫生

⊙与厨具一样，用餐时的餐具也要求有很高的清洁程度。

⊙分发食物不能是自助式的，也就是说不要用个人的餐勺来取锅里的食物，而要用一个公勺来分发。

⊙你得确保用于分发食物的勺子是绝对干净的，而且每种食物最好都有其各自的勺子。

如果你们的营地离当地的市场很近，最好每天都采购一些新鲜的食物，并且现煮现吃，不要留剩饭。这样就不存在食物存放的问题了。

如果不想每天都往市场跑，也可以和当地的某个小贩约好固定的时间和地点，让他把菜给你送来。

在营火上煮食

大多数时候，将熄未熄的营火木炭要比旺火更适合烧煮食物。因此，建议你当火势已去之时，再将装有食物的锅子放到营火的木炭上面。

厚实的锅

在营火上使用的锅一定要比较厚实，否则不利于锅的受热均匀，容易将食物烧焦。如果是直接放在营火上烧，锅底还很有可能被烧穿。

烤箱用的隔热手套也是必需的，在端放锅的时候需要用到。在端放锅时，你要小心别让烟灰进入眼睛。

如果锅很重，可以由两个人一起从营火上端下来。你也可以用一根棍子套在锅的两个手柄处，再由两个人一起抬下来。但是，所使用的棍

↑ 当你把锅放到营火上的时候，你要确保该锅子的底部是完全稳固的，不会在烧煮过程中倾斜。

■炊具的维护

如果你打算在营火上烧煮食物，则建议你在锅子的外壁上涂上一层用洗衣粉和清水和成的浆糊。待该浆糊干燥了以后，再将其放在火上使用。有了这个涂层，你就能很容易地将锅子外壁上的烟灰清洗掉。

子一定要非常结实，否则后果不堪设想。

在风大的日子里烧煮食物的时候，要尽量注意别让烟灰掉进食物里面。

计划烧煮时间

在开始准备烧煮食物之前，你得考虑好如何利用营火，比如说在火最旺的时候烤肉、在火快熄灭的时候把锅子放上去煮东西。如果你要烧煮好几样食物，则要根据其所需的烧煮时间来决定烧煮顺序。所需烧煮时间长的食物，要先放到营火上烧。

维持木炭的燃烧

当营火生好后，在烧煮食物的过程中你仍得时刻关注其火势。一旦发现木炭快熄灭时，要立即将锅子从木炭上拿下来，并向木炭中添加一些柴火。最理想的状态是让火堆的一部分有一小撮营火，以便为其他的木炭提供热量。这样你就仍可将锅子放在木炭上烧煮。这也是最有利于食物烧煮的状态。

柴火一定要准备充足，要是食物烧了一半，柴火却不够了，会是件很麻烦的事。

野营烧烤炉

如果你有野营烧烤炉的话，可将其放置在营火的一端，并在周围洒上一圈泥土或沙子，以利于其温度处于稳定状态。烤炉的门应背向火堆，这样便于将食物伸进里面进行烧烤。

一般来说，正常的烤炉都是上部温度高下部温度低。因此，不宜将火直接置于烤炉的下面，这样会使烤炉下部的温度变得最高，从而容易把食物烤焦。

直接将食物放在营火上烧烤

直接将食物放在营火上烧烤非常有野趣。当然，这对于一个人数众多的野营团队来说是不太现实的。这类烧烤需要在没有烟的木炭上进行。你还可以将食物包裹上锡箔纸，以利于保持食物的水分，并防止烟灰掉在食物上面。

在吃烧烤食物之前，你得务必确定其已经完全烤熟了。为了缩短食物烤熟的时间，可以将食物尽量切得薄一些。同时每一块的大小厚薄也应大致相同，以便其能够大致在同一时间熟透，而不会出现几块熟几块生的现象。

在炉子上煮食

如果你打算使用炉子来烧煮食物，你们得事先决定大概需要一次能供几人伙食的炉子，或是需要多少只炉子（如果是一个大团队的话）。单火口的炉子虽说很轻便，但是能煮的东西太少，准备食物得花很长的时间。

安全使用炉具

使用炉子时，要将其放置在通风的地方，也就是说绝对不能放在睡觉的帐篷里面。不仅如此，连炉子所用的燃料也不宜存放在睡觉的帐篷里面以及附近。如果你们使用的是煤气炉，尤其要注意这些安全事项。比较封闭的空间和明火的附近是不适宜更换煤气瓶的。在换煤气瓶之前，要先将炉子的阀门关紧，以防在换煤气的时候发生泄漏。

炉子所产生的火焰肯定不如营火那么炽烈，因此你所使用的锅子也可以是轻薄型的。尽管其火力不是特别猛烈，但是当将其调到最大火力烧煮食物而又没有人看着的时候，食物也是很有可能被烧糊的。如果碰到风比较大的日子，你可以在炉子周围围上专用的野外炉具挡风板，用几块石头或几根木头也行。但是，你得确保没有将任何易燃的物品放得过于靠近炉子。

食物煮完之后，要立刻随手将阀门关紧。如果需要换燃料，要待炉子冷却下来以后才能进行。在把炉子收起来之前，最好用抹布将其擦干净（也许有些炉子配有专门的清洁用具）。

单火口的炉子

如果你进行的是一次背包徒步旅行，而且只能携带一只单火口的炉子，那你就得好好地考虑一下如何准备食物了。要知道，在这种情形下，你不可能在炉子上同时煮好几样食物。

在开始准备烧煮食物之前，先检查一下燃料是否充足，免得半途中需要更换或添加燃料。此外，当锅子放到炉子上之后，你一定要在一旁看着。因为当放上锅子之后，整个炉子就变得头重脚轻了，容易翻倒。

多火口的炉子

如果你带的是多火口的炉子，或许还有烧烤的铁架子，那你就可以像在家里一样烧煮食物了。除非你们带有烤炉能将冷的食物随时加热，否则最好计划好以让所有的食物大致在同一时间准备好。

除了炊事人员之外，不要让其他人员随便地进进出出炊事场所。特别是当炉子是设置

↑ 放置炉子的地面一定要十分平坦，以免在使用的时候翻倒。

↑ 风大的时候，可以在炉子周围围上专用的野外炉具挡风板，用几块石头或几根木头也行。

在帐篷或某个较封闭的空间里的时候，尤其要禁止闲杂人等随便出入。因为人太杂很容易发生碰翻炉子或菜肴的事件。万一在封闭的空间里发生此类事件，后果可能是非常严重的。

□煤气炉的使用

1. 在室外将煤气瓶和煤气头连接起来。

2. 打开炉子的阀门，并用火柴将其点燃。

3. 如果需要更换煤气瓶，应该待瓶身冷却下来，然后迅速地将其从煤气头上取下来。

□酒精炉的使用

1. 酒精炉组装完毕后，将其置在平坦的地面上。

2. 将酒精添加到炉子里面，再小心地将其点燃。

3. 用盖子覆盖到正在燃烧着的火焰上来将其熄灭。

□固体燃料炉的使用

1. 打开燃料罐的盖子，把金属薄片安装到罐子上面。

2. 将固体燃料点燃。如果该燃料是凝胶体形状，在点火的时候注意不要沾到手上。

3. 用盖子将火焰熄灭，待其冷却后再收起来。

□汽油炉的使用

1. 检查一下汽油瓶是否是满的，然后将其与火口连接起来。

2. 用活塞抽吸一下汽油瓶，然后打开阀门。

3. 点燃炉子。用完之后，将火口熄灭，关上阀门。

轻装野营食物

如果你打算将食物放在自己的背包或自行车篮子或独木舟里面,你主要关心的问题应该是如何尽量减少食物的重量,而不是食物的品种。否则,等到你连续吃了一个礼拜的脱水食品后,你就会抱怨当初的优先考虑是错误的。事实上,除了一些传统的袋装食品、脱水食品外,超市的货架上还有其他很多可供选择的轻质食品。

在选择食品的时候,要考虑到自己所使用的炊具和炉具。你应该仔细阅读一下食品包装袋上注明的烧煮方法。比如,有些汤只需烧几分钟的时间,而有些汤则需烧煮20分钟,所需的烧煮时间越长表示你需携带的燃料越多。

早餐

如果你想轻装简行,以加快行进速度,那么面包加果酱肯定是最节省时间的饮食方式。如果生营火,还可以将面包烤一烤。如今,市场上有很多种牛奶什锦早餐(麦片)和其他一些速食谷类食物,但是这些食物都需要有牛奶或酸奶酪。在天气严寒的时候,用热开水或热牛奶泡一点燕麦粥喝可以让人很快地暖和起来。因此,你可以多买一些不同口味的燕麦,作为早餐食用。

如果你想要一顿更为正式的早餐,以便支撑较长的时间,那么你的早餐应该包括黄豆、香肠和面包等。如果更奢侈点的话,还应该包括袋装肉。吃早餐的时候,要多喝水或牛奶及其他饮料,因为在接下来的行程中人体会流失很多水分。至于该饮料是冷的还是热的倒并无多大关系。

午餐

如果中午的时候你正在行进途中,想必你会将就着解决午餐,以免耽误太多的时间。但是,作为午餐的食品一定得是高能量的,如坚果、水果、巧克力等。这些食物无须太长的准备时间,但同时又比较耐饥。

晚餐

晚餐一般是一天中的正餐。当结束一天的行程安营扎寨后,你们肯定想享用一顿相对较丰盛的晚餐。晚餐一般由3个主要部分组成。

第一个阶段是喝开胃汤。这里的开胃汤当然只是用开水冲一下的速食类型。然后就是主餐了,一般是一些脱水食品、袋装肉以及含有碳水化合物的米饭和土豆泥等。这些食品都十分便于携带和处理。

最后一个阶段就是布丁或奶油水果冻等甜食了。如今,市场都有这种类型的速食销售,因此也无须你花很多时间制作,只需冲一点热开水就行了。

途中点心

由于时间紧迫或者个人习惯,在白天赶路的途中,也许你们不会停下来专门做一顿午餐,而是吃一些小点心。至于什么小点心则完全取决于个人的喜好。当然你所能携带的点心类型有时候也会受到气候状况的影响。例如,在气候十分炎热的国家,就不太适宜携带巧克力。一般坚果、干果、肉干、饼干和奶酪等都是适合作为途中点心的食品。最好不要吃腌制品,以免让你更加口渴。以上所提到的这些食品大多数人都能接

↑ 一杯汤、一盘热的烤黄豆以及一碗速食布丁只需在小炉子上热几分钟就可以了。

↑ 干果和坚果是高能量的点心,且十分便于在途中食用。

受，至于其他一些小点心，你需要事先了解一下大家的口味，以免有人吃不惯。

途中吃点心的时候，注意不要随地乱扔包装纸。如果没有发现垃圾箱，则要随身带走，直至看到垃圾箱了再扔掉。

包装型号

旅途中食用的食品宜采用小包装的。因为小包装的食物大都能够一次吃完，因此有利于防潮、防灰尘和虫蚁。当然，小包装也有缺点，会有较多的包装袋。

有一个折中的方法是：除了一些必须要密封的食品外，你可以将一些买来的散装食物，用较为轻薄的保鲜袋重新包装成小份。但是，你得在每个袋子上贴上明确的标签。此外，印有食物食用说明的包装纸不能扔掉。

饮料

茶叶、咖啡、可可等饮品都是比较易于携带的。在准备这些饮品的时候，往里面多加一些糖，能够增加热量的摄入。

当然，最重要的饮品还是水。如果你是将脱水食品当作主食，多喝水就尤为重要了。此外，天气炎热或从事剧烈运动的时候，也要注意多补充水分。你还可以在水中放一些矿物质补充剂来弥补体内流失的营养物质。

其他食物

如果你在途中能够找到一些新鲜的水果，或者你本身携带一些干果，这将大大缓解长时间吃脱水食物所带来的饮食失衡。当然，树林中的一些不认识的野果千万不能随便食用，否则可能会中毒。一般说来，马路边的野果受到的车辆尾气污染比较多，最好不要采摘。无论你是从何处采摘来的野果，在吃之前都要将其洗干净。

不使用器具的烹饪

使用尽量少的器具来准备自己的食物是野营活动中极具野趣的事，也是轻装野营的一个重要方面。事实上，学会不使用器具来解决自己的饮食问题有着更深层的意义——当你遇到紧急情

↑ 这种在石头上烤出来的未经发酵的面包，味道还是不错的。

况、手头上没有任何器具时，如果你具有这项技能，就能轻松解决自己的温饱问题。

面包

处理面包有多种方法。未经发酵过的面包应该做得薄一些，因为其与发酵过的面包相比更厚实。未经发酵的面包须在烤好之后尽快趁热食用，否则吃起来会很硬。

取两满杯面粉，再往面粉里加入水和少许盐，将面粉揉成生面团。揉透了之后，将面团分成一个个小面团（厚约2.5厘米、宽7.5～10.0厘米）。将这些小面团放在一块干净的石板上。石板的旁边生一堆营火，用营火的温度来使石板变烫。大约20分钟后，将面团翻一个面。如果不确定面包是否已经烤透了，可以用一根干净的棍子戳一下试试。另一种方法是将面团裹在一根棍子上，拿着棍子放在营火上烤，大约烤10分钟就差不多了。烤熟了之后，将中间的棍子取出来，中空部位可以塞进黄油、蜂蜜和水果等物。

鸡蛋

将个头较大的土豆挖成中空，然后把鸡蛋灌进里面。为了防止烟灰进入鸡蛋里，可以在开口处再盖上一块土豆片。这样就可以把土豆放到火堆的木炭中去了，大约20分钟就烤熟了。如果你想连土豆一起吃，则需再给土豆裹上一层锡箔纸。除了土豆之外，橘子皮也有同样的作用，其烤熟的时间大约只需10分钟。

肉

如果有锡箔纸的话，可以将肉裹在锡箔纸里

↑ 你可以将肉和蔬菜等一起用锡箔纸包裹起来烧烤。

↑ 烤苹果是一种简单的甜食做法：挖去内核，填入糖或干果，再用锡箔纸包裹起来。

↑ 烤香蕉做法简单而且味道很好。待香蕉的外皮变黑后就表示烤得差不多了，剥去香蕉皮后，就可以用汤匙取食了。

面。如果有土豆、卷心菜等蔬菜，也可以将这些蔬菜一起放进去。由于烤肉需要较长的时间，因此最好包两层锡箔纸。包好之后，就可以将其放入火堆的木炭中了。大约 30 分钟就可以取出来吃了。

如果你手上没有锡箔纸，那就只能将肉切成块状，串在一根棍子上，放在营火上烤。如果你想吃蔬菜的话，也可以将蔬菜和肉串在一起。

如果你逮到一只野兔子，建议你使用黄土烘焙的方法来加工。将野兔剥皮洗净后，先用菜叶裹起来，然后再裹上黄泥。接着，就可以将其放到火堆中去了。烤上 1 个半小时左右，基本上就熟了。用这种方法烘焙出来的肉，闻起来特别香。

鱼

如果你抓到了鱼，要趁新鲜把它尽快处理掉。将鱼肚子破开，把里面的内脏全都掏干净。然后将其放到一块光滑的石头上，接着连同石头放进火堆的木炭中。15 分钟左右，鱼就差不多熟了。你可用一根棍子在鱼肉最厚处戳一下，以检验其是否熟透。

甜点

取一个苹果，将其中间的核挖掉，然后往中空部位加一些糖或干果。接着将其用锡箔纸包裹起来，放入木炭中烤 15～20 分钟。吃的时候不要太性急，因为刚烤好的时候是很烫的。

大本营中的伙食准备

在长期驻扎的大本营肯定会做出比在临时营帐更丰盛的食品，因为你会携带更多的炊具。最重要的是，你能够获得更多的新鲜食物原料。

至于你具体能做出些什么菜肴，得取决于你所处的地方以及你准备进行的活动。比如说，如果有很多人都要离开营地去进行某些探险活动，那你的早餐就要准备得丰盛一些。

早餐

当天气比较热的时候，你可能不需要一份热的正规早餐，特别是会在营地吃午餐的情况下。相反，如果是在天气比较寒冷时，就有必要准备一份热气腾腾的早餐了。适合作为早餐的食物有：谷类、麦片、燕麦粥，再配上熏肉或鸡蛋，或者是涂上果酱或蜂蜜的面包。此外，吃早餐的时候，最好能有果汁、咖啡或可可等饮品，以便为人体提供更多的水分。

午餐

午餐通常是一日三餐中最随便的一餐。但有时候，当人们在野外折腾了一上午后又回到营

↑ 午餐可以做得相对简单随便一些，一碗汤加上一份三明治就可以应付过去了。

地时会感觉很饿。因此，你所准备的午餐可以简单，但是一定得耐饥。比较好的午餐搭配是一碗汤加上一份三明治。如果可能的话，最好再搭配一点新鲜的蔬菜或水果。

晚餐

晚餐是一日三餐中的主餐，享用晚餐的时刻也是大家放松休息的时刻。整个晚餐一般会包含3道程序。

餐前开胃汤是第一道用餐程序。如果你们喝的是袋装的速食汤，建议你尽量弄点新鲜的蔬菜加到里面去，既增加了营养，同时又改善了口味。

喝完汤后，接下来就是享用主菜了。主菜应该有一块肉或一条鱼，再配以米饭或者通心粉、土豆泥以及蔬菜沙拉。在营地里做鱼和肉的最方便的方法就是炖。因为可以同时炖很多的菜，比较适合人数较多的团队。

调味料也是用餐时必不可少的。它可以使你的菜肴变换出多种不同的口味，如酸、辣、甜、咖喱味等。你可以在炖的时候，就将调料放进去。但是加调料的时候，要注意控制好合理的量，特别是辣椒粉，因为不是每个人都能吃辣。或者你可以将一份食物分成两锅烧，一份放辣，一份不放辣。又或者在炖的时候不加调料，等吃的时候让大家各取所需。

主菜吃完后，就该餐后甜点登场了。做什么样的甜点得看你们有什么原料以及炊事员的手艺了。如果你们所准备的是甜食袋装速食布丁，则建议你们最好再配上一点新鲜的水果，或者水果罐头也行，以改善其味道。

保持食物的温度

当你为一个人数众多的野营团队准备食物

时，所要面临的一个重要问题就是如何保持食物的温度。其中一个方法是：将煮好的食物放在一口煮着沸水的大锅上面蒸着。这样就能让大家都吃到热腾腾的食物了，而且锅里的沸水还可以用来洗餐具。

至于像煎鸡蛋这样一次不能煎太多且又不适合放在水蒸气里保温的菜肴，可以在大家用餐的时候再做。这样，一出锅就可以马上放到盘子里，从而让大家吃到热乎乎、香喷喷的煎蛋。

饮食卫生

尽管是在户外野炊，但你同样不能降低饮食卫生的标准。不要把什么食物都往一个盘子里装，如果盘子不够，可以吃完一样之后，将其洗干净，再盛另一样食物。

用餐的地方要保持干净。用餐完毕后，食物残渣和溅到外面的汤汁都要收拾干净。

炊事任务的分配

在人数较多的野营团队里面，最好指定一两个人专门负责规划和准备大家的饮食。这样更有利于合理地控制食物配给量，避免出现混乱的现象，比如弄不清轮到哪个人负责准备食物。从另一个方面来讲，团队中的每一个成员又都应该分担起饮食方面的一些任务，比如洗菜、添柴、分发食物、洗碗等杂事。

由于团队中的不同人都有各自拿手的好菜，有些人擅长烧鱼，而有些人擅长煲汤等，因此当你们手头有一些特殊原料，而恰巧团队中某个人又擅长做这道菜时，就可以让其来临时掌勺为大家做一顿美食了。但是，负责炊事的人员应当事先告知其一些原料的配给量，免得被其一次用掉很多甚至是用完。

↑ 晚餐是一日三餐中的主餐，因此需要准备得丰盛一些。

大本营的常用食谱

以下食谱可以作为你在野外准备食物时的参考。当然,这些推荐的烹饪方法适用于在长期驻扎的大本营中加工食物。也就是说,只有在有较多的炊具和时间的前提下,你才能按以下方法来准备食物。这里所推荐的食谱,是以 6 ~ 8 人的量来安排的。

主食

在营地中烹饪的食物,最好是那种放进锅里后就不用翻炒或搅拌的。这样的菜最省事。

土豆奶酪鱼

675 克鱼,如鳕鱼

30 毫升植物油

250 克奶酪,捣碎

450 克番茄,切片

500 克煮熟的土豆或者 300 克煮熟的米饭,做拌料

将鱼洗净后,切成长宽均 3 厘米的方块,然后在鱼块上淋上少许油。在锅底抹上一点油。将鱼块放入锅中,然后浇上一层奶酪,之后再放入切片的番茄。盖上锅盖,炖 20 ~ 30 分钟。

咸牛肉煮意大利面

1 个洋葱,切碎

30 毫升植物油

350 克咸牛肉

400 克剁碎的番茄

400 克拌有番茄汁的意大利面

50 克奶酪,捣碎

500 克煮熟的土豆,350 克水焯过的通心粉或者现烤的硬皮面包,做拌料

↑ 土豆奶酪鱼是一道美味的主食。

↑ 墨西哥辣味牛肉是一道经典的野营美食。

将洋葱放入油锅中稍微煸炒一会儿,出锅待用。将咸牛肉切成方块,然后和煸炒过的洋葱以及剁碎的番茄、意大利面拌在一起,放入蒸锅里蒸 5 分钟左右。蒸好之后,将奶酪、土豆、通心粉或硬皮面包洒在上面。

墨西哥辣味牛肉

15 毫升植物油

450 克牛肉酱

1 个大洋葱,切碎

400 克剁碎的番茄

400 克煮熟的红四季豆或烘豆

1 包牛肉汤料

375 毫升水

5 克红辣椒粉

300 克煮熟的米饭或现烤的硬皮面包,做拌料

先将牛肉放入油锅中翻炒,当把牛肉炒至褐色后,放入洋葱、番茄和四季豆一起翻炒。翻炒一会儿后,在锅中加入牛肉汤料,炖 5 分钟左右,然后加入辣椒粉。之后再以慢火炖 30 分钟左右,期间偶尔搅拌一下。出锅后,可与米饭或面包搭配食用。

炒碎丁

50 克黄油

450 克煮熟的土豆,捣碎

450 克肉丁

半个洋葱,切碎

300 克罐装甜玉米粒

盐和辣椒粉

先将黄油放入热锅之中,待其融化后,将切好的土豆、肉丁、洋葱和玉米粒全都倒入锅中一起翻炒。按照自己的口味酌量放入调料,熟了就可以出锅了。

↑ 将碎玉米片糖浆浇在煮熟的苹果片上是一道好吃又易做的甜点。

甜点

所谓甜点，并不是切几块新鲜水果那么简单，它得能让人们吃完主食后仍有食欲来享用。

油炸水果

150 克芡粉

25 克白砂糖

1 个鸡蛋，拌匀

175 毫升牛奶

115 克水果（苹果、香蕉、菠萝、梨子或橘子）

植物油

绵白糖

将芡粉和水搅拌，并加入白砂糖、拌匀的鸡蛋和牛奶。搅拌均匀后，放着待用。将水果去皮、去核，然后切成片状或条状。将切好的水果放入前面搅拌好的芡粉糊里面，取出，并放入油锅中煎炸。炸至表面呈金黄色就差不多了。可以蘸着绵白糖吃。

姜汁大黄面包屑

8 根大黄

糖或蜂蜜

水

20 块姜汁饼干

50 克黄油

纯酸奶或奶油

将大黄切成小段，并将其放入锅中，加入水、糖或蜂蜜，慢火炖至大黄变软。将姜汁饼干放在一只塑料袋里面，并将其压碎。将压碎的饼干放入锅中，与黄油翻炒。将处理过的大黄和碎饼干放在一起搅拌，然后再洒上面包屑。可根据口味加入酸奶或牛奶。

瑞士苹果派

800 克煮熟的苹果（或者梨等其他水果，罐头水果也行）

50 克糖

40 克黄油

15 毫升碎玉米片糖浆

奶油、酸奶酪或硬皮面包

将苹果去皮、去核、切片，放入糖水中煮熟，然后捞出放在碗里待用。如果是罐头水果，需沥干水分。将黄油和碎玉米片糖浆放入锅中融化，混合搅拌在一起。然后将调好的汁浇在处理好的苹果片上，就可以食用了。

饮用水

野外生存的时候，你对行进路线、扎营地点等的选择都在一定程度上要受到水源的影响。行进路线和扎营地点附近最好能有干净的水源，这样才有利于你们在野外生活。

寻找水源

野外探险时，所取用的水一般都来自河流、湖泊或小溪。因此，寻找水源也就是寻找河流、湖泊或小溪。如果是在荒漠，一般有植物的地方就会有水源，因此要循着植物寻找水源。此外，干涸的河道或悬崖底下也有可能隐藏着地下水（向下挖 60 ~ 90 厘米）。

如果你是在海岸边，可以在高水位线以上的地面试着挖地下水。一般来说，很容易挖到一口水井，水微咸，但尚可以饮用。尽量取用水井上部的水（含盐量相对低一些）。记住，任何时候都不要饮用海水，因为海水只会使你的体内更缺水。在淤泥比较多的河流，越是下层的水就越是

↑ 为了安全起见，你应该将所有野外的水源都假设成是受过污染的。

干净，因为水中体积较大的杂质大都漂浮在水的上层。因此，从河里取出来的河水在净化前应撇去浮于水表面的大颗粒杂质，然后再倒入过滤袋中过滤小颗粒杂质。

水的净化

下文所列清楚地显示了各种净水方法的优缺点。天然水一旦经过净化后，应立即放置在干净的储水容器里面，并贴上标签，以区别于未经处理的天然水。

煮沸

将水煮沸是一种最安全的净水方法。一般只需将水烧开并保持至少 5 分钟的沸腾就能达到净水目的了。但如果你想在短时间内一下子获得大量的纯净饮用水，那么这一方法显然并不是很可行。

化学处理方法

目前，市面上有 3 种常用的水处理化学品，即碘、氯和银。在使用任何一种化学品进行水消毒处理的时候，务必仔细阅读说明书，严格按照其指定剂量投放。如果超量使用的话，很可能会对人体造成损害。

碘

用于饮用水消毒的碘有液体和片状两种外观。经过碘处理过的水需要放置 20 ~ 30 分钟后才能饮用。类似碘这种中和性的药剂能够消除水中的大多数异味。

碘只能在短期内使用，不能长期饮用用碘净化的水。特别是孕妇、儿童和甲状腺功能亢进的人是不能饮用碘净化水的。

氯

氯也是一种常用的饮用水消毒剂。将一定剂

↑ 你最好携带多种净化饮用水的装备和物品。

↑ 在每次使用过滤器后，你都得对其进行清洗，否则其过滤功能将会受到影响。

↑ 净水器的使用极为简便：将水装入净水器中，让其内部运转一会儿之后，就能倒出来饮用了。

量的氯投入水中后，大约只需 10 分钟就能完成对水的消毒处理。

银

银对水消毒的效果要逊于其他化学药剂，但其持久性更长且无一点味道。银对水的消毒过程大概要花 2 个小时。

过滤器和净水器

净水器具有过滤和消毒双重功能，处理后的水可直接安全饮用；而过滤器只有过滤一项功能，之后还需经化学药剂处理或煮沸。

在选择过滤器的时候，主要是考虑其容量问题。过滤器的容量大小应与你们旅行的实际需要相匹配（在温带气候条件下，一般一人一天需要 2 ~ 3 升的水；而在炎热气候条件下，一般一人一天需要 6 升的水；如果进行剧烈运动，则需要更多水）。除了容量外，就是看其过滤水的速度有多快了。至于净水器的选择，主要是看其净水速度及其内筒是否可清洗或更换。

第9章
个人与环境

当你走进大自然的时候，你就马上与它产生了密切的联系：自然的力量比你要强大无穷倍，但你也有责任保护自然而不是破坏脆弱的生态系统；尊重自然有助于维护它的完整性，也会让你在大自然中安全地旅行。

注意个人安全

一旦到了野外，你的安全就完全掌握在自己的手中了。仔细筹划是很重要的，咨询一下风险评估机构，优先考虑好卫生问题。无论什么活动，都要时时刻刻向团队成员强调安全的重要性。

风险评估

在整个旅行期间，要牢记风险评估的结果。必要的话，应该随时增加或者重写其中的内容。假如你的风险评估报告认为应该戴头盔和浮力助（个人漂浮装置），即使你觉得戴上它们很不舒服或者碍事，也要戴上它们。另外还要和专门机构保持联系以随时获得关于这个地区健康和安全方面的最新消息。

健康

在出发之前，你们应该采取一些措施，核实一下你和你的团队在生理和心理上是否都已适合目前的旅行，这一点在你计划进行极限运动的时候尤其重要。在团队中，即便不是每个人，至少也要有一两个人有这类活动的经验。如果没有一定的技巧和经验而贸然进行某些活动是非常愚蠢的，而且几乎肯定会发生事故。

检查一下你自己和团队的急救箱是否准备妥当，还要搞清楚里面装有哪些东西以及怎么使用。安排的急救者或者卫生员要训练有素，随时到位，要求队伍中的每一个人注意个人卫生。在

↑ 每个队伍中至少有一个具有医疗资格或者受过全面急救训练的人。

↑ 当你做饭的时候，要确保煮锅放得平稳牢靠，不会轻易被打翻。

↑ 如果你们打算划小船或者撑独木舟的话，每个队员都应该知道如何应对翻船。

■保护头部

只要是在有峭壁陡坡的地方，就会有石头掉落的危险。在攀登的时候，戴上头盔能够保障你的安全，因为期间不光可能有石头落下来，其他攀登者的装备也有可能掉下来！

任何东西掉下来都可能会导致严重的伤害，尤其是在没有戴头盔的时候。比如说在热带国家，许多人被树上掉下的椰子砸死砸伤。这个例子给我们的教训是——没有必要的话，不要在椰子树下面行走，对于峭壁陡坡来说也是一样。假如你参加的是一次登山探险，最重要的就是警惕那些潜在的危险，随时准备保护好自己不要被掉下的石头砸到。在攀登的时候，为了下面其他人的安全，注意握紧你自己的装备。

野外宿营的时候，要有临时设施来满足卫生要求，比如设置垃圾箱。

安全和装备供应

你应总是把基本生存工具箱带在身边。检查一下你的个人装备和衣物是否适应可能遭遇到的恶劣状况，在旅途中还要定期检查一下每件东西是否完好。如果有损坏的话，要马上修理。

安全规则

要制定出一套简单全面的安全规则，参加活动的每一个人都得同意、签字并且遵守。在旅行过程中，你可能会遇到其他人，包括当地居民。他们可能不会遵守你们制定的规则，比如说饮水，这些人对于许多可能引起疾病的细菌是免疫的。当然，或许他们也会因此生病，但至少你不想和他们一样得病，所以千万不要因为他们的做法而动摇遵守规则的决心。

保证安全

许多登山事故都是发生在下山途中，而且是在地势并不艰险的平缓地面，因为这时候登山的人已经远离那些难以对付的地带，压力得以缓解而忘了在登山的最后阶段仍然要完全集中注意力。在许多探险中，事故常会发生在营地或者其他的安全地带，因为在这里人们开始放松。每个队员都要意识到不仅仅在可能处于危险的紧要时刻注意安全，在其他时刻也同样要随时注意，这一点是至关重要的。

爱护自然环境

许多人喜欢到野外和乡村去，部分原因是为了享受那种安宁、幽美和恬静。所以在你计划旅行的时候，不管是一个周末的远足还是为期几周的探险，都要保证不破坏乡村里能给你带来快乐的每一件事物。

顾及他人

你所游览的地方也是许多人生活和工作的地方，所以爱护他们的房屋和土地，不要做任何扰乱他们生活的事情。不要把车停在阻塞入口和通道的地方。在扎营之前，一定要事先获得别人的允许。如果你要划独木舟而河上又有人钓鱼的话，尽量避开他们以免扰乱河面的平静。

尊重乡村生活

如果在一个国家公园或者其他有道路网的区域行走或者骑车，要沿着道路走，避免踏坏土壤，同样穿越农场的时候也要沿小路走，以免破坏庄稼或者惊吓牲畜。要重新关紧每一个经过的门，不要损坏篱笆、栅栏和围墙，也不要随便把狗放出来。

假如要点火的话，要格外小心，因为火很容易失去控制，尤其在又热又干燥的冬季里。处理每一个废弃物的时候，要放在垃圾袋里然后烧掉或者埋起来，也可以带回去。

保护野生动物

不要去喂野生动物，不管它们多么需要。因为这样做会使它们依赖人类给予的食物，结果是

↑ 穿越牧场的时候尽量避免打搅牲畜，沿着已有的小路走，记得关上身后的门。

↑ 野外扎营的时候，要考虑到栖居的野生动物，不要在它们的巢穴或者明显的觅食地附近搭营，以免打扰它们的生活。

当你离开之后，它们会失去寻找食物的能力。这样做也会使它们失去害怕人类的自然习性。对于大型动物来说，这就意味着它们会围在其他人身边，这种行为对人类非常危险。

携带野生动物制品入境在很多国家都是违法的。如果你禁不住诱惑买了动物的皮、牙、卵或者其他动物制品，一定要保证你有材料证明这些东西是从被许可的畜牧中心购买的，否则你的东西几乎可以肯定是从野外取得的。记住，在世界上任何地方，购买犀牛角都是违法的。

如果你去的是沙滩或者沙滩附近，尽量避免损害珊瑚以及其他的水中生物，而且不要买珊瑚或者海龟制品，买这些东西将会刺激当地人为了经济利益继续破坏当地的自然环境。

尊重当地文化和风俗

去一个陌生的国家或地区之前，应该读一本好一点的旅行指南，尽可能多地了解当地的文化和风俗，这样可以增加你的旅行经验，同时也可以避免做错很多事情或者不慎冒犯别人。

假如你去国外旅行的话，你得注意所到国家的宗教信仰以及这个国家对于宗教的态度。如果这个国家的语言与你的语言不同，那就找时间学一点那里的言语。即便你在去之前已经掌握了一些基本知识，用心学习用当地人的语言和他们说话也会受到他们的欢迎。着装得体对于避免冒犯别人也很重要。因此在你去之前要弄清这些规矩以及其他的风俗，并且一定要遵守规矩及尊重风俗。

如果你想要给当地的居民、房屋或者财产拍照的话，要事先得到允许并表示愿意支付一定的费用。在给女性拍照的时候要尤其注意。一般来说，尊重别人就是尊重自己。

小心野生动物

根据旅行地点的不同，你会遇到不同的野生动物、爬行动物、昆虫和海底动物，这些动物都有可能伤害甚至杀死你。采取明智的预防措施（包括接种疫苗、了解动物的习性）并且对危险保持警惕，这些有助于保护你免受攻击。

哺乳动物

所有的野生哺乳动物都会避免接触人类，它们仅仅在感觉到处于危险的时候才会攻击你，比如你使它们受到惊吓并且无法逃生。在人类突然遭遇动物的时候，易于发生动物攻击事件，因此要故意制造声响让它们知道你们在附近。

雌性动物和雄性动物一样具有攻击性，它们在保护幼崽的时候更是如此。明智的做法就是尽量不要太靠近任何野生哺乳动物，也不要试图触摸它们。这一点对于像绵羊和牛这样的家畜同样适用，对于狐狸、鹿、熊和大型猫科动物也是如此。

↑ 所有的雌性动物都会保护自己的孩子，对于母狮来说这一点会使它们变得非常危险。

熊不会主动寻找你们，但是如果它们闻到食物气味的话，就会被吸引到你们的营地中来。所以你得把能吃的东西都封存好，并且不能把任何食物放在帐篷里面。

假如真的有大型肉食动物靠近你，你应该缓慢撤退到安全地带。千万不要转身逃跑，因为这样可能会激发它捕食猎物的本能。

蛇

蛇只在被踩到或者受到威胁并且难以逃离的时候才会攻击人。许多种类的蛇只在夜间出没，所以当你在黑夜行走的时候记得要带一个手电筒。没有毒的蛇要比有毒的蛇多得多。蟒蛇没有毒但是可能会狠狠咬你一口，通常会让你感染发炎。只有最大的蟒蛇，比如森蟒，才会攻击人类。

蜥蜴、鳄鱼和短吻鳄

只有大型的蜥蜴对于人类才是有威胁的，如尼罗河巨蜥和印尼科莫多龙蜥。生活在非洲、亚洲和大洋洲热带淡水水域的鳄鱼极其危险，如果看到它们的话要避开。美洲短吻鳄喜欢一动不动地等待猎物，但一旦移动起来，速度非常快。

↑ 即使你确信某种蛇是没有毒的，你还是应该让专家来处置它们。

↑ 了解一下你所旅行的地方土生蛇的种类，注意在哪儿可能会遇到它们。

↑ 在热带地区，在坐下来或者把脚放进鞋子里面之前要检查一下，长得又干又黑跟地面一样的蝎子可能会让你大吃一惊。

昆虫

蚊子能传播许多种疾病，包括疟疾和黄热病。在热带地区旅行的时候，除了要接种疫苗以外，你还应该穿合适的衣服，睡在蚊帐里，使用好的驱蚊剂来保护自己。

如果你被蜜蜂、马蜂或者大黄蜂蜇到以后产生变态反应，或者是惊动蜂巢被蜇很多次，就可能有生命危险，所以一定不要在蜂巢附近搭营。

壁虱、小蜘蛛、羽虱、绦虫和蛔虫等轻则让人感到不舒服，重则导致疾病。因此不要光脚走路，也不要在牲畜去过的地方坐下或者扎营。蝎子和毒蜘蛛是南美洲、非洲和大洋洲常见的昆虫，去这些地方的时候要保持警惕，仔细查看你所捡起来的东西和所坐的地方。每次使用寝具、衣服和靴子之前都要抖一下，而且一旦用完以后就要马上收起来。

↑ 东南亚和大洋洲北部入海口处的鳄鱼是这个种族中最大最危险的一种。

↑ 水母遍布全世界，要是海滩上布满了水母的尸体，就说明那片地区有成群的水母。

水生动物

如果你踩在石头鱼身上，它们的背鳍就会喷射毒液，另外它们的刺也是致命的。盒状水母同样也很危险，在水中很难看见它们，游泳的人无意中扫到它们的触须可能会被蜇到。

鲨鱼生活在温暖的热带水域中，其中大白鲨很有攻击性，因为它们常常误把人类当作它们的主要猎物海豹。

植 物

你可能会受到来自野外植物的威胁——皮肤可能被刺扎到或者刺破，或者在吃了有毒的植物之后生病。

尖刺

有许多植物长刺，如果你不小心踩在上面或者碰到它会被扎得很痛，它们也会挂住你的衣服或者刺穿你的靴底。所以不要光脚走路，扎营的时候检查一下搭建帐篷的地面和周围的场地，看看附近有没有长刺的灌木。

热带地区许多植物的种子带有尖利的芒刺。如果踩到它们的话，可能会刺破靴子甚至扎到脚上的皮肤，并且可能会感染。

昆虫

非洲的有些洋槐树与蚂蚁一类的昆虫之间有共生关系，树木为昆虫提供营养而昆虫为树木抵挡啃树的其他动物。因此如果你不小心擦到或者碰到树木，许多蚂蚁会从树干上倾巢而出来攻击你。

菌类植物

可以安全食用的菌类要比有毒的菌类多得多，但是其中有些有毒的品种极其危险。致命的草蕈类菌，比如说毒伞菇和催命天使是白色的蘑菇状的真菌，除非你能识别它们，否则极易将它们误认为可食的蘑菇。毒蘑菇的特征包括：茎的基部有外被或者顶盖，茎周围有环以及白色的菌褶。毒蝇伞带有独特红白顶盖，很容易识别。

对于真菌和其他所有的野生食物，一条合理的建议就是你只能吃那些绝对能够准确识别的品种。到野外的时候最好有个专家或者有本可以信赖的书在你身边，能够教你识别最适合吃的物种，任何不能准确识别的东西都不要吃。

有毒植物

首要的规则是不要吃带有浆液的植物或者把眼睛靠近它们，比如甘遂树或者某些毛茛属植物。有些植物，比如说毒藤木和毒橡树，如果你碰到它们的叶子，皮肤会起热疹。这些植物和许多其他刺激性植物都特别危险，手碰到它们以后

↑ 非洲洋槐树不仅有野生刺来保护自己，而且还有寄居在树枝上面的蚂蚁的保护。

↑ 毒蝇伞很容易被识别，因为它的颜色很独特。

↑ 马栗，又称七叶栗，具有毒性，千万不能同甜栗混淆。

再揉眼睛，可能会导致永久性视力损坏。

一些温带地区常见的树木，比如紫杉和金链花，会结出有剧毒的浆果和树荚。红树木科的有些树木（如盲红木）结出的浆果，人的眼睛靠近的话会导致失明。

不要接近任何有苦杏仁和苦桃子气味的植物。成熟的蕨树越老越有毒。记住这一点极其重要：不要吃不认识的植物。

红树木

这种树生长在热带地区潮湿的沟渠两边，它们的树根缠绕在一起，为许多其他植物和动物提供了栖息的地方。

尽管这种树木本身不太可能给你带来伤害，但是它们会招来河蚌。这些河蚌像剃刀一样锋利，人在穿过树林的时候会被它们割到腿和脚。如果你要寻找水源，选一条别的路，不要冒险穿越一片红树林。森林地带也是咸水鳄鱼和蛇的栖息之地，所以你到那儿的时候一定要格外小心。

坚果和果实

许多植物的果实很好吃，但是你应该注意，有些可以吃的坚果、莓果和其他有毒的果实非常相似。举个例子，即烤熟的甜栗很好吃，而马栗却是不能吃的。甜栗很容易被识别，它们外壳上有很多茸毛。

许多热带果实成熟的时候看起来很诱人，你甚至看见动物吃这些果实，但是不代表你吃是安全的，除非你准确地知道它们是什么。

□煮甜栗

1. 切开栗子的表皮，以免它们在加热的时候爆裂，然后把它们放到一锅沸水里煮大约20分钟。

2. 沥干栗子，待其凉至可以触摸的时候，剥掉外层的皮。然后剥掉里面的皮，这时候你可能需要用一把刀子。

提防户外危险

保护自己的最好方法就是知道危险什么时候发生，以及怎样发生，并且知道发生的时候如何应对。穿越河流、行走在冰雪之上、探索山洞和森林都是有潜在危险的活动，谨慎、明智可以使你远离伤害。

雪崩

如果你们一行人决意要爬过有雪崩危险的雪山，那么每次只可让一个人先去。在腰上系上一条颜色鲜艳的长腰带，如果发生雪崩的话能够增加被别人发现的机会。即使别人看不到你，还能看到地表的腰带。手机或者卫星电话可能会救你一命，只要你能够移动胳膊使用它。你还可以携带一个用于发出雪崩求救信号的无源反射器，当警报响起营救人员到达的时候，他们可以从空中或者在地面侦察到信号。这些东西现在被内置在许多夹克和靴子里面，你也可以单独从滑雪商店购买。雪崩发生以后，如果被埋在里面的人在15分钟以内被发现的话，生存的概率很大，但是如果在45分钟以后才被发现的话，生存的可能性就微乎其微了。

当遇到雪崩的时候，要奋力向一侧逃跑，因为即使你踩着滑雪板也快不过雪山倾覆的速度。一旦雪崩，要努力用游泳的动作让自己靠近雪的表面。

流沙

一开始显得很牢固的地面最后可能会让人陷入其中。无论是沼泽地还是干燥地区，细土和沙的特殊结合物，一般都被称做流沙。

↑ 无论景色多么优美，海滩总是一个可能有危险的地方。很深的水域、海岸的强风、海洋的激流都会带来危险。

↑ 在山区野营的时候要谨慎选择营址，远离可能发生雪崩或者山体滑坡的地点。

尽量不要涉足任何沼泽地，假如你必须穿过的话，努力让每一步都踏在牢靠的植物或者岩石上面。如果你确实发现自己下沉得太快而不能逃离，那就马上停止挣扎，展开双臂向后仰。在救助到来之前，你应该能够以这个姿势"漂浮"。如果你感觉这样做没有什么不妥的话，那你可以慢慢地"游"到更结实一点的地面。

如果你必须穿越沼泽地或者流沙地带而且没有任何东西可以踏的话，那就临时使用梯子、木板、背包或者其他任何可以分摊你体重的东西。

过河

很多人在穿过看起来很平静的河流时溺水，这些河流其实远比他们看起来危险。应沿着河的上下游检查，找到最容易穿越的地方。记住，如果河流湍急的话，即使深至膝盖的河水，没有绳子辅助也不能穿越，除非水深得可以游泳而且水流平缓。过河的时候摔倒在很急的水流里是非常危险的。如果遇到这种情况，你应该尽量仰面顺流而下，让双脚浮起来，在水流浅到能让你停止

漂流之前，千万不要试图站起来。

如果你想要趟过一条河，最好先用树枝试一试河水的深度，假如用脚试的话，则要加倍小心。

洋流

海洋里的水流通常不如河里的水流那样急，尽管如此，还是要当心，它也许快得没办法让人在里面游泳。洋流可以由潮汐、沿岸漂流或者周围其他因素所引起，你一定要弄清楚这些因素。如果你不知道哪一种因素会起主导作用，最好询问一下当地人。记住潮汐流一天可能回潮两次，在某些岛屿可能回潮4次。此外，还要记住顺风洋流和逆风洋流所代表的海洋状况是完全不同的。

冰裂缝和冰川

除非你是一个很有经验的登山者，否则不要到冰川上去。你们必须总是3个人一组用绳子连起来，登山营救装置也要配备齐全。对于如何使用装置要熟记在心，以防有人落入冰裂缝里面。

洞穴

如果你要进入一个洞穴，应该想到也许有动物住在里面，而且你有可能被它们认为是另外一个有攻击性的动物。即便你没有遇到住在洞穴里面的动物，鸟类、蝙蝠和其他动物的粪便也会使人感染许多种疾病，所以要小心你在里面所碰到的东西。

如果这个洞穴又深又复杂，使用简单浅显的方法做标记能让你们再找到出来的路。如果这个洞穴面朝大海，要当心潮汐的变化。曾经有许多人由于唯一的逃生路线被涨潮的水堵住从而困在洞穴里面，处境十分危险。

了解天气状况

在计划一次旅程时，天气因素极其重要，因此需要弄明白气象图上所画的和广播天气预报所报告的气象术语和符号是什么含义。了解你所要到的地区的最高和最低气温是多少，每个月的预期降水量是多少，这些都是非常有用的信息。

等压线

气象学家测量大气压的次数是国际通行的，

↑ 在高气压中，空气下沉，压缩，天气温暖。云容易散开，风一般很轻柔。

↑ 在低气压中，空气上升，扩散，天气凉爽。水气凝结形成云层并且会带来降雨或降雪。

也就是每3小时在地图上标出一次气压相同的点，再将它们连成线，就是等压线。等压线离得越近，该区域的风力越大，因为这显示出气压值在一个比较小的区域快速变化。气象图上的等压线形成的同心圆说明了低压区（低压或者气旋）和高压区（反气旋）的位置。

锋面

锋面在气象图上一般以粗线为标记，带有小三角形的是冷锋，带有半圆形的是暖锋，锋面标示了来源和温度各不相同的大气团之间的边缘。暖锋表明暖气流将要越过冷气流，一般会带来一阵暴雨，随后气温上升。冷锋表明冷气流从底层取代暖气流，一般会带来短暂的大雨，随后天气变得更为晴朗，伴有阵雨和阵风。

低气压（气旋）

低气压在北半球也被称为低压带或者气旋。当低气压到来时，风以逆时针（在南半球是顺时针）方向吹，通常会带来降雨。

高气压（反气旋）

高气压在气象图上是以稀疏的等压线区域为标记的。高气压来的时候，在北半球风以顺时针方向吹，在南半球风逆时针吹，这时候气压很高，风很轻柔。高气压在夏天会带来晴朗的天气，在冬天会带来寒冷多雾的天气。

风

风速通常是以节（海里/小时）来计算的，还

↑ 卷积云意味着晴好天气，它们通常出现在暴风雨之后。

↑ 高积云预示着晴朗的天气，它们通常出现在暴雨之后。

↑ 积云如果散开的话代表着晴朗的天气，但也可能有阵雨。

↑ 层积云布满天空意味着会有小阵雨，而且会很快消散。

↑ 压得很低的黑色雨云表明大雨或者大雪将要到来。

↑ 层云看起来像山中的雾，尽管不是雨云但也能带来毛毛雨。

有一种叫蒲福氏风力级数体系也被用来描述风速。

至于风的温度，一般来说，夏天经过大陆的风要比经过海洋的风更为温暖干燥，冬天经过大陆的风要比经过海洋的风更加寒冷。在北半球，来自北方的风比来自南方的风要冷，而在南半球则恰恰相反。

炎热天气

在你从事任何户外活动前，对天气做一个基本的了解都是有很大意义的，而且你也需要知道在极端恶劣的状况下该怎么做。并不是每个人都清楚怎么应对酷暑严寒和电闪雷鸣，有很多人因为不了解这些基本常识最后危害到自己。

在许多热带国家，天气状况一直很恶劣。下雨的时候大量的水会很快积起来，刮风的时候也很有破坏力。太阳会很快晒伤皮肤，即使是在多云的日子里也是这样。

你必须知道有些地方昼夜温差很大。在沿海地区（海洋性气候），白天和黑夜的温度相对比较稳定，然而在大陆的中心地带，白天的气温可能达到40℃，而在夜晚会降到0℃以下。

阳光

在任何气候中，长时间地暴露在阳光下都会导致皮肤晒伤，尤其是在高海拔地区、热带地区以及臭氧层被破坏的地区（比如南美洲南端的南极地区）。因此要穿上合适的衣服，涂上防晒霜来保护皮肤。皮肤晒伤的短期后果是疼痛，长期后果则可能是致命的，所以不能让它发生。

脱水

在一个又热又潮湿的环境中，比如在热带雨林中或者在雨季里，最大的危险就是中暑或者脱水，尽管你周围都是水。你的身体以最快的速度出汗，但是出的汗并没有从皮肤上百分之百地挥发掉。这就意味着身体不会凉下来，所以为了要凉下来，身体就会一直不停地出汗。尽管一直在出汗，但是体温没有任何变化，而身体里面的水分却在大大流

失。在这种情况之下你所要做的就是不停地喝可以安全饮用的冷水，来增加水分并尽可能降低身体内部的温度。

暴风雨

你应该弄清楚当地任何可以预测的天气形势。在炎热的天气里，当地表温度升高时，暴风雨几乎每天都会来临，你得注意不要赶上，尤其是要避免在水中泛舟，无论是湖上划独木舟还是在海上乘船。如果你在船上赶上暴风雨，要把每件东西扎起来，尽可能地把船的重心放低。在船失事或者倾覆的时候，如果可能，尽量和船在一起。

你往往能够通过积雨云和铁砧云的出现来预测雷暴的来临，这些云经常是堆积在一起的。如果你发现云形成的方向是一致的，这意味着暴风雨即将到来。由炎热引起的暴风雨通常在下午或者是清晨发生，但也有可能在其他任何时间发生，这种暴风雨通常会带来大雨和冰雹。

即使雷电不会击到地面或者危害到人体，你也应该注意暴风雨中的电流活动，因为它能够破坏导航设备（比如 GPS）和通讯设备，从而影响到你们的导航与对外联络。

雷电

如果你在开阔的沙漠和平原地带，有闪电的暴风雨可能会给你留下深刻的印象，它非常危险。假如雷电离你很近而且你感觉有被击到的危险，那就蹲下来，头越低越好，把双手放在头

↑ 如果雷电在暴风雨中能袭击到地面，不要躲在树下，因为它们也可能会遭到雷击。

上。如果你靠近树木或者其他向上耸立的物体，雷电击到你的可能性更大，另外有闪电的时候在水上也很危险。只要你按照前面所说的那样蜷缩起来，在陆地上的开阔地带要比其他地方安全得多。此外，汽车里也是一个安全的地方。

野火

闪电常常引发野火。如果野火发生在你附近或者正朝你的方向扑来并且你又不能逃离的时候，你就得找到一个空旷地带作为你的防火区，但是要记住火能够跨越很远的距离。如果你必须从火边逃开的话，要记住它是向上窜的，所以宁可待在山谷中也不要往桥上跑。

要当心大火会把各种动物赶出来，还要当心蛇或者其他更大的动物被迫跑到你周围。假如大火发生在你们营地附近的话，一定要远离各种燃气罐和其他类似的易燃物。

飓风、龙卷风和台风

在如此强大的风暴面前，除了躲避以外你能够做的很少。不要待在可能被风暴摧毁的建筑物里面，建筑牢固的地下室是最好的保护场所。

沙尘和沙暴

沙漠地区通常多风。如果风力够大，首先会扬起地表的尘土，之后随着风力变强就会掀起沙粒。这些沙暴能够持续几小时到几天，如果你赶上的话就会迷失方向。在任何尘土飞扬的地方，都一定要用风镜和围巾（或头巾）把眼睛和耳朵保护起来。

这时候驾车也很危险，因为你会迷失方向并且看不清自己在往哪儿开。你应该把车停下来，让发动机背对风口，把所有取暖设备或者空调的排气孔关闭，以免沙尘被吸到车子里面去。

如果你是带着动物一起出门，当你坐在一旁静候风暴结束的时候，让动物背对风向。骆驼应该会自己坐下来，而马、骡子和驴子还会站着。

季节影响

许多国家有明显的雨季和旱季。在雨季里，运输和后勤可能会受到影响，因为公路和桥梁会被冲毁，交通路线也会因为山体滑坡而阻断。

降雨

猛烈的倾盆大雨突然降落到干旱的土地上，可能影响到三四十千米之外的地方。雨水会涌入干涸多年的河流里，短短几小时就会形成汹涌的洪流。假如你在河道上宿营或者行走，发生这种情况会非常危险，你很可能因为你在的地方没有下雨而没意料到洪水的突然到来。

泥石流和滑坡

大雨会产生山体滑坡，其破坏力可能超过洪水。如果雨还在下，不要步行或者开车穿越山体滑坡的地方，因为发生了一次山体滑坡以后另一次可能会紧随其后。

寒冷天气

如果你所旅行的地方是气温很少在零度以上的国家，比如说极地国家，你应该知道怎样在暴风雪中求生，怎样避开雪崩，以及怎样安全地穿越冰雪地带。

严寒能够损坏肺脏内部，所以一直要用围巾或者类似的东西来盖住你的鼻子和嘴巴，这样的话在你吸气之前空气会稍微暖和些。此外，在严寒地带还有患低体温症和冻伤的危险，因此要确保你的衣服和装备达到标准。

暴风雪

下暴风雪的时候大雪伴随着狂风，在极其恶劣的情况下飞雪布满天空，人能够看到的距离不到1米。暴风雪还会产生积雪，很快就会形成巨大的雪堆阻断道路甚至掩埋帐篷和房屋。

如果你赶上了暴风雪，要找到一个躲避的地方然后安心等待它结束，尽管可能要等几个小时。如果暴风雪到来的时候你在帐篷里，你需要不时地抖动帐篷以免它被积雪压垮，另外还要确保积雪没有阻断通风口。当积雪堵住门口和通风孔的时候，曾经发生过有人在帐篷或雪洞中窒息而死的事件。

雪崩

有两种类型的雪崩：粉末雪崩和平板雪崩。粉末雪崩通常含有刚降的雪而且破坏力很大，能够扫平整个森林和村庄。平板雪崩特别容易发生在春季冰雪融化的时候，它的边缘和底部移动的速度要比中心缓慢，也很有破坏力，它的重量能够压碎所到之处的任何东西。

在去一个寒冷的国家之前，你应该弄清楚这个地区是否容易发生雪崩，并且要注意寻找那些可以提示你雪崩什么时候发生的迹象，这些迹象包括暴雪骤降（降雪量超过 30 厘米）以及气温突升。

冰面

当你靠近任何结冰的水面时一定要小心，因为冰的厚度可能是 1 米，也有可能是几厘米。如果真的有人跌进冰窟里面，应该尽快把他捞起来并且进行低体温症急救。同时，营救者也要当心不要也成为受害者。

积雪之下覆盖的可能是很薄的冰，你在前进的时候一定要缓慢小心，一边走一边检查。穿滑雪板或者雪鞋走路能够减少压碎冰面的可能性。

如果你在陡峭的路面上遇到冰而且不能绕开，有钉鞋的话就穿上，如果没有就拿一双多余的袜子绑在靴子上，这会使它比普通的鞋底更有摩擦力。

和步行的游客一样，冰对于驾车的游客也很危险。你能在道路上看到的冰不是最大的问题，最大的问题是隐藏在一层薄薄的积雪或融雪之下的冰，只有它们会引发事故。

高海拔

当你到达高海拔的地方时空气变得很冷，这是因为气压更小，空气也更加稀薄。在晴朗的天气里高度每增加 100 米，气温会降低 1 ~ 2℃。如果你在云层中间或者下面，这个幅度可能会降低，每升高 100 米气温下降 0.5℃，这是因为空气凝结的时候会释放出热量。

气温倒置

在经过一个晴朗的夜晚之后，山里通常会发生这种现象：山顶变得很冷，这使周围的空气变凉，然后变重再沉到山下使山谷也变得很冷，迫使山谷暖和的空气浮到山顶上来。

晒伤

即使是在寒冷的气候里长时间暴露在阳光下也会导致皮肤晒伤，尤其是在臭氧层遭破坏的地区，比如南美洲南端的南极地区。所以要采用所有常见的预防措施来保护你的皮肤。

求救信号

在从事任何探险活动之前，你都必须事先考虑如果紧急事件发生该怎么获得帮助。你应该让其他人清楚你的计划和路线，以便他们在你没有返回的时候采取措施。但是如果你生病、受伤、迷路或者陷于某种困境，所需要做的就是向可能的营救者发出求救信号。

有两种求救信号：一种需要使用特殊设备，另外一种只要借助于自然材料。如果是在野外生活，你会发现在需要的时候能够使用这两种信号很有帮助。

如果你要去荒野地区，你应该提前弄清楚那儿是否有独特的求救信号系统。如果有的话，要确保你和你的团队学会使用它。另外，当你在这个地区时，会被要求携带一些特殊的求生设备，这些设备可能包括相关的信号设备。

基本求救信号

如果你需要帮助，你所传送的信息必须能够让看到的人明白。SOS 是一个国际通用的求救信号，它可以使用摩尔斯电码（三点、三划和三点）来传送，既可以用镜子或者手电筒的照射，也可以用烟火信号，还可以写在地面上作为视觉信号来传送。此外无线电求救信号 "mayday"（来自法语中的 "m ider"）也广为人知。

你还要学习国际登山求救信号，它包括用手电筒照 6 次和用哨子吹 6 次，或者挥舞某件东西 1 分钟，再停 1 分钟，然后不断地重复发送信号。任何看到求救信号的人应该用手电筒照 3 次，哨子吹 3 声或者挥舞 3 次来回应。

人们会严肃地对待这些信号，所以只有在你处于困境的时候才可以使用它们。

视觉和听觉信号

如果营救人员可能乘直升机或者飞机来，你需要临时制作一个足够大的信号标志以引起他们的注意。如果营救人员可能从陆地上到达，听觉信号（比如哨声）会更有效。

当然，你所用的任何地面的视觉信号都必须放置在空旷的地面上，这样才能从各个方向看清。在白天和晚上你需要使用不同的视觉信号，但是声音信号在白天和晚上都一样有效。

如果你在车子里面，就应该一直待在那儿，因为它会为你提供一个栖身之所，尤其是在夜里还可以保护你免受野生动物的攻击。车辆本身也是一个视觉标志，因为它相当大，可以从空中看到，特别是在你把一些颜色鲜艳的东西放在车顶或者是车旁的时候。最后一点，如果你曾经告诉过别人你打算要走的路线，营救队员在寻找你的时候就会沿着这条路线走。

哨子

团队中的每个人都应该时刻随身携带一个哨子，并且应该知道国际登山求救信号或者你们一同约定的特殊信号。哨子不仅对于引起营救队员的注意很有作用，当探险队中的任何成员迷路的时候也很有用。

移动电话

在许多国家，如果出现紧急状况，你可以使用移动电话联系营救组织，在发生受伤或者患急性病的时候这种做法有可能会节省下生死攸关的时间，但是有了它你也不能降低安全措施和合适装备的正常标准。

有些时候处于困境的登山者会打电话回家，然后通过他们的家属联系上营救组织，从而奇迹般地获救。尽管如此，你还是应该事先准确了解求救的电话号码。

个人装备

如果你在茂密的灌木丛或者树林里面，你可以把你的装备放在自己的任何一边摆成一条长线，这样在地面搜救你的人会更容易找到你。或者你也可以把装备放在空旷的地面上形成一种视觉标志，这样可以向空中营救人员提示你的位置。

特殊信号装备

如今有很多种紧急装备可以用来帮助你发送求救信号。当然，你不必也不可能全部带上这些东西，所以你需要选择一种最适合你的具体情况的信号装备。

发报机和营救台

这种传统的海上信号传送方法在陆地上变得越来越常用，但是发报机的覆盖范围有限而且需要依赖电池。当你陷入困境时应每天安排发报两次，比如说在中午和午夜，每次持续约15分钟，以便让接收者有足够的时间进行精确定位。

照明弹和烟雾

这些东西一般可以从专卖店买到。在有些地方购买的时候，需要有火器证明。照明弹能够发送视觉和声音信号，但是它们很危险，所以需要按照使用说明小心操作，而且不应该让任何没有受过训练的人操作它们。

照明弹和烟雾器在使用时会变得很烫，所以握着的时候要戴上手套。烟雾器可以作为一种有用的视觉信号来向地面或者空中发出救援信号，在发出地面救援信号的时候需要放在一个没有遮蔽的地点以便可以从远处看到。如果你没有带烟雾器，也可以点火，形成烟雾。

手电筒和闪光灯

手电筒可以用来发送信号，把营救人员引来。闪光灯一旦打开会发出几次耀眼的闪光，夜晚在很远的距离都可以看到。

日光反射信号器

日光反射信号器是一块闪亮的扁平金属板，通常是银色的。它可以利用太阳的反射光线来发射一种视觉信号，中间的孔可以帮助你把太阳的光线引到想要发射的地方。日光反射信号器的信号在很远处就可以看到，使用起来很便捷而且需要的能量也很少。但是使用它们肯定需要晴朗的环境条件。

使用的时候握住日光反射信号器朝着太阳的方向，然后向下倾斜直到太阳的光束投射到地面上。要确保光线投射到正确的位置上，移动面板把光线反射到经过的飞机或者营救人员可以察觉到的远处的某个地方。

染水剂

如果你需要在船上发送求救信号，把一包染水剂投到水中，很快就可以被别人看到。被染过的水域颜色鲜艳，可见度高，可以比一艘小船更容易被空中营救人员看到。

地对空信号板

地对空信号板通常是荧光材料制成的，这

些面板可以放在地面上作为地对空信号或者放在山腰作为地对地信号使用，尺寸最少要 180 厘米长，75 厘米宽。它们可以用来摆出国际地对空代号，所以了解这些代号很有用。

自然信号

如果准备不足或者只是运气不好，没有带任何专门信号设备在身边，你可以使用工具箱里的一部分工具或者其他任何原地发现的自然材料（比如树枝和石头），在地面上摆成"SOS"形状或者相关的地对空信号来显示你的位置。

你可以在地面上、雪地里或者沙滩的沙子上挖出或者刮出"SOS"的字样，把字母做得越大越好并且把边缘堆起来，这样白天的时候影子可以使字母凸显出来。在雪地里，你可能需要在字母的底部填充上木块、石头或者泥土使字母显得更清晰。如果你车子里有燃料的话，沿着字母的笔画洒一些燃料，当你听到头顶上有飞机声就马上点燃它。

如果你使用这种方法发送信号，你要确保在被营救以后或者离开以后要熄灭火焰，否则其他营救人员可能会看到火光并且会冒着生命危险去寻找一个实际上并不存在的幸存者。

火

在夜晚，火光是一个很好的信号。在白天的时候，如果你把长有鲜嫩叶子的大树枝放在火焰上，它会产生浓密的烟雾，这对于空中和地面的救援来说都是一个效果很好的信号。即使不是用火取暖，你也应该事先做好准备，备好燃料，这样如果你听见或者看见可能的营救人员到来的话就可以很快点燃火焰。

■地对空代码

这种代码是设计用来摆放在地面上的，通常使用特殊的面板或者你可以找到的任何自然材料，比如树枝、石头、鹅卵石等来摆放。你可以在沙滩或者泥浆中画出这些符号，做得越大越好，这样别人才会很容易看到并正确理解它们。

如果你只需要空投一些生活用品而不需要营救的话，其中有些信息特别有用，因为这些信息可以让飞机和直升机的机组人员辨认出来而不用冒着危险降落。

重伤——立即撤离	需要医疗用品
需要食物和水	否定（不）
肯定（是）	一切顺利
不能移动	正沿此路走
显示前进方向	不明白

需要指南针和地图